立 体 化 服 务，从 入 门 到 精 通

Vue.js
前端开发实战

师晓利 刘志远 ◎ 主编　杜琰琪 ◎ 副主编

明日科技 ◎ 策划

人 民 邮 电 出 版 社

北 京

图书在版编目（CIP）数据

Vue.js前端开发实战 : 慕课版 / 师晓利，刘志远主编. -- 北京 : 人民邮电出版社，2020.7（2024.1重印）
ISBN 978-7-115-52111-8

Ⅰ. ①V… Ⅱ. ①师… ②刘… Ⅲ. ①网页制作工具－程序设计 Ⅳ. ①TP392.092.2

中国版本图书馆CIP数据核字(2019)第211517号

内 容 提 要

书系统全面地介绍了Vue.js网站前端开发所涉及的各类知识。全书共分15章，内容包括Vue.js简介、基础特性、条件判断与列表渲染、计算属性与监听属性、样式绑定、事件处理、表单控件绑定、自定义指令、组件、过渡、常用插件、单页Web应用、状态管理、综合开发实例——51购商城、课程设计——仿豆瓣电影评分网。书中每章内容都与实例紧密结合，有助于学生理解知识、应用知识，达到学以致用的目的。

本书各章配备了教学视频，并在人邮学院（www.rymooc.com）平台上提供了慕课。此外，本书还提供所有实例、上机指导、综合案例和课程设计的源代码，以及制作精良的电子课件PPT、自测题库（包括选择题、填空题、操作题题库及自测试卷等内容）。其中，源代码全部经过精心测试，能够在Windows 7、Windows 8、Windows 10操作系统下编译和运行。

本书可作为应用型本科计算机科学与技术专业和软件工程专业、高职软件技术专业及相关专业的教材，同时也适合Vue.js爱好者及初、中级Vue.js程序设计开发人员参考使用。

◆ 主　　编　师晓利　刘志远
副 主 编　杜琰琪
责任编辑　李　召
责任印制　王　郁　陈　犇

◆ 人民邮电出版社出版发行　　北京市丰台区成寿寺路 11 号
邮编　100164　　电子邮件　315@ptpress.com.cn
网址　https://www.ptpress.com.cn
三河市祥达印刷包装有限公司印刷

◆ 开本：787×1092　1/16
印张：18.5　　2020 年 7 月第 1 版
字数：509 千字　　2024 年 1 月河北第10次印刷

定价：59.80 元

读者服务热线：(010)81055256　印装质量热线：(010)81055316
反盗版热线：(010)81055315
广告经营许可证：京东市监广登字 20170147 号

前言
Foreword

为了让读者能够快速且牢固地掌握 Vue.js 开发技术，人民邮电出版社充分发挥在线教育方面的技术优势、内容优势、人才优势，为读者提供一种“纸质图书+在线课程”相配套，全方位学习 Vue.js 开发的解决方案。读者可根据个人需求，利用图书和“人邮学院”平台上的在线课程进行系统化、移动化的学习，以便快速全面地掌握 Vue.js 开发技术。

一、如何学习慕课版课程

本课程依托人民邮电出版社自主开发的在线教育慕课平台——人邮学院（www.rymooc.com），该平台为学习者提供优质、海量的课程，课程结构严谨，用户可以根据自身的学习程度，自主安排学习进度，并且平台具有完备的在线“学习、笔记、讨论、测验”功能。人邮学院为每一位学习者，提供完善的一站式学习服务（见图 1）。

图 1　人邮学院首页

为了使读者更好地完成慕课的学习，现将本课程的使用方法介绍如下。

1. 用户购买本书后，找到粘贴在书封底上的刮刮卡，刮开，获得激活码（见图 2）。

2. 登录人邮学院网站（www.rymooc.com），或扫描封面上的二维码，使用手机号码完成网站注册（见图 3）。

图 2　激活码

图 3　注册人邮学院网站

3. 注册完成后，返回网站首页，单击页面右上角的“学习卡”选项（见图 4），进入“学习卡”页面（见图 5），输入激活码，即可获得该慕课课程的学习权限。

图 4　单击“学习卡”选项

图 5　在“学习卡”页面输入激活码

4. 获得该课程的学习权限后，读者可随时随地使用计算机、平板电脑、手机学习本课程的任意章节，根据自身情况自主安排学习进度（见图 6）。

5. 在学习慕课课程的同时，阅读本书中相关章节的内容，巩固所学知识。本书既可与慕课课程配合使用，也可单独使用，书中主要章节均放置了二维码，用户扫描二维码即可在手机上观看相应章节的视频讲解。

6. 学完一章内容后，可通过精心设计的在线测试题，查看知识掌握程度（见图 7）。

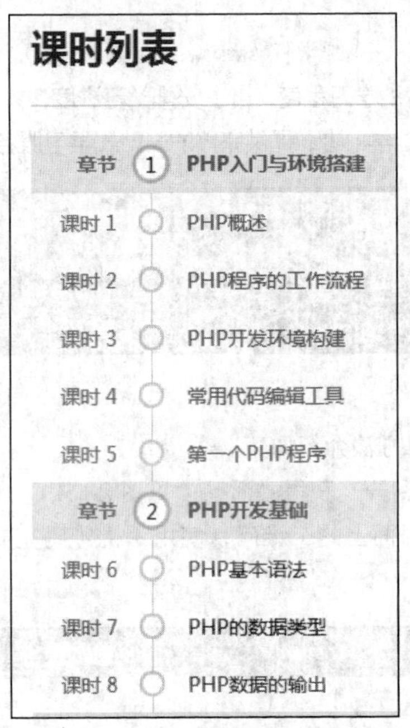

图 6　课时列表

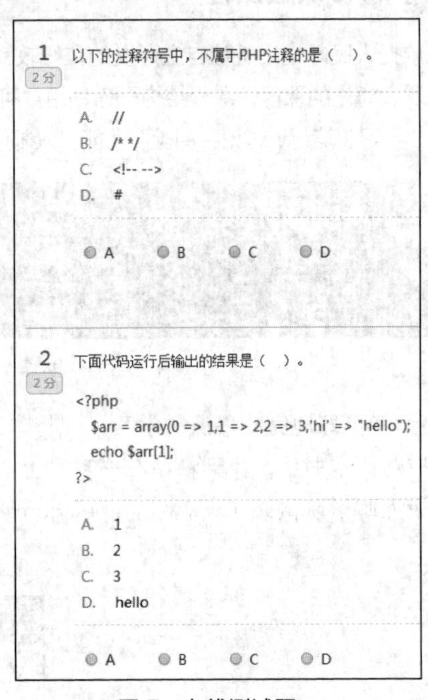

图 7　在线测试题

7. 如果对所学内容有疑问，还可到讨论区提问，除了有大牛导师答疑解惑以外，同学之间也可互相交流学习心得（见图 8）。

8. 书中配套的 PPT、源代码等教学资源，用户可在该课程的首页找到相应的下载链接（见图 9）。

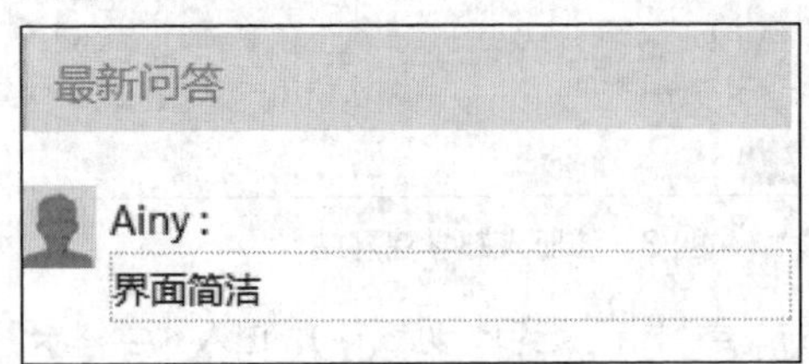

图 8　讨论区

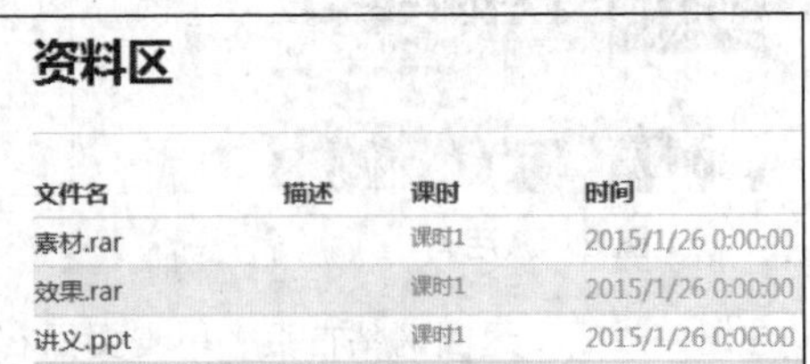
资料区

文件名	描述	课时	时间
素材.rar		课时1	2015/1/26 0:00:00
效果.rar		课时1	2015/1/26 0:00:00
讲义.ppt		课时1	2015/1/26 0:00:00

图 9　配套资源

关于人邮学院平台使用的任何疑问，可登录人邮学院咨询在线客服，或致电：010-81055236。

二、本书特点

Vue.js 是一套用于构建用户界面的渐进式框架。它的目标是通过尽可能简单的 API 实现响应的数据绑定和组合的视图组件。目前，一些高校的计算机专业和 IT 培训学校，已将 Vue.js 作为教学内容之一，这对于培养学生的计算机应用能力具有非常重要的意义。

在当前的教育体系下，实例教学是计算机语言教学的最有效的方法之一，本书将 Vue.js 知识和实用的案例有机结合起来，一方面，跟踪 Vue.js 的发展，适应市场需求，精心选择内容，突出重点、强调实用，使知识讲解全面、系统；另一方面，全书通过“案例贯穿”的形式，始终围绕最后的综合案例设计实例，将实例融入知识讲解中，使知识与案例相辅相成，既有利于学生学习知识，又有利于指导学生实践。另外，本书在各章的后面还提供了上机指导和习题，方便读者及时验证自己的学习效果（包括动手实践能力和理论知识）。

本书作为教材使用时，课堂教学建议 30～35 学时，上机指导教学建议 20～25 学时。各章主要内容和学时建议分配如下，老师可以根据实际教学情况进行调整。

章	主 要 内 容	课堂学时	实验学时
第 1 章	Vue.js 简介，包括 Vue.js 概述、Vue.js 的安装、开发工具 WebStorm 简介、创建第一个 Vue 实例	1～2	1
第 2 章	基础特性，包括 Vue 实例及选项、数据绑定	3	1
第 3 章	条件判断与列表渲染	2	1
第 4 章	计算属性与监听属性	1～2	1
第 5 章	样式绑定，包括 class 属性绑定、内联样式绑定	1～2	1
第 6 章	事件处理，包括事件监听、事件处理中的修饰符	1～2	1
第 7 章	表单控件绑定，包括绑定文本框、绑定复选框、绑定单选按钮、绑定下拉菜单、值绑定、使用修饰符	2	1
第 8 章	自定义指令，包括注册指令、钩子函数、自定义指令的绑定值	1～2	1
第 9 章	组件，包括注册组件、数据传递、自定义事件、内容分发、混入、动态组件	3	1～2
第 10 章	过渡，包括单元素过渡、多元素过渡、多组件过渡、列表过渡	2	1～2
第 11 章	常用插件，包括应用 vue-router 实现路由、应用 axios 实现 Ajax 请求	2	1～2
第 12 章	单页 Web 应用，包括 webpack 简介、loader 简介、单文件组件、项目目录结构	2	1～2
第 13 章	状态管理，包括 Vuex 简介、基础用法、实例	2	1～2
第 14 章	综合开发实例——51 购商城，包括项目的设计思路、主页的设计与实现、商品详情页面的设计与实现、购物车页面的设计与实现、付款页面的设计与实现、登录和注册页面的设计与实现	4	4
第 15 章	课程设计——仿豆瓣电影评分网，包括课程设计目的、系统设计、主页的设计与实现、电影信息页面的设计与实现、电影评价功能的实现	3	3

由于编者水平有限，书中难免存在不足之处，敬请广大读者批评指正。

编　者

2020 年 5 月

目录
Contents

PART01

第1章

Vue.js简介

近些年，互联网前端行业发展迅猛。前端开发不仅在 PC 端得到广泛应用，在移动端的前端项目中的需求也越来越强烈。为了改变传统的前端开发方式，进一步提高用户体验，越来越多的前端开发者开始使用框架来构建前端页面。目前，比较受欢迎的前端框架有 Google 的 AngularJS、Facebook 的 ReactJS，以及本书中将要介绍的 Vue.js。随着这些框架的出现，组件化的开发方式得到了普及，同时也改变了原有的开发思维和方式。

本章要点

- Vue.js的主要特性
- Vue.js的安装方法
- WebStorm的下载和安装

1.1 Vue.js 概述

Vue.js 是一套用于构建用户界面的渐进式框架。与其他重量级框架不同的是，它只关注视图层， 采用自底向上增量开发的设计。Vue.js 的目标是通过尽可能简单的 API 实现响应的数据绑定和组合的视图组件。它不仅容易上手，还非常容易与其他库或已有项目进行整合。

1.1.1 什么是 Vue.js

什么是 Vue.js

Vue.js 实际上是一个用于开发 Web 前端界面的库，其本身具有响应式编程和组件化的特点。所谓响应式编程，即保持状态和视图的同步。响应式编程允许将相关模型的变化自动反映到视图上，反之亦然。Vue.js 采用的是 MVVM（Model-View-ViewModel）的开发模式。与传统的 MVC 开发模式不同，MVVM 将 MVC 中的 Controller 改成了 ViewModel。在这种模式下，View 的变化会自动更新到 ViewModel，而 ViewModel 的变化也会自动同步到 View 上进行显示。ViewModel 模式的示意图如图 1-1 所示。

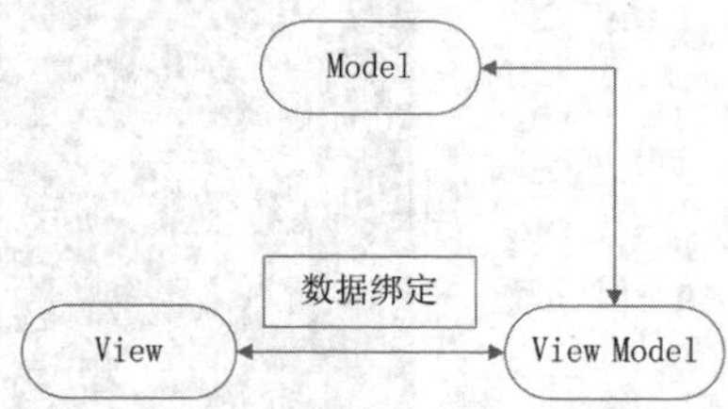

图 1-1 View Model 模式的示意图

与 ReactJS 一样，Vue.js 同样拥有“一切都是组件”的理念。应用组件化的特点，可以将任意封装好的代码注册成标签，这样就在很大程度上减少了重复开发，提高了开发效率和代码复用性。如果配合 Vue.js 的周边工具 vue-loader，可以将一个组件的 HTML、CSS 和 JavaScript 代码都写在一个文件中，这样可以实现模块化的开发。

Vue.js 的特性

1.1.2 Vue.js 的特性

Vue.js 的主要特性如下。

- 轻量级

相比较 AngularJS 和 ReactJS 而言，Vue.js 是一个更轻量级的前端库。不但容量非常小，而且没有其他的依赖。

- 数据绑定

Vue.js 最主要的特点就是双向的数据绑定。在传统的 Web 项目中，将数据在视图中展示出来后，如果需要再次修改视图，需要通过获取 DOM 的方法进行修改，这样才能维持数据和视图的一致。而 Vue.js 是一个响应式的数据绑定系统，在建立绑定后，DOM 将和 Vue 对象中的数据保持同步，这样就无须手动获取 DOM 的值再同步到 js 中。

- 应用指令

同 AngularJS 一样，Vue.js 也提供了指令这一概念。指令用于在表达式的值发生改变时，将某些行为应用到绑定的 DOM 上，通过对应表达式值的变化就可以修改对应的 DOM。

- 插件化开发

与 AngularJS 类似，Vue.js 也可以用来开发一个完整的单页应用。在 Vue.js 的核心库中并不包含路由、Ajax 等功能，但是可以非常方便地加载对应的插件来实现这样的功能。例如，vue-router 插件提供了路由管理的功能，vue-resource 插件提供了数据请求的功能。

1.2 Vue.js 的安装

直接下载并使用
<script>标签引入

1.2.1 直接下载并使用<script>标签引入

在 Vue.js 的官方网站中可以直接下载 vue.js 文件并使用<script>标签引入。下面将介绍如何下载与引入 Vue.js。

1. 下载 Vue.js

Vue.js 是一个开源的库，可以从它的官方网站中下载。下面介绍具体的下载步骤。

（1）进入 Vue.js 的下载页面，找到图 1-2 所示的内容。

（2）根据开发者的实际情况选择不同的版本进行下载。这里以下载开发版本为例，在“开发版本”按钮上单击鼠标右键，如图 1-3 所示。

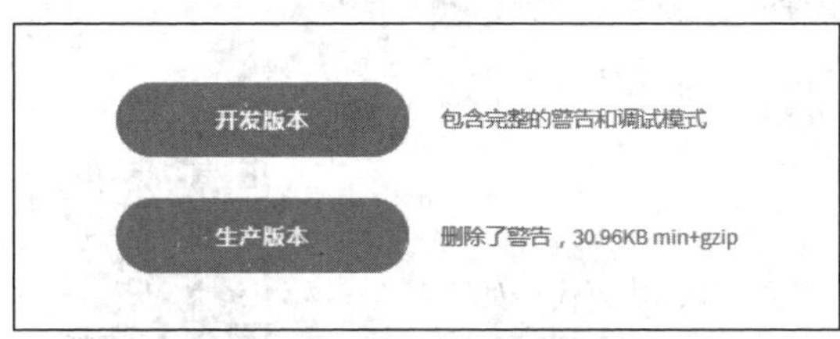

图 1-2 根据实际情况选择版本

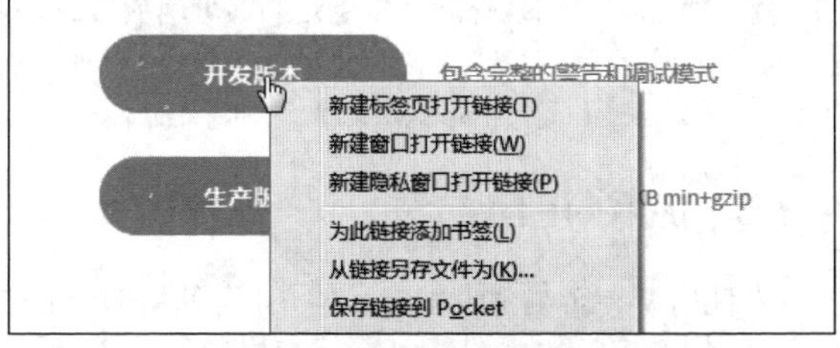

图 1-3 在“开发版本”按钮上单击鼠标右键

（3）在弹出的快捷菜单中单击“从链接另存文件为”选项，弹出下载对话框，如图 1-4 所示，单击对话框中的“保存”按钮，将 Vue.js 文件下载到本地计算机上。

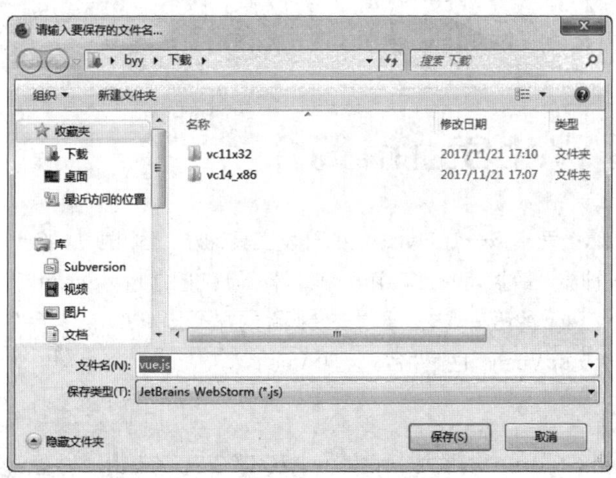

图 1-4 下载 Vue.js 文件

此时下载的文件为完整不压缩的开发版本。如果在开发环境下，推荐使用该版本，因为该版本中包含了所有常见错误相关的警告。如果在生产环境下，推荐使用压缩后的生产版本，因为使用生产版本可以带来比开发环境下更快的速度体验。

2. 引入 Vue.js

将 Vue.js 下载到本地计算机后，还需要在项目中引入 Vue.js。即将下载后的 vue.js 文件放置到项目的指定文件夹中。通常文件放置在 JS 文件夹中，然后在需要应用 vue.js 文件的页面中使用下面的语句，将其引入到文件中。

```
<script type="text/javascript" src="JS/vue.js"></script>
```

引入 Vue.js 的<script>标签，必须放在所有的自定义脚本文件的<script>之前，否则在自定义的脚本代码中应用不到 Vue.js。

1.2.2 使用 CDN 方法

使用 CDN 方法

在项目中使用 Vue.js，还可以采用引用外部 CDN 文件的方式。在项目中直接通过<script>标签加载 CDN 文件，代码如下：

```
<script src="https://cdnjs.cloudflare.com/ajax/libs/vue/2.5.21/vue.js">
</script>
```

为了防止出现外部 CDN 文件不可用的情况，还是建议用户将 Vue.js 下载到本地计算机中。

1.2.3 使用 NPM 方法

使用 NPM 方法

在使用 Vue.js 构建大型应用时，推荐使用 NPM 方法进行安装，执行命令如下：

```
npm install vue
```

使用 NPM 方法安装 Vue.js 需要在计算机中安装 node.js。

1.3 开发工具 WebStorm 简介

开发工具 WebStorm 简介

WebStorm 是 JetBrains 公司旗下一款 JavaScript 开发工具，被广大中国 JavaScript 开发者誉为 Web 前端开发神器、最强大的 HTML5 编辑器、最智能的 JavaScript IDE 等。WebStorm 添加了对 Vue.js 的语法支持，通过安装插件的方式识别以.vue 为后缀的文件，在 WebStorm 中用于支持 Vue.js 的插件名称就叫 Vue.js。

本书中使用的 WebStorm 版本是 WebStorm-2018.3.2。在该版本中已经默认安装了 Vue.js 插件，用户无须手动进行安装。

由于 WebStorm 的版本会不断更新，因此这里以目前 WebStorm 的最高版本 WebStorm-2018.3.2（以下简称 WebStorm）为例，介绍 WebStorm 的下载和安装。

1. WebStorm 的下载

WebStorm 的不同版本可以通过官方网站进行下载。下载 WebStorm 的步骤如下。

（1）进入 WebStorm 的下载页面，如图 1-5 所示。

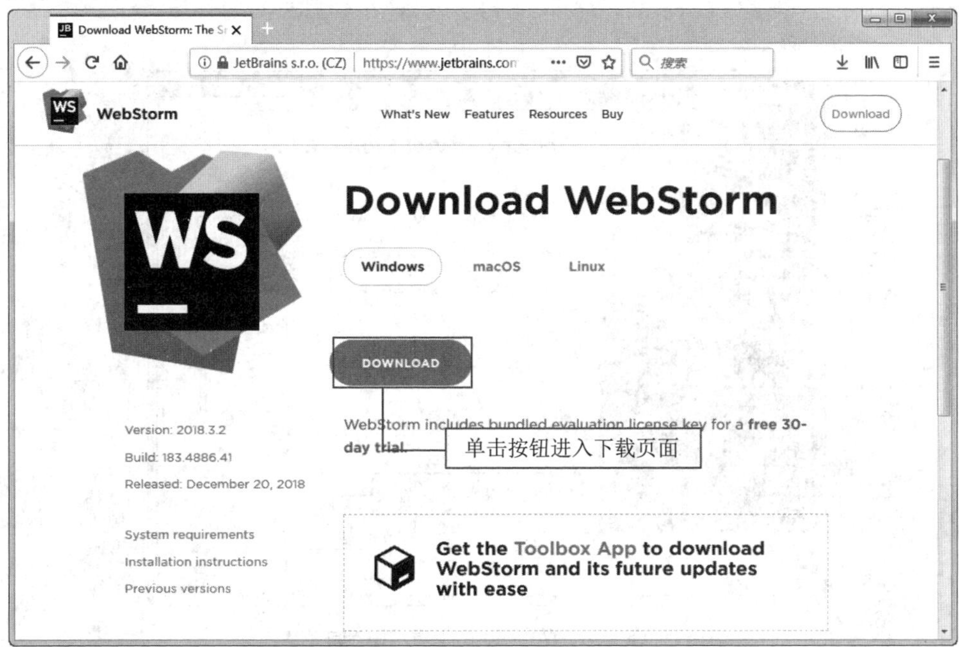

图 1-5 WebStorm 的下载页面

（2）单击图 1-5 中的“DOWNLOAD”按钮，弹出下载对话框，如图 1-6 所示。单击对话框中的“保存文件”按钮即可将 WebStorm 的安装文件下载到本地计算机上。

图 1-6 弹出下载对话框

2. WebStorm 的安装

WebStorm 的安装步骤如下。

（1）WebStorm 下载完成后，双击“WebStorm-2018.3.2.exe”安装文件，打开 WebStorm 的安装欢迎界面，如图 1-7 所示。

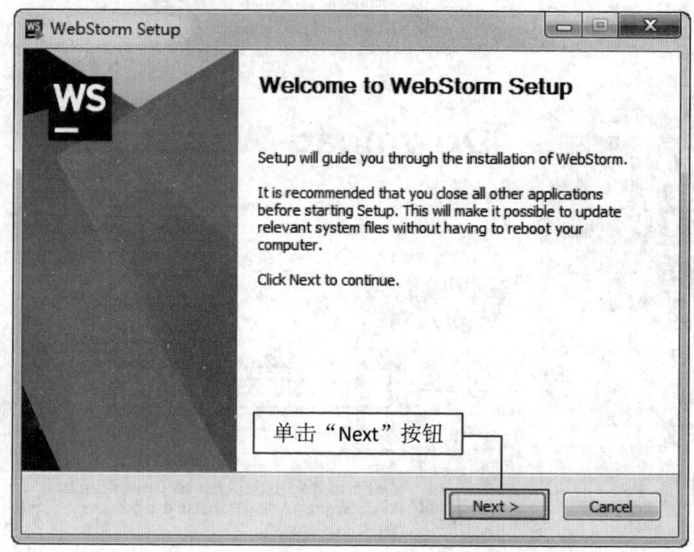

图 1-7　WebStorm 安装欢迎界面

（2）单击图 1-7 中的“Next”按钮，打开 WebStorm 的选择安装路径界面，如图 1-8 所示。在该界面中可以设置 WebStorm 的安装路径，这里将安装路径设置为“E:\WebStorm 2018.3.2”。

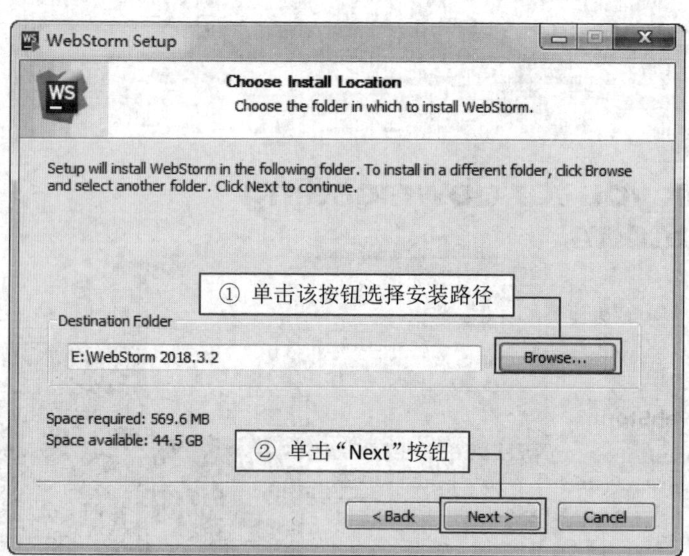

图 1-8　WebStorm 选择安装路径界面

（3）单击图 1-8 中的“Next”按钮，打开 WebStorm 的安装选项界面，如图 1-9 所示。在该界面中可以设置是否选择创建关联文件。

（4）单击图 1-9 中的“Next”按钮，打开 WebStorm 的选择开始菜单文件夹界面，如图 1-10 所示。

（5）单击图 1-10 中的“Install”按钮开始安装 WebStorm，正在安装界面如图 1-11 所示。

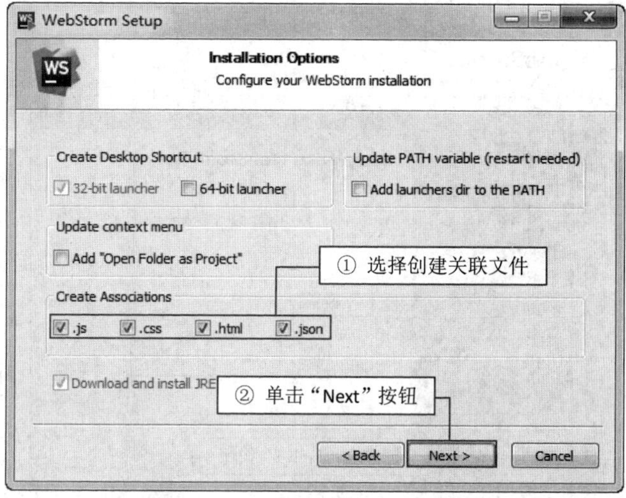

图 1-9　WebStorm 安装选项界面

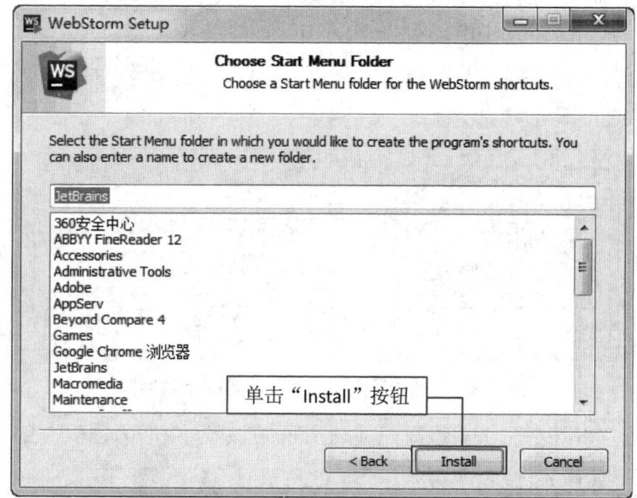

图 1-10　WebStorm 选择开始菜单文件夹界面

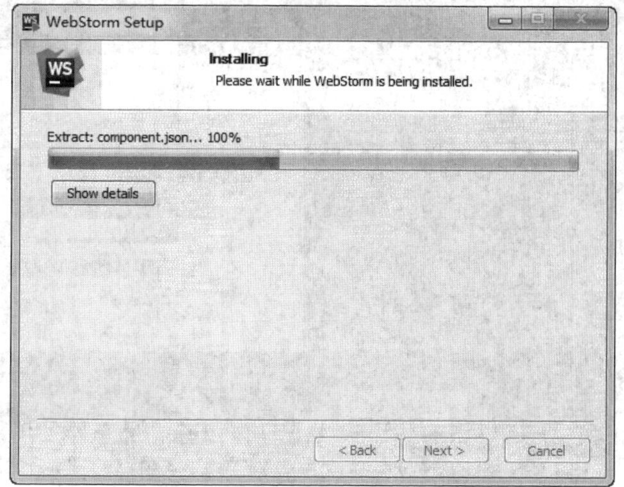

图 1-11　WebStorm 正在安装界面

（6）安装结束后会打开图 1-12 所示的完成安装界面，在该界面中选中“Run WebStorm”前面的复选框，然后单击“Finish”按钮运行 WebStorm。

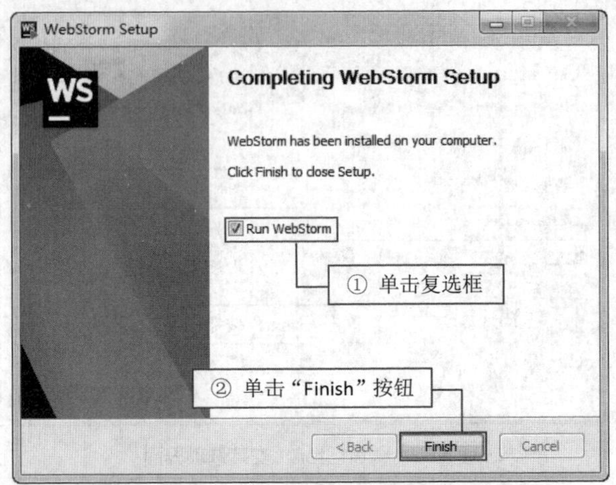

图 1-12　WebStorm 完成安装界面

（7）在首次运行 WebStorm 时会弹出图 1-13 所示的对话框，提示用户是否需要导入 WebStorm 上一版本的配置，这里保持默认选项即可。

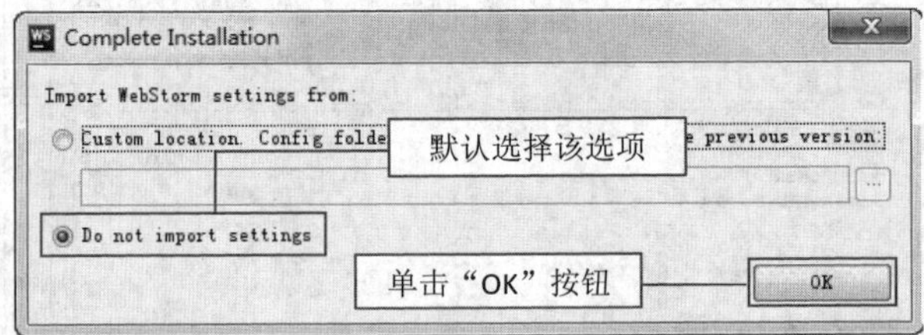

图 1-13　是否导入上一版本配置提示对话框

（8）单击图 1-13 中的“OK”按钮，打开设置 UI 主题界面，在该界面中可以设置默认的 UI 主题，如图 1-14 所示。

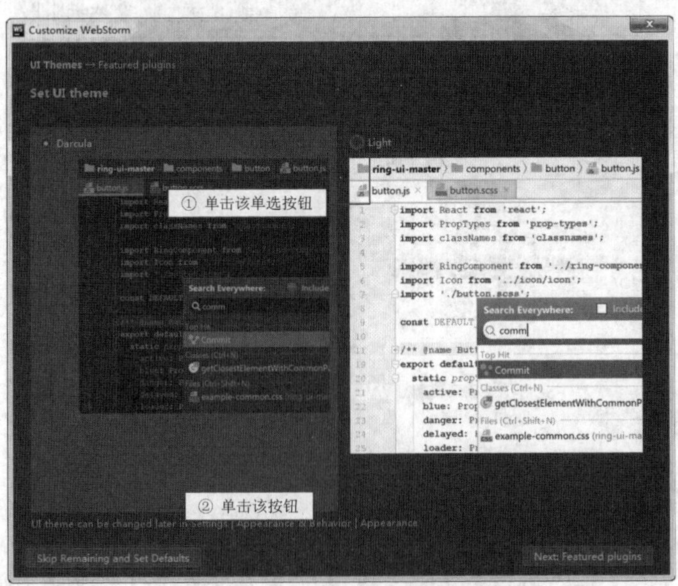

图 1-14　设置 UI 主题界面

（9）单击图 1-14 中的“Light”单选按钮选择默认主题，然后单击“Skip Remaining and Set Defaults”按钮，打开 WebStorm 的许可证激活界面，如图 1-15 所示。由于 WebStorm 是收费软件，因此这里选择的是 30 天试用版。如果读者想使用正式版可以通过官方渠道购买。

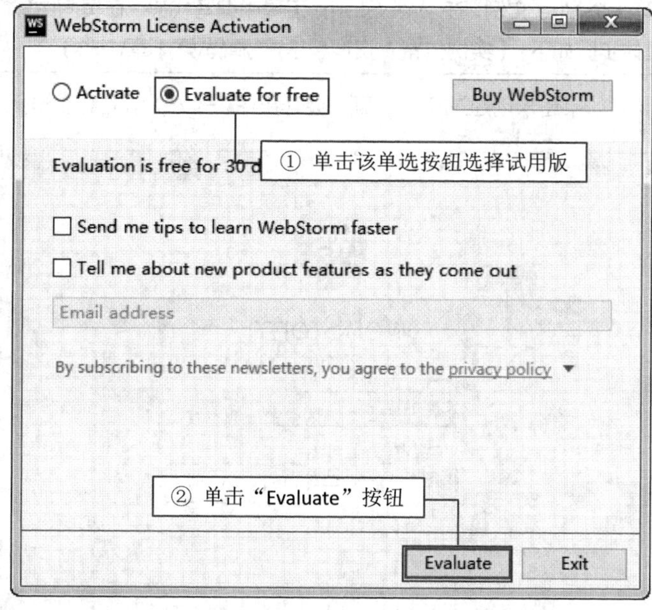

图 1-15　WebStorm 许可证激活界面

（10）单击图 1-15 中的“Evaluate for free”单选按钮选择 30 天试用版，然后单击“Evaluate”按钮，此时将会打开 WebStorm 的欢迎界面，如图 1-16 所示。这时就表示 WebStorm 启动成功。

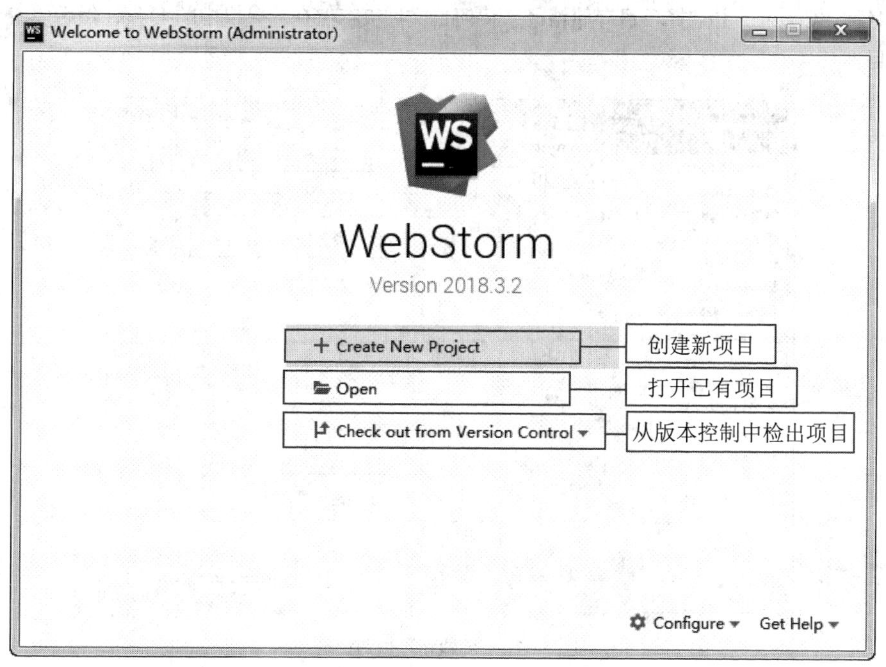

图 1-16　WebStorm 欢迎界面

1.4　创建第一个 Vue 实例

创建第一个 Vue 实例

【例 1-1】创建第一个 Vue 实例，在 WebStorm 工具中编写代码，在页面中输出"I like Vue.js"。具体步骤如下：（实例位置：资源包\MR\源码\第 1 章\1-1）

（1）启动 WebStorm，如果还未创建过任何项目，会弹出图 1-17 所示的对话框。

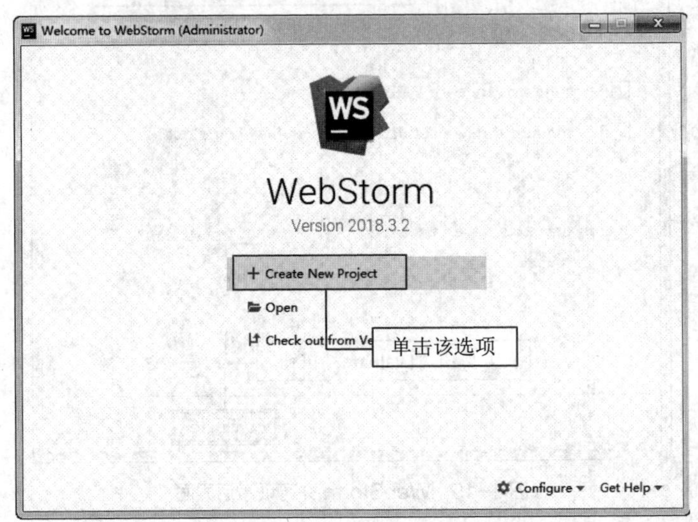

图 1-17　WebStorm 欢迎界面

（2）单击图 1-17 中的"Create New Project"选项弹出创建新项目对话框，如图 1-18 所示。在对话框中输入项目名称"Code"，并选择项目存储路径，将项目文件夹存储在计算机中的 E 盘，然后单击"Create"按钮创建项目。

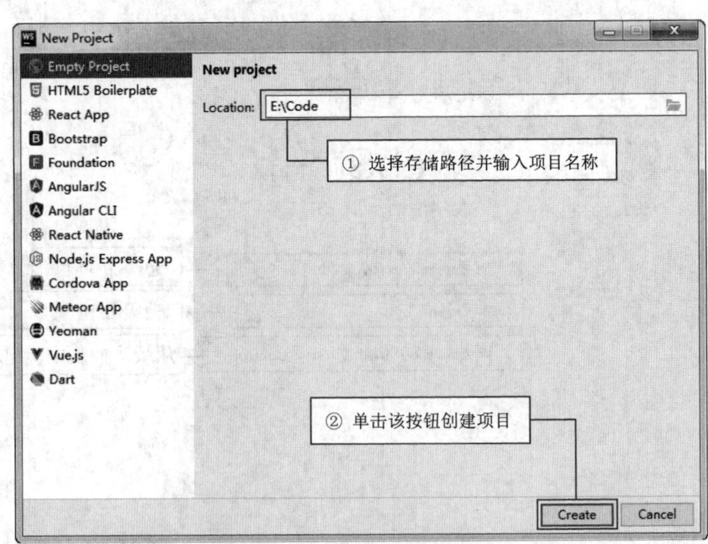

图 1-18　创建新项目对话框

（3）在项目名称"Code"上单击鼠标右键，然后依次选择"New"→"HTML File"选项，如图 1-19 所示。

图 1-19　在文件夹下创建 HTML 文件

（4）单击“HTML File”选项，弹出新建 HTML 文件对话框，如图 1-20 所示，在文本框中输入新建文件的名称“index”，然后单击“OK”按钮，完成 index.html 文件的创建。此时，开发工具会自动打开刚刚创建的文件，结果如图 1-21 所示。

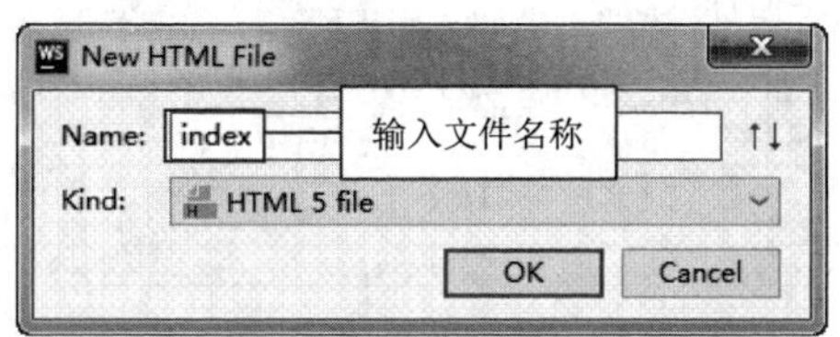

图 1-20　新建 HTML 文件对话框

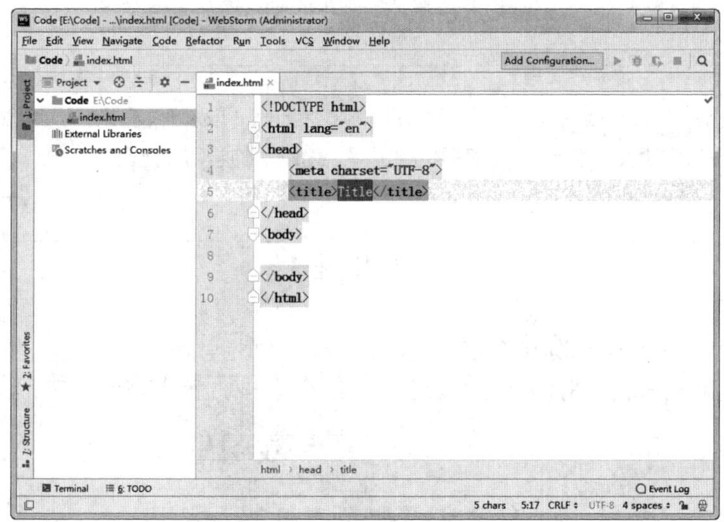

图 1-21　打开新创建的文件

（5）在 index.html 文件中编写代码，具体代码如下。

```
<!DOCTYPE html>
<html lang="en">
<head>
    <meta charset="UTF-8">
```

```
    <title>第一个Vue实例</title>
    <script type="text/javascript" src="JS/vue.js"></script>
</head>
<body>
<div id="example">
    <h1>{{message}}</h1>
</div>
<script type="text/javascript">
    var demo = new Vue({
        el : '#example',
        data : {
            message : 'I like Vue.js'//定义数据
        }
    });
</script>
</body>
</html>
```

双击“E:\Code”目录下的 index.html 文件，在浏览器中将会查看到运行结果，如图 1-22 所示。

图 1-22　程序运行结果

小 结

本章主要介绍了 Vue.js 具有的特性、Vue.js 的安装方法，以及开发工具 WebStorm 的下载和安装。通过这些内容让读者对 Vue.js 有初步的了解，为以后的学习奠定基础。

上机指导

视频位置：资源包\视频\第 1 章　Vue.js 简介\上机指导.mp4

在页面中输出一张图片。程序运行效果如图 1-23 所示。（实例位置：资源包\MR\上机指导\第 1 章\）

图 1-23　输出图片

开发步骤如下。

（1）创建 HTML 文件，在文件中引入 Vue.js 文件，代码如下：

```
<script src="../JS/vue.js"></script>
```

（2）定义<div>元素，并设置其 id 属性值为 box，代码如下：

```
<div id="box"></div>
```

（3）创建 Vue 实例，在实例中分别定义挂载元素和数据，代码如下：

```
<script type="text/javascript">
    var demo = new Vue({
        el : '#box', //定义挂载元素
        data : {
            url : 'mr.gif'//定义数据
        }
    });
</script>
```

（4）在<div>元素中使用 v-bind 指令为<img>标签绑定 src 属性，代码如下：

```
<div id="box">
    <img v-bind:src="url">
</div>
```

习 题

1-1　简单描述 Vue.js 的特性。

1-2　Vue.js 的安装有哪几种方法?

PART 02

第2章

基础特性

本章要点

- Vue构造函数中的选项对象
- 向页面插值的方法
- 过滤器的使用
- 指令的简介

应用 Vue.js 开发程序，首先要了解如何将数据在视图中展示出来。Vue.js 采用了一种不同的语法用于构建视图。本章主要介绍 Vue.js 的构造函数中的几个选项对象，以及如何通过数据绑定将数据和视图相关联。

2.1 Vue 实例及选项

每个 Vue.js 的应用都需要通过构造函数创建一个 Vue 的实例。创建一个 Vue 实例的语法格式如下：

```
var vm = new Vue({
    //选项
})
```

在创建对象实例时，可以在构造函数中传入一个选项对象。选项对象中包括挂载元素、数据、方法、生命周期钩子函数等选项。下面分别对这几个选项进行介绍。

挂载元素

2.1.1 挂载元素

在 Vue.js 的构造函数中有一个 el 选项。该选项的作用是为 Vue 实例提供挂载元素。定义挂载元素后，接下来的全部操作都在该元素内进行，元素外部不受影响。该选项的值可以使用 CSS 选择符，也可以使用原生的 DOM 元素名称。例如，页面中定义了一个 div 元素，代码如下：

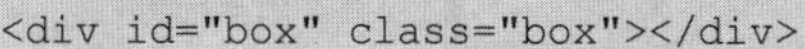

```
<div id="box" class="box"></div>
```

如果将该元素作为 Vue 实例的挂载元素，可以设置为 el:'#box'、el:'.box'或 el:'div'。

数据

2.1.2 数据

通过 data 选项可以定义数据，这些数据可以绑定到实例对应的模板中。示例代码如下：

```
<div id="box">
   <h3>网站名称：{{name}}</h3>
   <h3>网站地址：{{url}}</h3>
</div>
<script type="text/javascript">
   var demo = new Vue({
      el : '#box',
      data : {
         name : '明日学院',//定义网站名称
         url : 'www.mingrisoft.com'//定义网站地址
      }
   });
</script>
```

运行结果如图 2-1 所示。

图 2-1 输出 data 对象属性值

在上述代码中创建了一个 Vue 实例 demo，在实例的 data 中定义了两个属性：name 和 url。模板中的{{name}}用于输出 name 属性的值，{{url}}用于输出 url 属性的值。由此可见，data 数据与 DOM 进行了关联。

在创建 Vue 实例时，如果传入的 data 是一个对象，那么 Vue 实例会代理 data 对象中的所有属性。当这些属性的值发生变化时，HTML 视图也将会产生相应的变化。因此，data 对象中定义的属性被称为响应式属性。示例代码如下：

```
<div id="box">
   <h3>网站名称：{{name}}</h3>
    <h3>网站地址：{{url}}</h3>
</div>
```

```
<script type="text/javascript">
    var data = {name : '明日学院', url : 'www.mingrisoft.com'};
   var demo = new Vue({
      el : '#box',
      data : data
   });
    document.write(demo.name === data.name);//引用了相同的对象
    demo.url = 'http://www.mingrisoft.com';//重新设置属性
</script>
```

运行结果如图 2-2 所示。

在上述代码中，demo.name === data.name 的输出结果为 true，当重新设置 url 属性值时，模板中的{{url}}也会随之改变。由此可见，通过实例 demo 就可以调用 data 对象中的属性。而且，当 data 对象中属性的值发生改变时，视图会进行重新渲染。

图 2-2　更新视图

需要注意的是，只有在创建 Vue 实例时，传入的 data 对象中的属性才是响应式的。如果开始不能确定某些属性的值，可以为它们设置一些初始值。例如：

```
data : {
    name : '',
    count : 0,
    price : [],
    flag : true
}
```

除了 data 数据属性，Vue.js 还提供了一些有用的实例属性与方法。这些属性和方法的名称都有前缀$，以便与用户定义的属性进行区分。例如，可以通过 Vue 实例中的$data 属性来获取声明的数据，示例代码如下：

```
<script type="text/javascript">
    var data = {name : '明日学院', url : 'www.mingrisoft.com'};
   var demo = new Vue({
      el : '#box',
      data : data
   });
    document.write(demo.$data === data);//输出true
</script>
```

2.1.3　方法

方法

在 Vue 实例中，通过 methods 选项可以定义方法。示例代码如下：

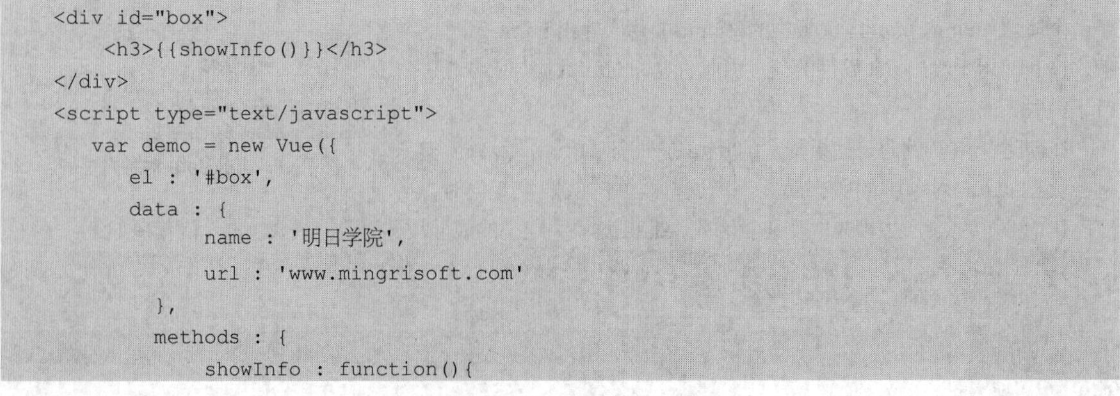

```
<div id="box">
    <h3>{{showInfo()}}</h3>
</div>
<script type="text/javascript">
   var demo = new Vue({
      el : '#box',
      data : {
            name : '明日学院',
            url : 'www.mingrisoft.com'
        },
        methods : {
            showInfo : function(){
```

```
                    return this.name + '：' + this.url;//连接字符串
                }
            }
    });
</script>
```

运行结果如图 2-3 所示。

图 2-3　输出方法的返回值

在上述代码中，实例的 methods 选项中定义了一个 showInfo()方法，模板中的{{showInfo()}}用于调用该方法，从而输出 data 对象中的属性值。

2.1.4　生命周期钩子函数

生命周期钩子函数

每个 Vue 实例在创建时都有一系列的初始化步骤。例如，创建数据绑定、编译模板、将实例挂载到 DOM 并在数据变化时触发 DOM 更新、销毁实例等。在这个过程中会运行一些叫作生命周期钩子的函数，通过这些钩子函数可以定义业务逻辑。Vue 实例中几个主要的生命周期钩子函数说明如下。

- beforeCreate：在 Vue 实例开始初始化时调用。
- created：在实例创建之后进行调用，此时尚未开始 DOM 编译。
- mounted：在 DOM 文档渲染完毕之后进行调用。相当于 JavaScript 中的 window.onload()方法。
- beforeDestroy：在销毁实例前进行调用，此时实例仍然有效。
- destroyed：在实例被销毁之后进行调用。

下面通过一个示例来了解 Vue.js 内部的运行机制。为了实现效果，在 mounted 函数中应用了$destroy()方法，该方法用于销毁一个实例。代码如下：

```
<div id="box"></div>
<script type="text/javascript">
    var demo = new Vue({
        el : '#box',
        beforeCreate : function(){
                console.log('beforeCreate');
        },
          created : function(){
                console.log('created');
        },
    beforeDestroy : function(){
                console.log('beforeDestroy');
    },
          destroyed : function(){
                console.log('destroyed');
    },
          mounted : function(){
                console.log('mounted');
                this.$destroy();
          }
```

```
    });
</script>
```

在浏览器控制台中运行上述代码，结果如图 2-4 所示。

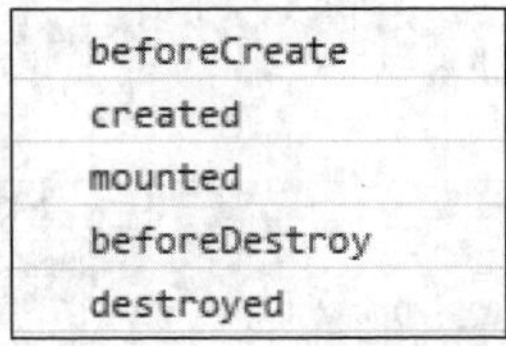

图 2-4　钩子函数的运行顺序

图 2-4 中展示了这几个生命周期钩子函数的运行顺序。

2.2　数据绑定

数据绑定是 Vue.js 最核心的一个特性。建立数据绑定后，数据和视图会相互关联，当数据发生变化时，视图会自动进行更新。这样就无须手动获取 DOM 的值再同步到 js 中，使代码更加简洁，提高了开发效率。下面介绍 Vue.js 中数据绑定的语法。

插值

2.2.1　插值

1. 文本插值

文本插值是数据绑定最基本的形式，使用的是双大括号标签{{}}。

【例 2-1】 使用双大括号标签将文本插入 HTML 中，代码如下：（实例位置：资源包\MR\源码\第 2 章\2-1）

```
<div id="box">
    <h3>Hello {{name}}</h3>
</div>
<script type="text/javascript">
   var demo = new Vue({
      el : '#box',
      data : {
         name : 'Vue.js'//定义数据
      }
   });
</script>
```

运行结果如图 2-5 所示。

文本插值　file:///E:/MR/ym/

Hello Vue.js

图 2-5　输出插入的文本

上述代码中，{{name}}标签将会被相应的数据对象中 name 属性的值所替代，而且将 DOM 中的 name 与 data 中的 name 属性进行了绑定。当数据对象中的 name 属性值发生改变时，文本中的值也会相应地发生变化。

如果只需渲染一次数据，可以使用单次插值。单次插值即只执行一次插值，在第 1 次插入文本后，当数据对象中的属性值发生改变时，插入的文本将不会更新。单次插值可以使用 v-once 指令。示例代码如下：

```
<div id="box">
    <h3 v-once>Hello {{name}}</h3>
```

```
</div>
```

上述代码中，在<h3>标签中应用了 v-once 指令，这样，当修改数据对象中的 name 属性值时并不会引起 DOM 的变化。

2. 插入 HTML

双大括号标签会将里面的值当作普通文本来处理。如果要输出真正的 HTML 内容，需要使用 v-html 指令。

【例 2-2】 使用 v-html 指令将 HTML 内容插入标签，代码如下：（实例位置：资源包\MR\源码\第 2 章\2-2）

```
<div id="box">
    <p v-html="message"></p>
</div>
<script type="text/javascript">
   var demo = new Vue({
      el : '#box',
      data : {
         message : '<h1>科技是第一生产力</h1>'//定义数据
      }
   });
</script>
```

运行结果如图 2-6 所示。

上述代码中，为<p>标签应用 v-html 指令后，数据对象中 message 属性的值将作为 HTML 元素插入<p>标签。

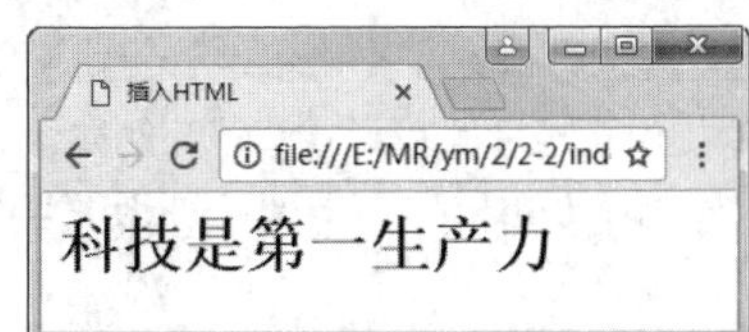

图 2-6 输出插入的 HTML 内容

3. 属性

双大括号标签不能应用在 HTML 属性中。如果要为 HTML 元素绑定属性，不能直接使用文本插值的方式，而需要使用 v-bind 指令对属性进行绑定。

【例 2-3】 使用 v-bind 指令为 HTML 元素绑定 class 属性，代码如下：（实例位置：资源包\MR\源码\第 2 章\2-3）

```
<style type="text/css">
.title{
    color:#FF0000;
    border:1px solid #FF00FF;
    display:inline-block;
    padding:5px;
}
</style>
<div id="box">
    <span v-bind:class="value">梦想照进现实</span>
</div>
<script type="text/javascript">
   var demo = new Vue({
      el : '#box',
      data : {
         value : 'title'//定义绑定的属性值
      }
   });
```

```
</script>
```

运行结果如图 2-7 所示。

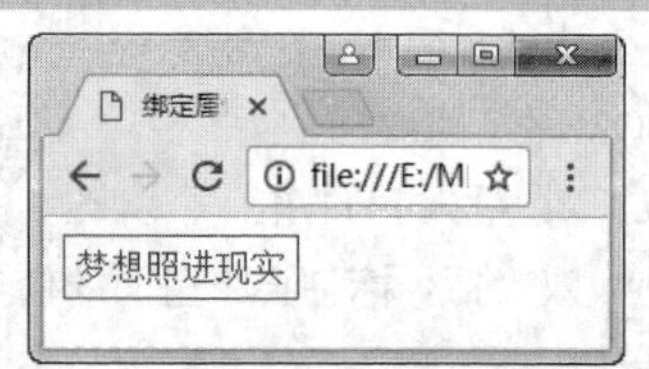

图 2-7　通过绑定属性设置元素样式

上述代码中，为<span>标签应用 v-bind 指令，将该标签的 class 属性与数据对象中的 value 属性进行绑定，这样，数据对象中 value 属性的值将作为<span>标签的 class 属性值。

在应用 v-bind 指令绑定元素属性时，还可以将属性值设置为对象的形式。例如，将例 2-3 的代码修改如下：

```
<div id="box">
    <span v-bind:class="{'title':value}">梦想照进现实</span>
</div>
<script type="text/javascript">
   var demo = new Vue({
      el : '#box',
      data : {
         value : true
      }
   });
</script>
```

上述代码中，应用 v-bind 指令将<span>标签的 class 属性与数据对象中的 value 属性进行绑定，并判断 title 的值，如果 title 的值为 true 则使用 title 类的样式，否则不使用该类。

为 HTML 元素绑定属性的操作比较频繁。为了防止经常使用 v-bind 指令带来的烦琐操作，Vue.js 为该指令提供了一种简写形式“:”。例如，为“明日学院”超链接设置 URL 的完整格式如下：

```
<a v-bind:href="url">明日学院</a>
```

简写形式如下：

```
<a :href="url">明日学院</a>
```

【例 2-4】 使用 v-bind 指令的简写形式为图片绑定属性，代码如下：（实例位置：资源包\MR\源码\第 2 章\2-4）

```
<style type="text/css">
.myImg{
    width:300px;
    border:1px solid #000000;
}
</style>
<script src="../JS/vue.js"></script>
</head>
<body>
<div id="box">
    <img :src="src" :class="value" :title="tip">
</div>
<script type="text/javascript">
   var demo = new Vue({
      el : '#box',
      data : {
        src : 'images/js.png',//图片URL
         value : 'myImg',//图片CSS类名
        tip : '零基础学JavaScript'//图片提示文字
      }
```

```
    });
</script>
```

运行结果如图 2-8 所示。

图 2-8　为图片绑定属性

4. 表达式

在双大括号标签中进行数据绑定，标签中可以是一个 JavaScript 表达式。这个表达式可以是常量或者变量，也可以是常量、变量、运算符组合而成的式子。表达式的值是其运算后的结果。示例代码如下：

```
<div id="box">
    {{number + 10}}<br>
    {{boo ? '真' : '假'}}<br>
    {{str.toLowerCase()}}
</div>
<script type="text/javascript">
    var demo = new Vue({
        el : '#box',
        data : {
            number : 10,
            boo : true,
            str : 'MJH My Love'
        }
    });
</script>
```

运行结果如图 2-9 所示。

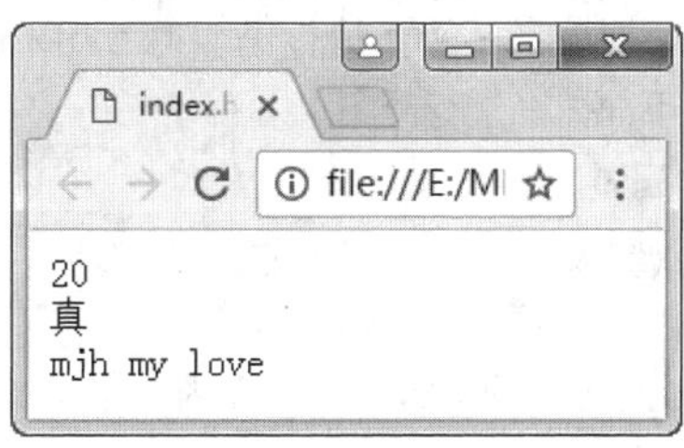

图 2-9　输出绑定的表达式的值

需要注意的是，每个数据绑定中只能包含单个表达式，而不能使用 JavaScript 语句。下面的示例代码中即为无效的表达式：

```
{{var flag = 0}}
{{if(boo) return '真'}
```

【例 2-5】 明日科技的企业 QQ 邮箱地址为“4006751066@qq.com”，在双大括号标签中应用表达式获取该 QQ 邮箱地址中的 QQ 号，代码如下：（实例位置：资源包\MR\源码\第 2 章\2-5）

```
<div id="box">
    邮箱地址：{{email}}<br>
    QQ号码：{{email.substr(0,email.indexOf('@'))}}
</div>
<script type="text/javascript">
   var demo = new Vue({
      el : '#box',
      data : {
            email : '4006751066@qq.com'//定义邮箱地址
      }
   });
</script>
```

运行结果如图 2-10 所示。

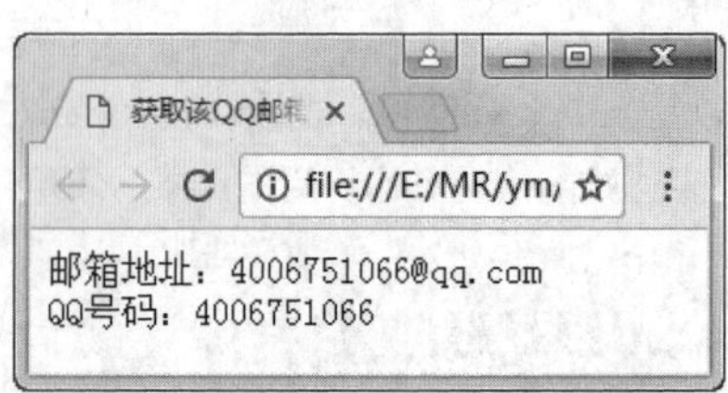

图 2-10　输出 QQ 邮箱地址中的 QQ 号

2.2.2　过滤器

对于一些需要经过复杂计算的数据绑定，简单的表达式可能无法实现，这时可以使用 Vue.js 的过滤器进行处理。通过自定义的过滤器可以对文本进行格式化。

过滤器可以用在双大括号插值和 v-bind 指令中，过滤器需要被添加在 JavaScript 表达式的尾部，由管道符号“|”表示。格式如下：

```
<!-- 在双大括号中 -->
{{ message | myfilter }}
<!-- 在v-bind指令中 -->
<div v-bind:id="rawId | formatId"></div>
```

定义过滤器主要有两种方式，第 1 种是应用 Vue.js 提供的全局方法 Vue.filter()进行定义，第 2 种是应用选项对象中的 filters 选项进行定义。下面分别进行介绍。

1. 应用 Vue.filter()方法定义全局过滤器

Vue.js 提供了全局方法 Vue.filter()定义过滤器。格式如下：

```
Vue.filter(ID,function(){})
```

该方法中有两个参数，第 1 个参数为定义的过滤器 ID，作为自定义过滤器的唯一标识，第 2 个参数为具体的过滤器函数，过滤器函数以表达式的值作为第 1 个参数，再将接收到的参数格式化为想要的结果。

使用全局方法 Vue.filter()定义的过滤器需要定义在创建的 Vue 实例之前。

【例 2-6】 应用 Vue.filter()方法定义过滤器，获取当前的日期和星期并输出。代码如下：（实例位置：资源包\MR\源码\第 2 章\2-6）

```
<div id="box">
    <span>{{date | nowdate}}</span>
</div>
<script type="text/javascript">
    Vue.filter('nowdate',function(value){
        var year=value.getFullYear();            //获取当前年份
        var month=value.getMonth()+1;            //获取当前月份
        var date=value.getDate();                //获取当前日期
        var day=value.getDay();                  //获取当前星期
        var week="";                             //初始化变量
        switch(day){
            case 1:                              //如果变量day的值为1
                week="星期一";                   //为变量赋值
                break;                           //退出switch语句
            case 2:                              //如果变量day的值为2
                week="星期二";                   //为变量赋值
                break;                           //退出switch语句
            case 3:                              //如果变量day的值为3
                week="星期三";                   //为变量赋值
                break;                           //退出switch语句
            case 4:                              //如果变量day的值为4
                week="星期四";                   //为变量赋值
                break;                           //退出switch语句
            case 5:                              //如果变量day的值为5
                week="星期五";                   //为变量赋值
                break;                           //退出switch语句
            case 6:                              //如果变量day的值为6
                week="星期六";                   //为变量赋值
                break;                           //退出switch语句
            default:                             //默认值
                week="星期日";                   //为变量赋值
                break;                           //退出switch语句
        }
        return "今天是："+year+"年"+month+"月"+date+"日 "+week;
    });
    var demo = new Vue({
        el : '#box',
        data : {
            date : new Date()
        }
    });
</script>
```

运行结果如图 2-11 所示。

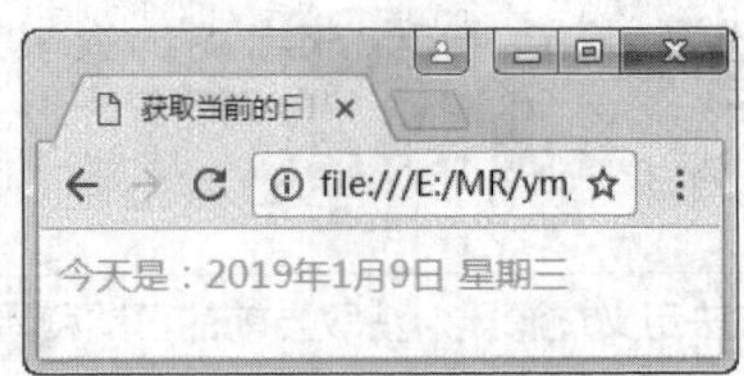

图 2-11　输出当前日期和星期

2. 应用 filters 选项定义本地过滤器

应用 filters 选项定义的过滤器包括过滤器名称和过滤器函数两部分，过滤器函数以表达式的值作为第 1 个参数。

【例 2-7】 应用 filters 选项定义过滤器，对商城头条的标题进行截取并输出。代码如下：（实例位置：资源包\MR\源码\第 2 章\2-7）

```
<div id="box">
    <ul>
         <li><a href="#"><span>[特惠]</span>{{title1 | subStr}}</a></li>
       <li><a href="#"><span>[公告]</span>{{title2 | subStr}}</a></li>
       <li><a href="#"><span>[特惠]</span>{{title3 | subStr}}</a></li>
       <li><a href="#"><span>[公告]</span>{{title4 | subStr}}</a></li>
       <li><a href="#"><span>[特惠]</span>{{title5 | subStr}}</a></li>
    </ul>
</div>
<script type="text/javascript">
   var demo = new Vue({
      el : '#box',
      data : {
            title1 : '商城爆品1分秒杀',
            title2 : '商城与长春市签署战略合作协议',
            title3 : '洋河年末大促，低至两件五折',
            title4 : '华北、华中部分地区配送延迟',
            title5 : '家电狂欢千亿礼券 买1送1！'
        },
        filters : {
            subStr : function(value){
                if(value.length > 10){                //如果字符串长度大于10
                    return value.substr(0,10)+"...";//返回字符串前10个字符，然后输出省略号
                }else{                                //如果字符串长度不大于10
                    return value;                     //直接返回该字符串
                }
            }
        }
   });
</script>
```

运行结果如图 2-12 所示。

多个过滤器可以串联使用。格式如下：

```
{{ message | filterA | filterB }}
```

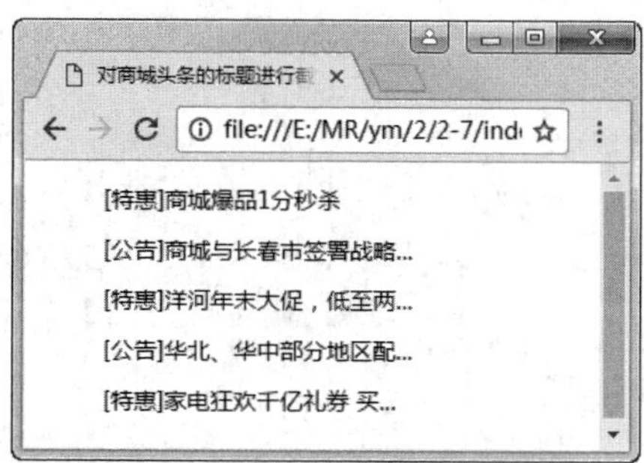

图 2-12　输出截取后的标题

在串联使用过滤器时，首先调用过滤器 filterA 对应的函数，然后调用过滤器 filterB 对应的函数。其中，filterA 对应的函数以 message 作为参数，而 filterB 对应的函数将以 filterA 的结果作为参数。例如，将字符串“HTML+CSS+JavaScript”转换为首字母大写，其他字母小写。示例代码如下：

```
<div id="box">
    <span>{{str | lowercase | firstUppercase}}</span>
</div>
<script type="text/javascript">
   var demo = new Vue({
      el : '#box',
      data : {
            str : 'HTML+CSS+JavaScript'
      },
        filters : {
            lowercase : function(value){
                return value.toLowerCase();//转换为小写
            },
            firstUppercase : function(value){
                return value.charAt(0).toUpperCase()+value.substr(1);//首字母大写
            }
        }
   });
</script>
```

运行结果如图 2-13 所示。

图 2-13　输出首字母大写的字符串

过滤器实质上是一个函数，因此也可以接收额外的参数，格式如下：

```
{{ message | filterA(arg1, arg2 ,……) }}
```

其中，filterA 为接收多个参数的过滤器函数。message 的值作为第 1 个参数，arg1 的值作为第 2 个参数，arg2 的值作为第 3 个参数，以此类推。

例如，将商品的价格“199”格式化为“¥199.00”，示例代码如下：

```
<div id="box">
```

```
    <span>{{price | formatPrice("¥")}}</span>
</div>
<script type="text/javascript">
   var demo = new Vue({
      el : '#box',
      data : {
           price : 199
      },
        filters : {
           formatPrice : function(value,symbol){
               return symbol + value.toFixed(2);//添加人民币符号并保留两位小数
           }
        }
   });
</script>
```

运行结果如图 2-14 所示。

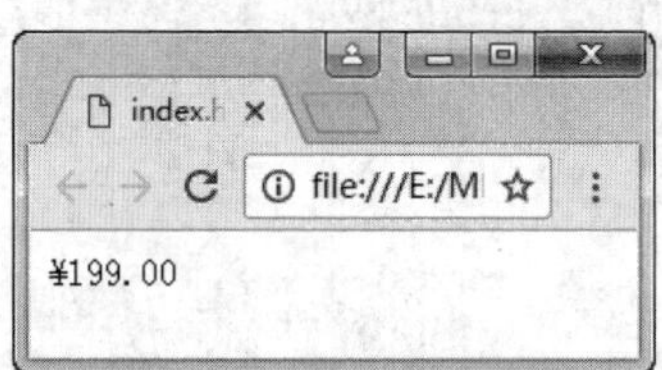

图 2-14　格式化商品价格

2.2.3　指令

指令是 Vue.js 中的重要特性之一，它是带有 v-前缀的特殊属性。从写法上来说，指令的值限定为绑定表达式。指令用于在绑定表达式的值发生改变时，将这种数据的变化应用到 DOM 上。当数据变化时，指令会根据指定的操作对 DOM 进行修改，这样就无须手动去管理 DOM 的变化和状态，提高了程序的可维护性。示例代码如下：

```
<p v-if="show">mingrisoft</p>
```

上述代码中，v-if 指令将根据表达式 show 的值来确定是否插入 p 元素。如果 show 的值为 true，则插入 p 元素，如果 show 的值为 false，则移除 p 元素。还有一些指令的语法略有不同，它们能够接收参数和修饰符。下面分别进行介绍。

1. 参数

一些指令能够接收一个参数，例如，v-bind 指令、v-on 指令。该参数位于指令和表达式之间，并用冒号分隔。v-bind 指令的示例代码如下：

```
<img v-bind:src="imageSrc">
```

上述代码中，src 即为参数，通过 v-bind 指令将 img 元素的 src 属性与表达式 imageSrc 的值进行绑定。

v-on 指令的示例代码如下：

```
<button v-on:click="login">登录</button>
```

上述代码中，click 即为参数，该参数为监听的事件名称。当触发“登录”按钮的 click 事件时会调用 login()方法。

关于 v-on 指令的具体介绍请参考本书第 6 章。

2. 修饰符

修饰符是在参数后面，以半角句点符号指明的特殊后缀。例如，.prevent 修饰符用于调用 event.preventDefault() 方法。示例代码如下：

```
<form v-on:submit.prevent="onSubmit"></form>
```

上述代码中，当提交表单时会调用 event.preventDefault()方法用于阻止浏览器的默认行为。

关于更多修饰符的介绍请参考本书第 6 章。

小 结

本章主要介绍了 Vue.js 构造函数的选项对象中的基本选项，以及建立数据绑定的方法。希望读者可以熟练掌握这些内容，只有掌握这些基础知识，才可以学好后面的内容。

上机指导

视频位置：资源包\视频\第 2 章 基础特性\上机指导.mp4

在页面中输出实时显示的日期和时间，并对日期时间进行格式化。程序运行效果如图 2-15 所示。（实例位置：资源包\MR\上机指导\第 2 章\）

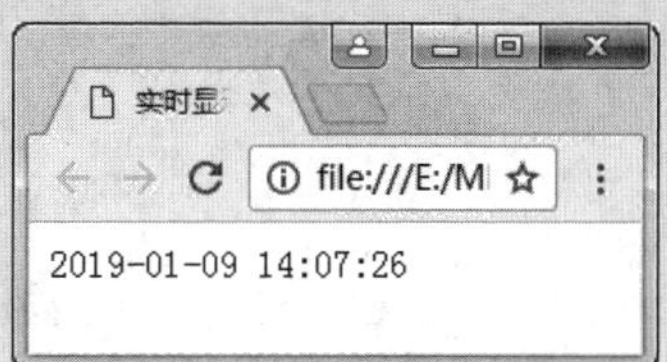

图 2-15 实时显示时间

开发步骤如下。

（1）创建 HTML 文件，在文件中引入 Vue.js 文件，代码如下：

```
<script src="../JS/vue.js"></script>
```

（2）定义<div>元素，并设置其 id 属性值为 box，代码如下：

```
<div id="box"></div>
```

（3）创建自定义函数 formatNum()，通过该函数为数字进行格式化输出，代码如下：

```
<script type="text/javascript">
    var formatNum = function(num){
        return num < 10 ? "0" + num : num;//为数字前添加前导0
    }
</script>
```

（4）创建 Vue 实例，在实例中分别定义挂载元素、数据、过滤器和钩子函数，代码如下：

```
var demo = new Vue({
        el : '#box',
        data : {
```

```
                nowdate : new Date()
            },
            filters : {
                formatDate : function(value){
                    var year = value.getFullYear();
                    var month = formatNum(value.getMonth() + 1);
                    var date = formatNum(value.getDate());
                    var hour = formatNum(value.getHours());
                    var minute = formatNum(value.getMinutes());
                    var second = formatNum(value.getSeconds());
                    return year+"-"+month+"-"+date+" "+hour+":"+minute+":"+second;
                }
            },
            //DOM文档渲染完毕后调用
            mounted : function(){
                var _this = this;
                var timer = setInterval(function(){
                    _this.nowdate = new Date()//修改数据
                },1000);
            },
        //实例销毁之前调用
        beforeDestroy : function(){
                if(this.timer){
                clearInterval(this.timer); //在Vue实例销毁前清除定时器
                }
        }
});
```

（5）在<div>元素中应用双大括号标签进行数据绑定，代码如下：

```
<div id="box">
    {{nowdate | formatDate}}
</div>
```

习题

2-1　在 Vue.js 构造函数的选项对象中，最基本的选项有哪几个？

2-2　为 HTML 元素绑定属性需要使用什么指令？

2-3　定义过滤器主要有哪两种方式？

2-4　Vue.js 中的指令有什么作用？

PART03

第3章

条件判断与列表渲染

本章要点

- 应用v-if指令进行条件判断
- v-else指令的使用
- v-else-if指令的使用
- 应用v-for指令遍历数组
- 应用v-for指令遍历对象

在程序设计中，条件判断和循环控制是必不可少的，也是变化最丰富的技术。Vue.js 提供了相应的指令用于实现条件判断和循环控制。通过条件判断可以控制DOM 的显示状态，通过循环控制可以将数组或对象渲染到 DOM 中。本章主要介绍 Vue.js 的条件判断和列表渲染。

3.1 条件判断

在视图中，经常需要控制某些 DOM 元素的显示或隐藏。Vue.js 提供了多个指令来实现条件的判断，包括 v-if、v-else、v-else-if、v-show 指令。下面分别进行介绍。

3.1.1 v-if 指令

v-if 指令

v-if 指令可以根据表达式的值来判断是否输出 DOM 元素及其包含的子元素。如果表达式的值为 true，就输出 DOM 元素及其包含的子元素；否则，就将 DOM 元素及其包含的子元素移除。

例如，输出数据对象中的属性 *a* 和 *b* 的值，并根据比较两个属性的值，判断是否输出比较结果。代码如下：

```
<div id="box">
    <p>a的值是{{a}}</p>
    <p>b的值是{{b}}</p>
    <p v-if="a<b">a小于b</p>
</div>
<script type="text/javascript">
   var demo = new Vue({
      el : '#box',
      data : {
            a : 100,
            b : 200
         }
   });
</script>
```

运行结果如图 3-1 所示。

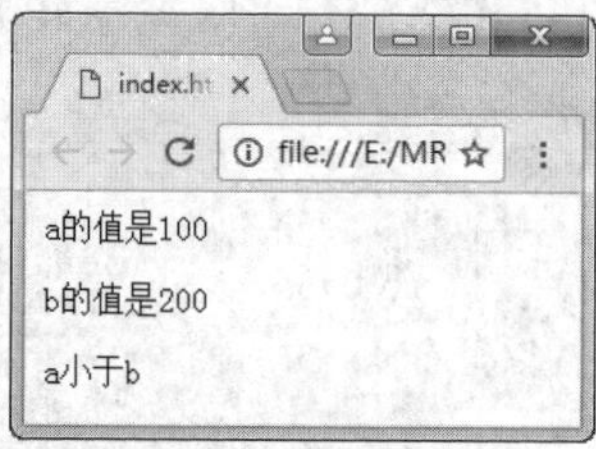

图 3-1 输出比较结果

在<template>元素中使用 v-if

3.1.2 在<template>元素中使用 v-if

v-if 是一个指令，必须将它添加到一个元素上，根据表达式的结果判断是否输出该元素。如果需要对一组元素进行判断，需要使用<template>元素作为包装元素，并在该元素上使用 v-if，最后的渲染结果中不会包含<template>元素。

例如，根据表达式的结果判断是否输出一组单选按钮。代码如下：

```
<div id="box">
    <template v-if="show">
        <input type="radio" value="A">A
        <input type="radio" value="B">B
        <input type="radio" value="C">C
```

```
        <input type="radio" value="D">D
    </template>
</div>
<script type="text/javascript">
   var demo = new Vue({
      el : '#box',
      data : {
            show : true
        }
   });
</script>
```

运行结果如图 3-2 所示。

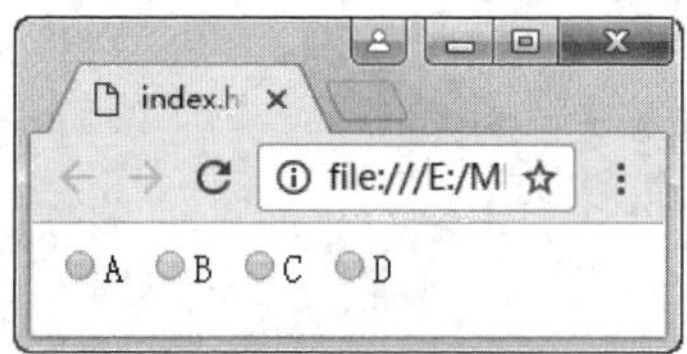

图 3-2　输出一组单选按钮

3.1.3　v-else 指令

v-else 指令的作用相当于 JavaScript 中的 else 语句部分。可以将 v-else 指令配合 v-if 指令一起使用。例如，输出数据对象中的属性 *a* 和 *b* 的值，并根据比较两个属性的值，输出比较的结果。代码如下：

```
<div id="box">
    <p>a的值是{{a}}</p>
    <p>b的值是{{b}}</p>
    <p v-if="a<b">a小于b</p>
    <p v-else>a大于b</p>
</div>
<script type="text/javascript">
   var demo = new Vue({
      el : '#box',
      data : {
            a : 200,
            b : 100
        }
   });
</script>
```

运行结果如图 3-3 所示。

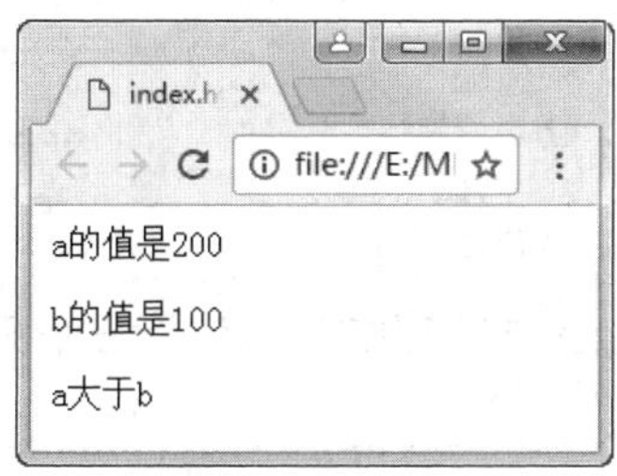

图 3-3　输出比较结果

【例 3-1】应用 v-if 指令和 v-else 指令判断 2019 年 2 月的天数，代码如下：（实例位置：资源包\MR\源码\第 3 章\3-1）

```
<div id="box">
    <p v-if="(year%4==0 && year%100!=0) || year%400==0">
        {{show(29)}}
    </p>
    <p v-else>
        {{show(28)}}
    </p>
</div>
<script type="text/javascript">
   var demo = new Vue({
      el : '#box',
      data : {
            year : 2019
        },
        methods : {
            show : function(days){
                alert(this.year+'年2月有'+days+'天');//弹出对话框
            }
        }
   });
</script>
```

运行结果如图 3-4 所示。

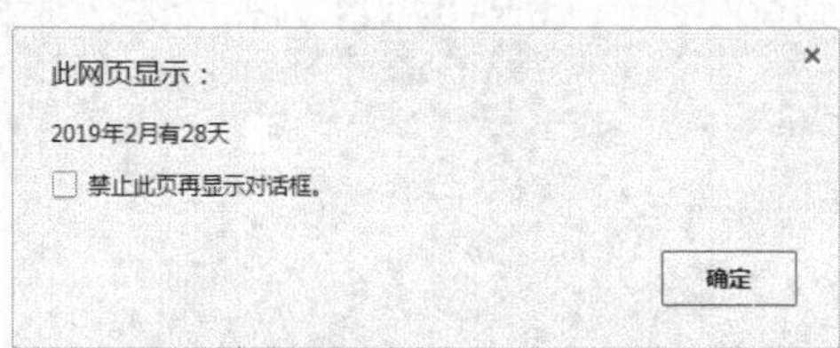

图 3-4　输出 2019 年 2 月的天数

3.1.4　v-else-if 指令

v-else-if 指令的作用相当于 JavaScript 中的 else if 语句部分。应用该指令可以进行更多的条件判断，不同的条件对应不同的输出结果。

【例 3-2】 将某学校的学生成绩转化为不同等级，划分标准如下：

① “优秀”，大于等于 90 分；

② “良好”，大于等于 75 分；

③ “及格”，大于等于 60 分；

④ “不及格”，小于 60 分。

假设刘星的考试成绩是 85 分，输出该成绩对应的等级。代码如下：（实例位置：资源包\MR\源码\第 3 章\3-2）

```
<div id="box">
```

```
    <div v-if="score>=90">
        刘星的考试成绩优秀
    </div>
    <div v-else-if="score>=75">
        刘星的考试成绩良好
    </div>
    <div v-else-if="score>=60">
        刘星的考试成绩及格
    </div>
    <div v-else>
        刘星的考试成绩不及格
    </div>
</div>
<script type="text/javascript">
   var demo = new Vue({
      el : '#box',
      data : {
            score : 85
         }
   });
</script>
```

运行结果如图 3-5 所示。

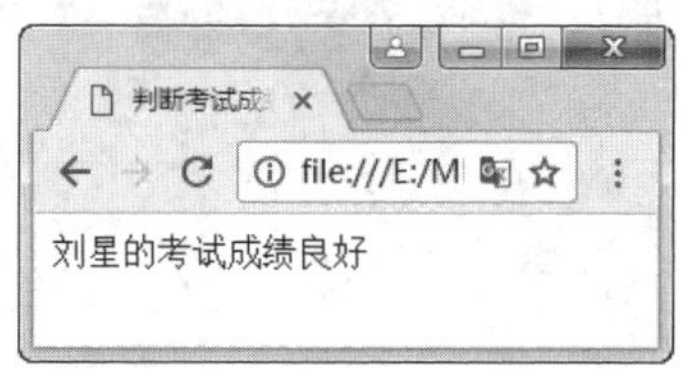

图 3-5 输出考试成绩对应的等级

v-else 指令必须紧跟在 v-if 指令或 v-else-if 指令的后面，否则 v-else 指令将不起作用。同样，v-else-if 指令也必须紧跟在 v-if 指令或 v-else-if 指令的后面。

3.1.5 v-show 指令

v-show 指令

v-show 指令是根据表达式的值来判断是否显示或隐藏 DOM 元素。当表达式的值为 true 时，元素将被显示；当表达式的值为 false 时，元素将被隐藏，此时为元素添加了一个内联样式 style="display:none"。与 v-if 指令不同，使用 v-show 指令的元素，无论表达式的值为 true 还是 false，该元素都始终会被渲染并保留在 DOM 中。绑定值的改变只是简单地切换元素的 CSS 属性 display。

v-show 指令不支持<template>元素，也不支持 v-else 指令。

【例 3-3】通过单击按钮切换图片的显示和隐藏。代码如下：（实例位置：资源包\MR\源码\第 3 章\3-3）

```
<div id="box">
    <input type="button" :value="bText" v-on:click="toggle">
    <div v-show="show">
        <img src="face.png">
    </div>
</div>
<script type="text/javascript">
   var demo = new Vue({
      el : '#box',
      data : {
            bText : '隐藏图片',
            show : true
        },
        methods : {
            toggle : function(){
                //切换按钮文字
                this.bText == '隐藏图片' ? this.bText = '显示图片' : this.bText = '隐藏图片';
                this.show = !this.show;//修改属性值
            }
        }
   });
</script>
```

运行结果如图 3-6 与图 3-7 所示。

图 3-6　显示图片

图 3-7　隐藏图片

3.1.6　v-if 和 v-show 的比较

v-if 和 v-show 的比较

v-if 和 v-show 实现的功能类似，但是两者也有着本质的区别。下面列出 v-if 和 v-show 这两个指令的主要不同点。

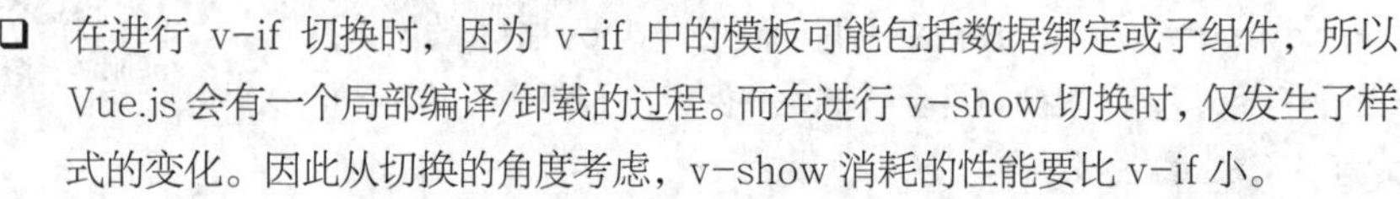

- 在进行 v-if 切换时，因为 v-if 中的模板可能包括数据绑定或子组件，所以 Vue.js 会有一个局部编译/卸载的过程。而在进行 v-show 切换时，仅发生了样式的变化。因此从切换的角度考虑，v-show 消耗的性能要比 v-if 小。
- v-if 是惰性的，如果在初始条件为 false 时，v-if 本身什么都不会做，而使用 v-show 时，不管初始条件是真是假，DOM 元素总是会被渲染。因此从初始渲染的角度考虑，v-if 消耗的性能要比 v-show 小。

总的来说，v-if 有更高的切换消耗而 v-show 有更高的初始渲染消耗。因此，如果需要频繁地切换，则使用 v-show 较好；如果在运行时条件很少改变，则使用 v-if 较好。

3.2 列表渲染

Vue.js 提供了列表渲染的功能，即将数组或对象中的数据循环渲染到 DOM 中。在 Vue.js 中，列表渲染使用的是 v-for 指令，其效果类似于 JavaScript 中的遍历。

3.2.1 应用 v-for 指令遍历数组

应用 v-for 指令
遍历数组

v-for 指令将根据接收数组中的数据重复渲染 DOM 元素。该指令需要使用 item in items 形式的语法，其中，items 为数据对象中的数组名称，item 为数组元素的别名，通过别名可以获取当前数组遍历的每个元素。

例如，应用 v-for 指令输出数组中存储的人物名称。代码如下：

```
<div id="box">
    <ul>
        <li v-for="item in items">{{item.name}}</li>
    </ul>
</div>
<script type="text/javascript">
   var demo = new Vue({
      el : '#box',
      data : {
            items : [//定义人物名称数组
                 { name : '张三'},
                 { name : '李四'},
                 { name : '王五'}
            ]
        }
   });
</script>
```

运行结果如图 3-8 所示。

图 3-8 输出人物名称

在应用 v-for 指令遍历数组时，还可以指定一个参数作为当前数组元素的索引，语法格式为(item,index) in items。其中，items 为数组名称，item 为数组元素的别名，index 为数组元素的索引。

例如，应用 v-for 指令输出数组中存储的人物名称和相应的索引。代码如下：

```
<div id="box">
    <ul>
        <li v-for="(item,index) in items">{{index}} - {{item.name}}</li>
    </ul>
</div>
<script type="text/javascript">
   var demo = new Vue({
      el : '#box',
      data : {
            items : [//定义人物名称数组
                 { name : '张三'},
                 { name : '李四'},
                 { name : '王五'}
```

```
            ]
        }
    });
</script>
```

运行结果如图 3-9 所示。

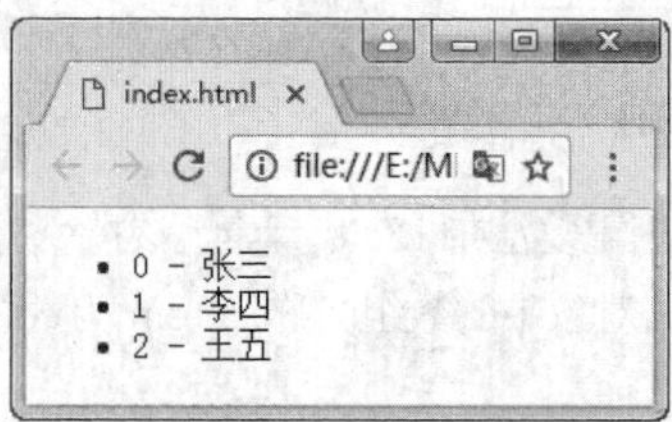

图 3-9　输出人物名称和索引

【例 3-4】 应用 v-for 指令输出数组中的省份、省会，以及旅游景点信息，代码如下：（实例位置：资源包\MR\源码\第 3 章\3-4）

```
<div id="box">
    <div class="title">
        <div class="col-1">序号</div>
        <div class="col-1">省份</div>
        <div class="col-1">省会</div>
        <div class="col-2">旅游景点</div>
    </div>
    <div class="content" v-for="(tourist,index) in touristlist">
        <div class="col-1">{{index + 1}}</div>
        <div class="col-1">{{tourist.province}}</div>
        <div class="col-1">{{tourist.city}}</div>
        <div class="col-2">{{tourist.spot}}</div>
    </div>
</div>
<script type="text/javascript">
   var demo = new Vue({
      el : '#box',
      data : {
            touristlist : [{ //定义旅游信息列表
                province : '黑龙江省',
                city : '哈尔滨市',
                spot : '太阳岛 圣索菲亚教堂 伏尔加庄园'
            },{
                province : '吉林省',
                city : '长春市',
                spot : '净月潭 长影世纪城 伪满皇宫'
            },{
                province : '辽宁省',
                city : '沈阳市',
                spot : '沈阳故宫 沈阳北陵 张氏帅府'
            }]
        }
   });
</script>
```

运行结果如图 3-10 所示。

序号	省份	省会	旅游景点
1	黑龙江省	哈尔滨市	太阳岛 圣索菲亚教堂 伏尔加庄园
2	吉林省	长春市	净月潭 长影世纪城 伪满皇宫
3	辽宁省	沈阳市	沈阳故宫 沈阳北陵 张氏帅府

图 3-10　输出省份、省会及旅游景点

在<template>元素中使用 v-for

3.2.2　在<template>元素中使用 v-for

与 v-if 指令类似，如果需要对一组元素进行循环，可以使用<template>元素作为包装元素，并在该元素上使用 v-for。

【例 3-5】 在<template>元素中使用 v-for 指令，实现输出网站导航菜单的功能。代码如下：（实例位置：资源包\MR\源码\第 3 章\3-5）

```
<div id="box">
    <ul>
        <template v-for="menu in menulist">
            <li class="item">{{menu}}</li>
            <li class="separator"></li>
        </template>
    </ul>
</div>
<script type="text/javascript">
   var demo = new Vue({
      el : '#box',
      data : {
            menulist : ['首页','闪购','生鲜','团购','全球购']//定义导航菜单数组
      }
   });
</script>
```

运行结果如图 3-11 所示。

图 3-11　输出网站导航菜单

数组更新检测

3.2.3　数组更新检测

Vue.js 中包含了一些检测数组变化的变异方法，调用这些方法可以改变原始数组，并触发视图更新。这些变异方法的说明如表 3-1 所示。

表 3-1　变异方法及其说明

方法名	说明
push()	向数组的末尾添加一个或多个元素
pop()	将数组中的最后一个元素从数组中删除
shift()	将数组中的第一个元素从数组中删除
unshift()	向数组的开头添加一个或多个元素
splice()	添加或删除数组中的元素
sort()	对数组的元素进行排序
reverse()	颠倒数组中元素的顺序

例如，应用变异方法 push()向数组中添加一个元素，代码如下：

```
<div id="box">
    <ul>
        <li v-for="item in items">{{item.name}}</li>
    </ul>
</div>
<script type="text/javascript">
   var demo = new Vue({
      el : '#box',
      data : {
            items : [//定义人物名称数组
                { name : '张三'},
                { name : '李四'},
                { name : '王五'}
            ]
        }
   });
    demo.items.push({ name : '赵六' });//向数组末尾添加数组元素
</script>
```

运行结果如图 3-12 所示。

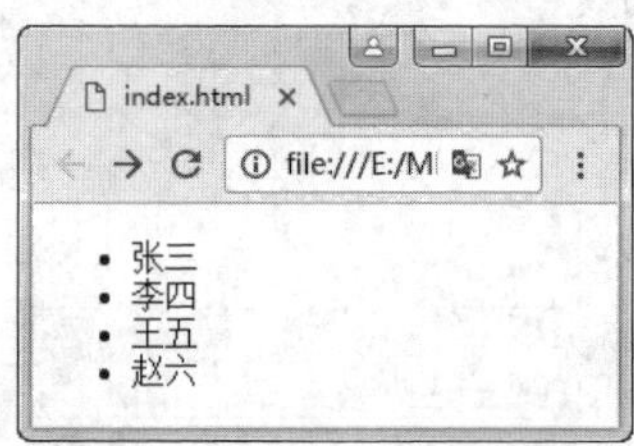

图 3-12　向数组中添加元素

【例 3-6】将 2018 年电影票房排行榜前十名的影片名称和票房定义在数组中，对数组按影片票房进行降序排序，将排序后的影片排名、影片名称和票房输出在页面中。代码如下：（实例位置：资源包\MR\源码\第 3 章\3-6）

```
<div id="example">
    <div class="title">
        <div class="col-1">排名</div>
        <div class="col-2">电影名称</div>
        <div class="col-1">票房</div>
    </div>
```

```
    <div class="content" v-for="(value,index) in movie">
        <div class="col-1">{{index + 1}}</div>
        <div class="col-2">{{value.name}}</div>
        <div class="col-1">{{value.boxoffice}}亿</div>
    </div>
</div>
<script type="text/javascript">
var exam = new Vue({
    el:'#example',
    data:{
        movie : [//定义影片信息数组
            { name : '西虹市首富',boxoffice : 25.4 },
            { name : '毒液：致命守护者',boxoffice : 18.7 },
            { name : '我不是药神',boxoffice : 30.9 },
            { name : '红海行动',boxoffice : 36.5 },
            { name : '侏罗纪世界2',boxoffice : 16.9 },
            { name : '复仇者联盟3：无限战争',boxoffice : 23.9 },
            { name : '头号玩家',boxoffice : 13.9 },
            { name : '唐人街探案2',boxoffice : 33.9 },
            { name : '捉妖记2',boxoffice : 22.3 },
            { name : '海王',boxoffice : 19.5 }
        ]
    }
})
//为数组重新排序
exam.movie.sort(function(a,b){
    var x = a.boxoffice;
    var y = b.boxoffice;
    return x < y ? 1 : -1;
});
</script>
```

运行结果如图 3-13 所示。

图 3-13　输出 2018 年电影票房排行

除了变异方法外，Vue.js 还包含了几个非变异方法，例如：filter()、concat()和 slice()方法。调用非变异方法不会改变原始数组，而是返回一个新的数组。当使用非变异方法时，可以用新的数组替换原来的数组。

例如，应用 slice()方法获取数组中第 2 个元素后的所有元素，代码如下：

```
<div id="box">
    <ul>
        <li v-for="item in items">{{item.name}}</li>
    </ul>
</div>
<script type="text/javascript">
   var demo = new Vue({
      el : '#box',
      data : {
             items : [//定义人物名称数组
                  { name : '张三'},
                  { name : '李四'},
                  { name : '王五'}
             ]
         }
   });
    demo.items = demo.items.slice(1);//获取数组中第2个元素后的所有元素
</script>
```

运行结果如图 3-14 所示。

图 3-14　输出数组中某部分元素

由于 JavaScript 的限制，Vue.js 不能检测到下面两种情况引起的数组的变化。

- 直接使用数组索引设置元素，例如：vm.items[1]= 'Vue.js'。
- 修改数组的长度，例如：vm.items.length=2。

为了解决第 1 种情况，可以使用全局方法 Vue.set(array, index, value)，或实例方法 vm.$set(array, index, value)来设置数组元素的值。设置的数组元素是响应式的，并可以触发视图更新。

实例方法 vm.$set()为全局方法 Vue.set()的别名。

例如，应用全局方法 Vue.set()设置数组中第 2 个元素的值，代码如下：

```
<div id="box">
    <ul>
        <li v-for="item in items">{{item.name}}</li>
    </ul>
</div>
<script type="text/javascript">
   var demo = new Vue({
      el : '#box',
      data : {
             items : [//定义人物名称数组
                  { name : '张三'},
                  { name : '李四'},
```

```
                { name : '王五'}
            ]
        }
    });
    Vue.set(demo.items,1,{ name : '李三'});//或者demo.$set(demo.items,1,{ name : '李三'});
</script>
```

运行结果如图 3-15 所示。

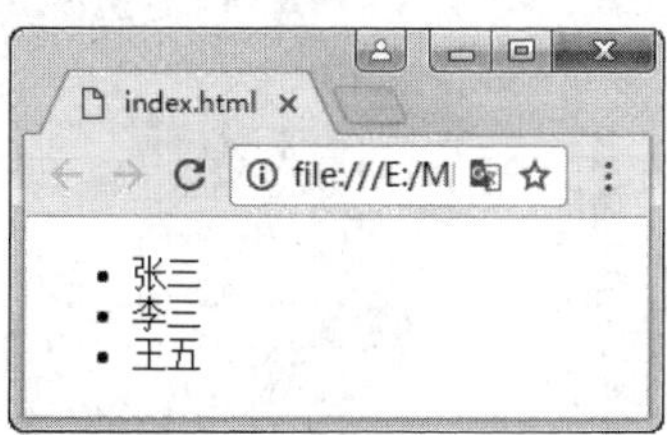

图 3-15　设置第 2 个元素的值

为了解决第 2 种情况，可以使用 splice()方法修改数组的长度。例如，将数组的长度修改为 2，代码如下：

```
<div id="box">
    <ul>
        <li v-for="item in items">{{item.name}}</li>
    </ul>
</div>
<script type="text/javascript">
    var demo = new Vue({
        el : '#box',
        data : {
            items : [//定义人物名称数组
                { name : '张三'},
                { name : '李四'},
                { name : '王五'}
            ]
        }
    });
    demo.items.splice(2);
</script>
```

运行结果如图 3-16 所示。

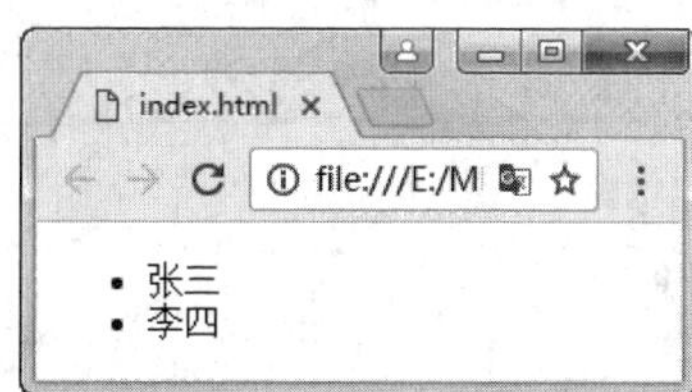

图 3-16　修改数组长度

3.2.4　应用 v-for 指令遍历对象

应用 v-for 指令遍历对象

应用 v-for 指令除了可以遍历数组之外，还可以遍历对象。遍历对象使用 value in object 形式的语法，其中，object 为对象名称，value 为对象属性值的别名。

例如，应用 v-for 指令输出对象中存储的人物信息。代码如下：

```
<div id="box">
    <ul>
        <li v-for="value in object">{{value}}</li>
    </ul>
</div>
<script type="text/javascript">
   var demo = new Vue({
      el : '#box',
      data : {
            object : {//定义人物信息对象
                name : '张三',
                sex : '男',
                age : 25
            }
        }
   });
</script>
```

运行结果如图 3-17 所示。

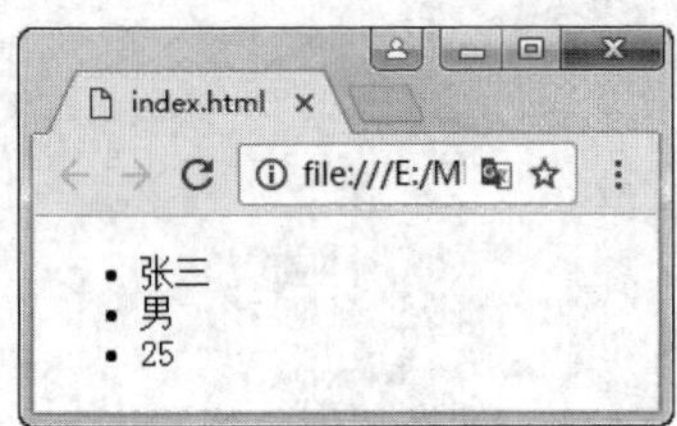

图 3-17　输出人物信息

在应用 v-for 指令遍历对象时，还可以使用第 2 个参数为对象属性名（键名）提供一个别名，语法格式为(value,key) in object。其中，object 为对象名称，value 为对象属性值的别名，key 为对象属性名的别名。

例如，应用 v-for 指令输出对象中的属性名和属性值。代码如下：

```
<div id="box">
    <ul>
        <li v-for="(value,key) in object">{{key}} : {{value}}</li>
    </ul>
</div>
<script type="text/javascript">
   var demo = new Vue({
      el : '#box',
      data : {
            object : {//定义人物信息对象
                name : '张三',
                sex : '男',
                age : 25
            }
        }
   });
</script>
```

运行结果如图 3-18 所示。

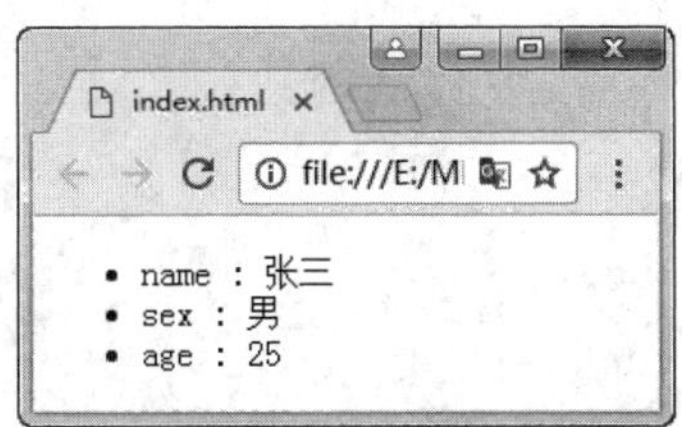

图 3-18　输出属性名和属性值

在应用 v-for 指令遍历对象时，还可以使用第 3 个参数为对象提供索引，语法格式为(value,key,index) in object。其中，object 为对象名称，value 为对象属性值的别名，key 为对象属性名的别名，index 为对象的索引。

例如，应用 v-for 指令输出对象中的属性和相应的索引。代码如下：

```
<div id="box">
    <ul>
        <li v-for="(value,key,index) in object">{{index}} - {{key}} : {{value}}</li>
    </ul>
</div>
<script type="text/javascript">
   var demo = new Vue({
      el : '#box',
      data : {
            object : {//定义人物信息对象
                name : '张三',
                sex : '男',
                age : 25
            }
        }
   });
</script>
```

运行结果如图 3-19 所示。

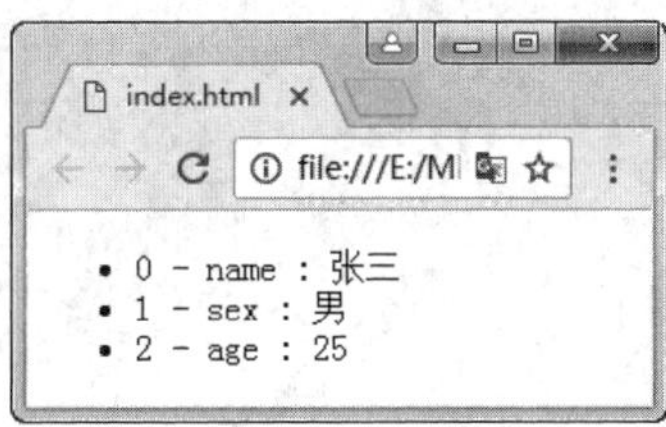

图 3-19　输出对象属性和索引

3.2.5　向对象中添加属性

向对象中添加属性

在已经创建的实例中，使用全局方法 Vue.set(object, key, value)，或实例方法 vm.$set(object, key, value)可以向对象中添加响应式属性，同时触发视图更新。

例如，应用全局方法 Vue.set()向对象中添加一个新的属性。代码如下：

```
<div id="box">
    <ul>
        <li v-for="(value,key) in object">{{key}} : {{value}}</li>
    </ul>
</div>
```

```
<script type="text/javascript">
   var demo = new Vue({
      el : '#box',
      data : {
            object : {//定义人物信息对象
                name : '张三',
                sex : '男',
                age : 25
            }
        }
   });
    Vue.set(demo.object,'interest','唱歌');//向对象中添加属性
</script>
```

运行结果如图 3-20 所示。

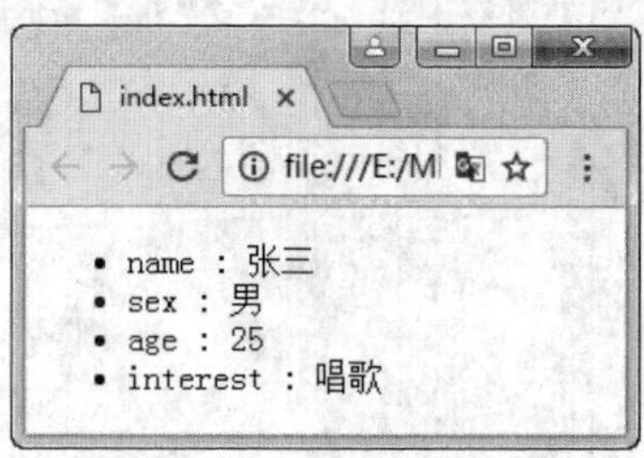

图 3-20　输出添加后的属性

如果需要向对象中添加多个响应式属性，可以使用 Object.assign()方法。在使用该方法时，需要将源对象的属性和新添加的属性合并为一个新的对象。

例如，应用 Object.assign()方法向对象中添加两个新的属性。代码如下：

```
<div id="box">
    <ul>
        <li v-for="(value,key) in object">{{key}} : {{value}}</li>
    </ul>
</div>
<script type="text/javascript">
   var demo = new Vue({
      el : '#box',
      data : {
            object : {//定义人物信息对象
                name : '张三',
                sex : '男',
                age : 25
            }
        }
   });
    demo.object = Object.assign({},demo.object,{//向对象中添加两个新属性
        interest : '唱歌',
        address : '长春市'
    });
</script>
```

运行结果如图 3-21 所示。

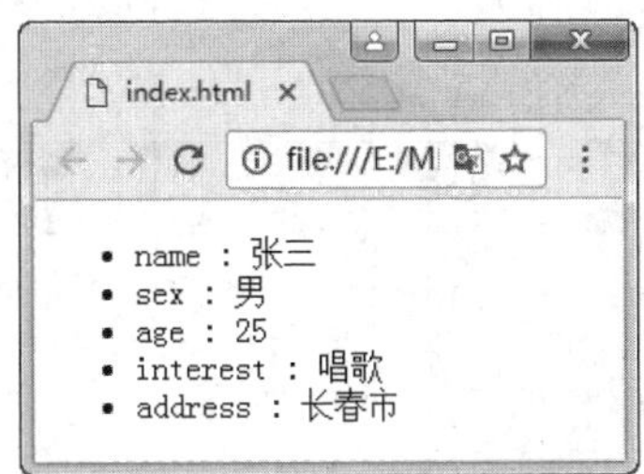

图 3-21　输出添加后的属性

3.2.6　应用 v-for 指令遍历整数

v-for 指令也可以遍历整数，接收的整数即为循环次数，根据循环次数将模板重复整数次。

例如，某单位正式员工的工作每增加一年，工龄工资增长 30，输出一个工作 5 年的员工每一年的工龄工资增加情况，代码如下：

```
<div id="example">
    <div v-for="n in 5">员工第{{n}}年工龄工资为{{n*salary}}元</div>
</div>
<script type="text/javascript">
var exam = new Vue({
    el:'#example',
    data:{
        salary:30
    }
})
</script>
```

运行结果如图 3-22 所示。

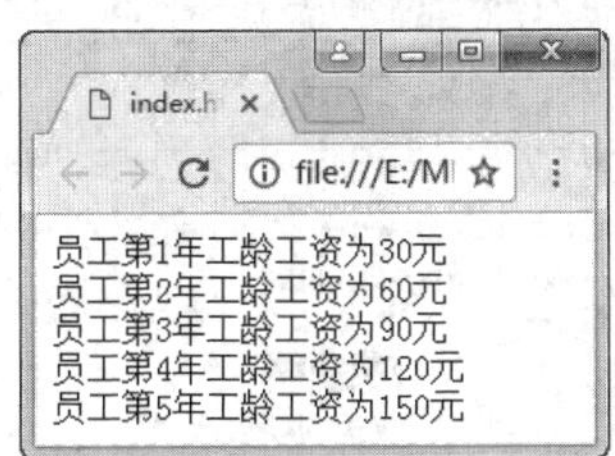

图 3-22　输出员工每一年的工龄工资增加情况

【例 3-7】 使用 v-for 指令输出九九乘法表。代码如下：（实例位置：资源包\MR\源码\第 3 章\3-7）

```
<div id="demo">
   <div v-for="n in 9">
        <span v-for="m in n">
            {{m}}*{{n}}={{m*n}}
        </span>
   </div>
</div>
<script type="text/javascript">
   var demo = new Vue({
      el : '#demo'
   });
</script>
```

运行结果如图 3-23 所示。

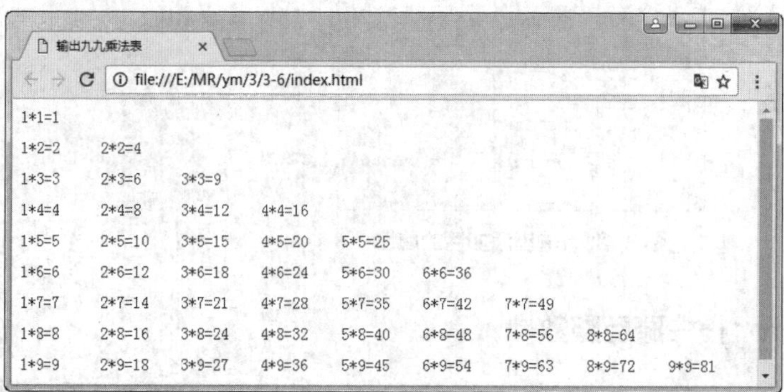

图 3-23　输出九九乘法表

小　结

本章主要介绍了 Vue.js 中实现条件判断和列表渲染的相关指令。根据条件判断的指令来控制 DOM 的显示或隐藏，根据列表渲染的指令 v-for 对数组或对象进行遍历输出。

上机指导

视频位置：资源包\视频\第 3 章　条件判断和列表渲染\上机指导.mp4

在页面中输出某学生的考试成绩表，包括第一学期和第二学期各学科分数及总分。程序运行效果如图 3-24 所示。（实例位置：资源包\MR\上机指导\第 3 章\）

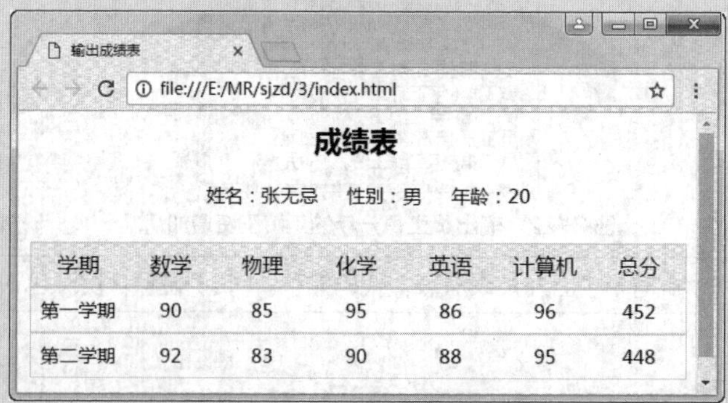

图 3-24　输出成绩表

开发步骤如下。

（1）创建 HTML 文件，在文件中引入 Vue.js 文件，代码如下：

```
<script src="../JS/vue.js"></script>
```

（2）定义<div>元素，并设置其 id 属性值为 example，在该元素中定义多个元素，应用双大括号标签进行数据绑定，再应用 v-for 指令进行列表渲染，代码如下：

```
<div id="example">
    <h2>成绩表</h2>
```

```
        <label>姓名：</label><span>{{name}}</span>
        <label>性别：</label><span>{{sex}}</span>
        <label>年龄：</label><span>{{age}}</span>
        <div class="report">
            <div class="title">
                <div>学期</div>
                <div>数学</div>
                <div>物理</div>
                <div>化学</div>
                <div>英语</div>
                <div>计算机</div>
                <div>总分</div>
            </div>
            <div class="content" v-for="(grade,index) in grades">
                <div>{{grade.term}}</div>
                <div v-for="score in grade.scores">
                    <div>{{score}}</div>
                </div>
                <div>{{total(index)}}</div>
            </div>
        </div>
    </div>
```

（3）创建 Vue 实例，在实例中分别定义挂载元素、数据和方法，在数据中定义学生的姓名、性别、年龄和考试成绩数组，在方法中定义用于计算总分的 total()方法。代码如下：

```
<script type="text/javascript">
var exam = new Vue({
    el:'#example',
    data:{
        name : '张无忌',//姓名
        sex : '男',//性别
        age : 20,//年龄
        grades : [{//学期和考试成绩
            term : '第一学期',
            scores : {
                math : 90,
                physics : 85,
                chemistry : 95,
                english : 86,
                computer : 96
            }
        },{
            term : '第二学期',
            scores : {
                math : 92,
                physics : 83,
                chemistry : 90,
                english : 88,
                computer : 95
            }
        }]
```

```
    },
    methods : {
        total : function(index){
            var total = 0;//定义总分
            var obj = this.grades[index].scores;//获取分数对象
            for(var i in obj){
                total += obj[i];
            }
        return total;//返回总分
        }
    }
})
</script>
```

习题

3-1 v-if 指令和 v-show 指令在使用上有什么不同?

3-2 向对象中添加响应式属性可以使用哪几种方法?

3-3 指出 Vue.js 中变异方法和非变异方法的不同。

3-4 应用 v-for 指令可以遍历哪些类型的数据?

PART04

第4章

计算属性与监听属性

本章要点

- 什么是计算属性
- 计算属性的getter和setter
- 计算属性的缓存
- 对数据对象中的属性进行监听

在模板中绑定的表达式通常用于简单的运算。如果在模板的表达式中应用过多的业务逻辑，会使模板过重并且难以维护。因此，为了保证模板的结构清晰，对于比较复杂的逻辑，可以使用 Vue.js 提供的计算属性。本章主要介绍 Vue.js 的计算属性和监听属性的作用。

4.1 计算属性

什么是计算属性

4.1.1 什么是计算属性

计算属性需要定义在 computed 选项中。当计算属性依赖的数据发生变化时，这个属性的值会自动更新，所有依赖该属性的数据绑定也会同步进行更新。

在一个计算属性里可以实现各种复杂的逻辑，包括运算、函数调用等。示例代码如下：

```
<div id="example">
    <p>原字符串：{{str}}</p>
    <p>新字符串：{{newstr}}</p>
</div>
<script type="text/javascript">
var exam = new Vue({
    el:'#example',
    data:{
        str : 'HTML*JavaScript*Vue.js'
    },
    computed : {
        newstr : function(){
            return this.str.split('*').join('+');//对字符串进行分割并重新连接
        }
    }
})
</script>
```

运行结果如图 4-1 所示。

上述代码中定义了一个计算属性 newstr，并在模板中绑定了该计算属性。newstr 属性的值依赖于 str 属性的值。当 str 属性的值发生变化时，newstr 属性的值也会自动更新。

除了上述简单的用法，计算属性还可以依赖 Vue 实例中的多个数据，只要其中任一数据发生变化，计算属性就会随之变化，视图也会随之更新。

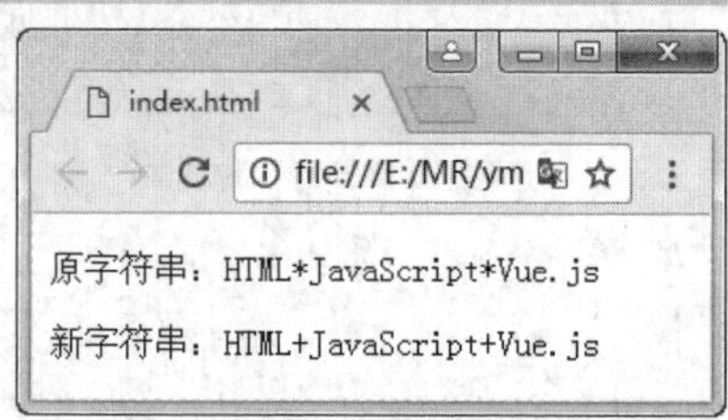

图 4-1　输出原字符串和新字符串

【例 4-1】应用计算属性统计购物车中的商品总价，代码如下：（实例位置：资源包\MR\源码\第 4 章\4-1）

```
<div id="example">
    <div class="title">
        <div>商品名称</div>
        <div>单价</div>
        <div>数量</div>
        <div>金额</div>
    </div>
    <div class="content" v-for="value in shop">
        <div>{{value.name}}</div>
        <div>{{value.price | twoDecimal}}</div>
        <div>{{value.count}}</div>
        <div>{{value.price*value.count | twoDecimal}}</div>
    </div>
```

```
    <p>合计：{{totalprice | formatPrice("¥")}}</p>
</div>
<script type="text/javascript">
var exam = new Vue({
    el:'#example',
    data:{
        shop : [{//定义商品信息数组
            name : 'OPPO R15',
            price : 2999,
            count : 3
        },{
            name : '华为P20',
            price : 3699,
            count : 2
        }]
    },
    computed : {
        totalprice : function(){
            var total = 0;
            this.shop.forEach(function(s){
                total += s.price * s.count;//计算商品总价
            });
            return total;
        }
    },
    filters : {
        twoDecimal : function(value){
            return value.toFixed(2);//保留两位小数
        },
        formatPrice : function(value,symbol){
            return symbol + value.toFixed(2); //添加人民币符号并保留两位小数
        }
    }
})
</script>
```

运行结果如图 4-2 所示。

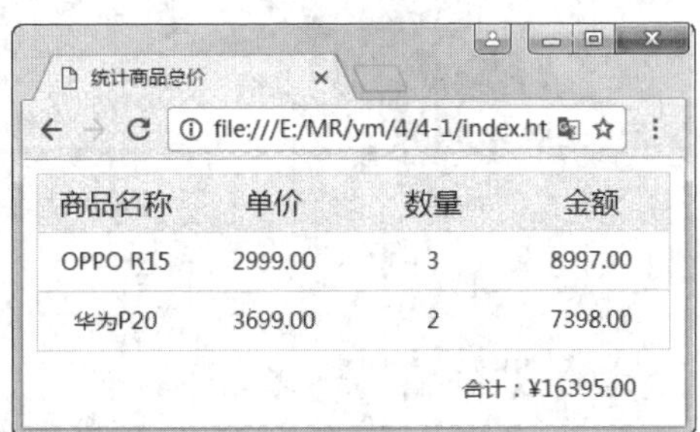

图 4-2　输出商品总价

4.1.2　getter 和 setter

每一个计算属性都包含一个 getter 和一个 setter。当没有指明方法时，默认使用 getter 来读取数据。示例代码如下：

```
<div id="example">
    <p>姓名：{{fullname}}</p>
</div>
<script type="text/javascript">
var exam = new Vue({
    el:'#example',
    data:{
        surname : '韦',
        name : '小宝'
    },
    computed : {
        fullname : function(){
            return this.surname + this.name;//连接字符串
        }
    }
})
</script>
```

运行结果如图 4-3 所示。

图 4-3　输出人物姓名

上述代码中定义了一个计算属性 sum，为该属性提供的函数将默认作为 sum 属性的 getter，因此，上述代码也可以写成如下代码：

```
<div id="example">
    <p>姓名：{{fullname}}</p>
</div>
<script type="text/javascript">
var exam = new Vue({
    el:'#example',
    data:{
        surname : '韦',
        name : '小宝'
    },
    computed : {
        fullname : {
            //getter
            get : function(){
                return this.surname + this.name; //连接字符串
            }
        }
    }
})
</script>
```

除了 getter，还可以设置计算属性的 setter。getter 用来执行读取值的操作，而 setter 用来执行设置值的操作。当手动更新计算属性的值时，就会触发 setter，执行一些自定义的操作。示例代码如下：

```
<div id="example">
    <p>姓名：{{fullname}}</p>
</div>
<script type="text/javascript">
var exam = new Vue({
    el:'#example',
    data:{
        surname : '韦',
        name : '小宝'
    },
    computed : {
        fullname : {
            //getter
            get : function(){
                return this.surname + this.name; //连接字符串
            },
            //setter
            set : function(value){
                this.surname = value.substr(0,1);
                this.name = value.substr(1);
            }
        }
    }
})
exam.fullname = '张无忌';
</script>
```

运行结果如图 4-4 所示。

上述代码中定义了一个计算属性 fullname，在为其重新赋值时，Vue.js 会自动调用 setter，并将新值作为参数传递给 set()方法，surname 属性和 name 属性会相应进行更新，模板中绑定的 fullname 属性的值也会随之更新。如果在未设置 setter 的情况下为计算属性重新赋值，是不会触发模板更新的。

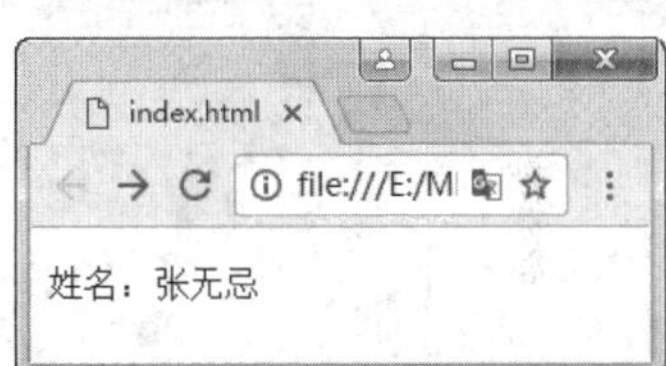

图 4-4　输出更新后的值

4.1.3　计算属性缓存

计算属性缓存

通过上面的示例可以发现，除了使用计算属性外，在表达式中调用方法也可以实现同样的效果。使用方法实现同样效果的示例代码如下：

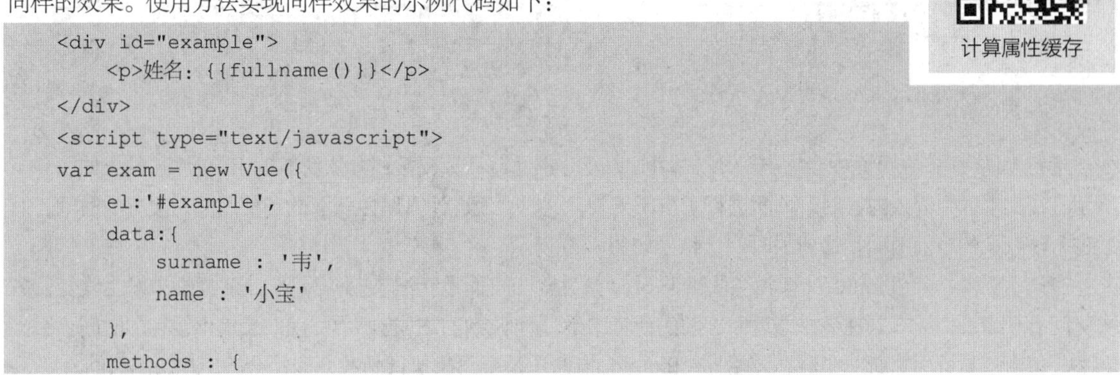

```
<div id="example">
    <p>姓名：{{fullname()}}</p>
</div>
<script type="text/javascript">
var exam = new Vue({
    el:'#example',
    data:{
        surname : '韦',
        name : '小宝'
    },
    methods : {
```

```
        fullname : function(){
            return this.surname + this.name; //连接字符串
        }
    }
})
</script>
```

将相同的操作定义为一个方法，或者定义为一个计算属性，两种方式的结果完全相同。然而，不同的是计算属性是基于它们的依赖进行缓存的。使用计算属性时，每次获取的值是基于依赖的缓存值。当页面重新渲染时，如果依赖的数据未发生改变，使用计算属性获取的值就一直是缓存值。只有依赖的数据发生改变时才会重新执行 getter。

下面通过一个示例来说明计算属性的缓存。代码如下：

```
<div id="app">
    <input v-model="message">
    <p>{{message}}</p>
    <p>{{getTimeC}}</p>
    <p>{{getTimeM()}}</p>
</div>
<script type="text/javascript">
var vm = new Vue({
    el: '#app',
    data: {
    message : '',
        time : '当前时间：'
    },
    computed: {
    //计算属性的getter
    getTimeC: function () {
            var hour = new Date().getHours();
            var minute = new Date().getMinutes();
            var second = new Date().getSeconds();
            return this.time + hour + ":" + minute + ":" + second;
        }
    },
    methods: {
    getTimeM: function () {//获取当前时间
            var hour = new Date().getHours();
            var minute = new Date().getMinutes();
            var second = new Date().getSeconds();
            return this.time + hour + ":" + minute + ":" + second;
    }
    }
})
</script>
```

运行上述代码，在页面中会输出一个文本框，以及分别通过计算属性和方法获取的当前时间，结果如图 4-5 所示。在文本框中输入内容后，页面进行了重新渲染，这时，通过计算属性获取的当前时间是缓存的时间，而通过方法获取的当前时间是最新的时间。结果如图 4-6 所示。

在该示例中，getTimeC 计算属性依赖于 time 属性。当页面重新渲染时，只要 time 属性未发生改变，多次访问 getTimeC 计算属性会立即返回之前的计算结果，而不会再次执行函数，因此会输出缓存的时间。相比之下，每当触发页面重新渲染时，调用 getTimeM()方法总是会再次执行函数，因此会输出最新的时间。

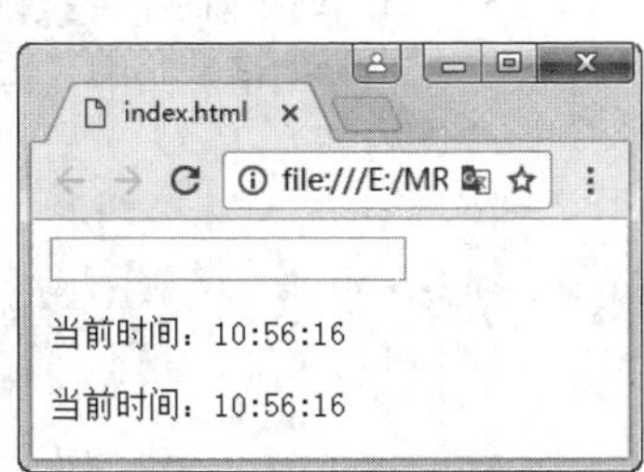

图 4-5　输出当前时间

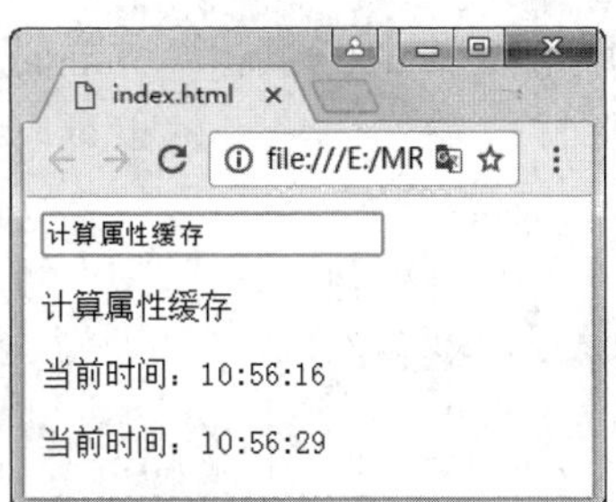

图 4-6　输出缓存时间和当前时间

v-model 指令用来在表单元素上创建双向数据绑定，关于该指令的详细介绍请参考本书第 7 章。

4.2　监听属性

4.2.1　什么是监听属性

什么是监听属性

监听属性是 Vue.js 提供的一种用来监听和响应 Vue 实例中的数据变化的方式。在监听数据对象中的属性时，每当监听的属性发生变化，都会执行特定的操作。监听属性可以定义在 watch 选项中，也可以使用实例方法 vm.$watch()。

在 watch 选项中定义监听属性的示例代码如下：

```
<script type="text/javascript">
var vm = new Vue({
    el:'#example',
    data:{
        fullname : '韦小宝'
    },
    watch : {
        fullname : function(newValue,oldValue){
            alert("原值："+oldValue+" 新值："+newValue);
        }
    }
})
vm.fullname = '宋小宝';//修改属性值
</script>
```

运行结果如图 4-7 所示。

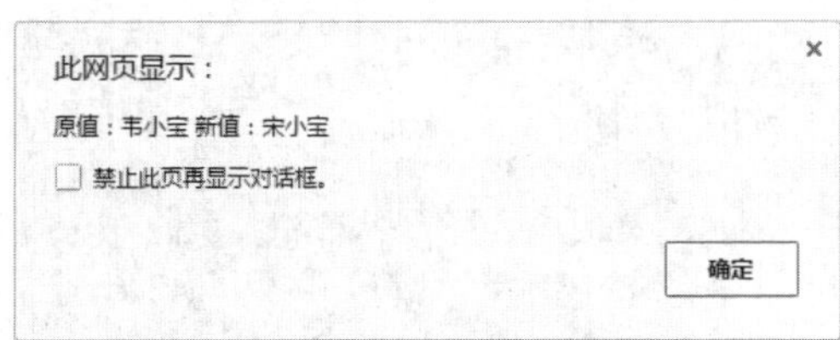

图 4-7　输出属性的原值和新值

上述代码中，在 watch 选项中对 fullname 属性进行了监听。当改变该属性值时，会执行对应的回调函数，函数中的两个参数 newValue 和 oldValue 分别表示监听属性的新值和旧值。其中，第 2 个参数可以省略。

使用实例方法 vm.$watch()定义监听属性的示例代码如下：

```
<script type="text/javascript">
var vm = new Vue({
    el:'#example',
    data:{
        fullname : '韦小宝'
    }
})
vm.$watch('fullname',function(newValue,oldValue){
    alert("原值："+oldValue+" 新值："+newValue);
});
vm.fullname = '宋小宝'; //修改属性值
</script>
```

上述代码中，应用实例方法 vm.$watch()对 fullname 属性进行了监听。运行结果同样如图 4-7 所示。

【例 4-2】 应用监听属性实现人民币和美元之间的汇率换算，代码如下：（实例位置：资源包\MR\源码\第 4 章\4-2）

```
<div id="example">
    ¥：<input type="number" v-model="rmb"><p>
   $：<input type="number" v-model="dollar"><p>
    {{rmb}}人民币={{dollar | formatNum}}美元
</div>
<script type="text/javascript">
var exam = new Vue({
    el:'#example',
    data:{
        rate : 6.8,
        rmb : 0,
        dollar : 0
    },
    watch : {
        rmb : function(val){
            this.dollar = val / this.rate;//获取美元的值
        },
        dollar : function(val){
            this.rmb = val * this.rate; //获取人民币的值
        }
    },
    filters : {
        formatNum : function(value){
            return value.toFixed(2);//保留两位小数
        }
    }
})
</script>
```

运行结果如图 4-8 所示。

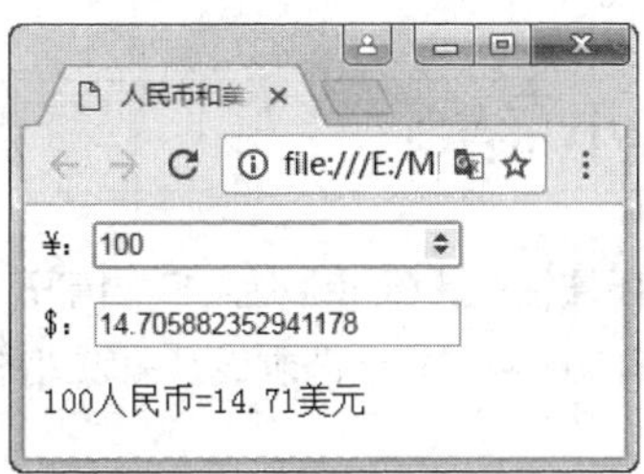

图 4-8　人民币兑换美元

4.2.2　deep 选项

如果要监听的属性值是一个对象，为了监听对象内部值的变化，可以在选项参数中设置 deep 选项的值为 true。示例代码如下：

```
<script type="text/javascript">
var vm = new Vue({
    el:'#example',
    data:{
        shop : {
            name : 'OPPO R15',
            price : 3299
        }
    },
    watch : {
        shop : {
            handler : function(val){
                alert(val.name + "新价格为" + val.price + "元");
            },
            deep : true
        }
    }
})
vm.shop.price = 2999;//修改对象中的属性值
</script>
```

运行结果如图 4-9 所示。

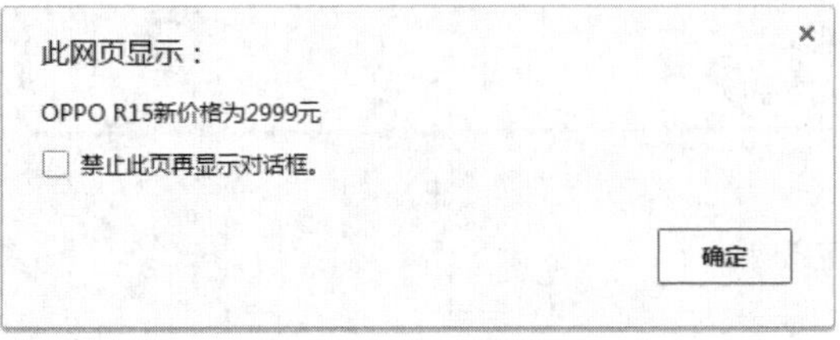

图 4-9　输出商品的新价格

当监听的数据是一个数组或者对象时，回调函数中的新值和旧值是相等的，因为这两个形参指向的是同一个数据对象。

小 结

本章主要介绍了 Vue.js 的计算属性和监听属性。计算属性在大多数情况下更合适，但有时也需要对某个属性进行监听。当需要在数据变化响应时执行异步请求或开销较大的操作时，使用监听属性的方式是很有用的。

上机指导

视频位置：资源包\视频\第 4 章　计算属性与监听属性\上机指导.mp4

在页面中输出某公司 3 名员工的工资表，包括员工姓名、月度收入、专项扣除、个税、工资等信息。程序运行效果如图 4-10 所示。（实例位置：资源包\MR\上机指导\第 4 章\）

图 4-10　输出员工工资表

开发步骤如下。

（1）创建 HTML 文件，在文件中引入 Vue.js 文件，代码如下：

```
<script src="../JS/vue.js"></script>
```

（2）定义<div>元素，并设置其 id 属性值为 example，在该元素中定义两个<div>元素，第 1 个<div>元素作为员工工资表的标题，在第 2 个<div>元素中应用双大括号标签进行数据绑定，并应用 v-for 指令进行列表渲染，代码如下：

```
<div id="example">
    <div class="title">
        <div>姓名</div>
        <div>月度收入</div>
        <div>专项扣除</div>
        <div>个税</div>
        <div>工资</div>
    </div>
    <div class="content" v-for="(value,index) in staff">
        <div>{{value.name}}</div>
        <div>{{value.income}}</div>
        <div>{{insurance}}</div>
        <div>{{wages[index]}}</div>
        <div>{{value.income-insurance-wages[index]}}</div>
    </div>
</div>
```

（3）创建 Vue 实例，在实例中分别定义挂载元素、数据和计算属性，在数据中定义员工的专项扣除费用、个税起征点、税率和员工数组，在计算属性中定义 wages 属性及其对应的函数。代码如下：

```
<script type="text/javascript">
var vm = new Vue({
    el:'#example',
    data:{
        insurance : 1000,//专项扣除费用
        threshold : 5000,//个税起征点
        tax : 0.03,//税率
        staff : [{//员工数组
            name : '张无忌',
            income : 6600,
        },{
            name : '令狐冲',
            income : 8000,
        },{
            name : '韦小宝',
            income : 7000,
        }]
    },
    computed : {
        wages : function(){
            var t = this;
            var taxArr = [];
            this.staff.forEach(function(s){
                taxArr.push((s.income-t.threshold-t.insurance)*t.tax);
            });
            return taxArr;//个税数组
        }
    }
})
</script>
```

习 题

4-1　使用计算属性有什么作用？

4-2　简述计算属性和方法之间的区别。

4-3　对属性进行监听可以使用哪两种方式？

PART05

第5章

样式绑定

在 HTML 中，通过 class 属性和 style 属性都可以定义 DOM 元素的样式。对元素样式的绑定实际上就是对元素的 class 和 style 属性进行操作，class 属性用于定义元素的类名列表，style 属性用于定义元素的内联样式。使用 v-bind 指令可以对这两个属性进行数据绑定。在将 v-bind 用于 class 和 style 时，相比于 HTML，Vue.js 为这两个属性做了增强处理。表达式的结果类型除了字符串之外，还可以是对象或数组。本章主要介绍 Vue.js 中的样式绑定，包括 class 属性绑定和内联样式绑定。

本章要点

- class属性绑定的对象语法
- class属性绑定的数组语法
- 内联样式绑定的对象语法
- 内联样式绑定的数组语法

5.1 class 属性绑定

在样式绑定中，首先是对元素的 class 属性进行绑定，绑定的数据可以是对象或数组。下面分别介绍这两种语法。

对象语法

5.1.1 对象语法

在应用 v-bind 对元素的 class 属性进行绑定时，可以将绑定的数据设置为一个对象，从而动态地切换元素的 class。将元素的 class 属性绑定为对象主要有以下 3 种形式。

1. 内联绑定

内联绑定即将元素的 class 属性直接绑定为对象的形式，格式如下：

```
<div v-bind:class="{active : isActive}"></div>
```

上述代码中，active 是元素的 class 类名，isActive 是数据对象中的属性，它是一个布尔值。如果该值为 true，则表示元素使用类名为 active 的样式，否则就不使用。

例如，为 div 元素绑定 class 属性，将字体样式设置为斜体，代码如下：

```
<style type="text/css">
.active{
    font-style:italic;
}
</style>
<div id="box">
    <div v-bind:class="{active : isActive}">Vue.js样式绑定</div>
</div>
<script type="text/javascript">
   var vm = new Vue({
      el : '#box',
      data : {
            isActive : true//使用active类名
      }
   });
</script>
```

运行结果如图 5-1 所示。

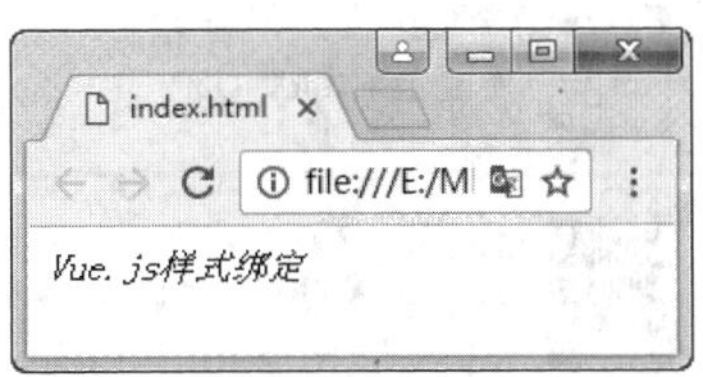

图 5-1 输出斜体文字

【例 5-1】 在图书列表中，为书名“零基础学 JavaScript”和“HTML5+CSS3 精彩编程 200 例”添加颜色，代码如下：（实例位置：资源包\MR\源码\第 5 章\5-1）

```
<div id="example">
    <div>
        <div class="item" v-for="book in books">
            <img v-bind:src="book.image">
```

```
                <span v-bind:class="{active : book.active}">{{book.bookname}}</span>
            </div>
        </div>
    </div>
    <script type="text/javascript">
    var vm = new Vue({
        el:'#example',
        data:{
            books : [{//定义图书信息数组
                bookname : '零基础学JavaScript',
                image : 'images/javascript.png',
                active : true
            },{
                bookname : '零基础学HTML5+CSS3',
                image : 'images/htmlcss.png',
                active : false
            },{
                bookname : 'JavaScript精彩编程200例',
                image : 'images/javascript200.png',
                active : false
            },{
                bookname : 'HTML5+CSS3精彩编程200例',
                image : 'images/htmlcss200.png',
                active : true
            }]
        }
    })
    </script>
```

运行结果如图 5-2 所示。

图 5-2　为指定书名添加颜色

在对象中可以传入多个属性来动态切换元素的多个 class。另外，v-bind:class 也可以和普通的 class 属性共存。示例代码如下：

```
<style type="text/css">
.default{
    text-decoration:underline;
}
.size{
    font-size:18px;
}
.color{
    color:#6699FF;
}
</style>
<div id="box">
    <div class="default" v-bind:class="{size : isSize,color : isColor}">Vue.js样式绑定</div>
</div>
<script type="text/javascript">
   var vm = new Vue({
      el : '#box',
      data : {
            isSize : true, //使用size类名
            isColor : true//使用color类名
         }
   });
</script>
```

运行结果如图 5-3 所示。

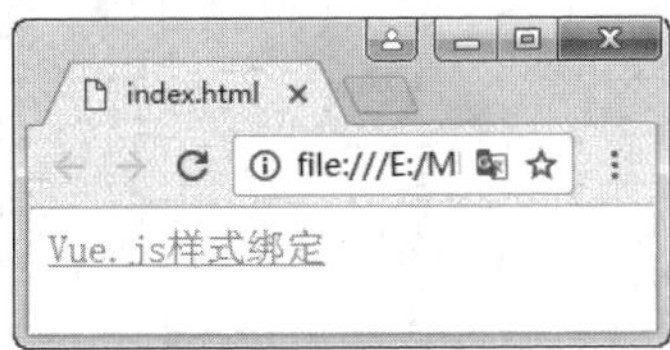

图 5-3　为元素设置多个 class

上述代码中，由于 isSize 和 isColor 属性的值都为 true，因此结果渲染为：

```
<div class="default size color">Vue.js样式绑定</div>
```

当 isSize 或者 isColor 的属性值发生变化时，元素的 class 列表也会相应进行更新。例如，将 isSize 属性值设置为 false，则元素的 class 列表将变为"default color"。

2. 非内联绑定

非内联绑定即将元素的 class 属性绑定的对象定义在 data 选项中。例如，将上一个示例中绑定的对象定义在 data 选项中的代码如下：

```
<div id="box">
    <div class="default" v-bind:class="classObject">Vue.js样式绑定</div>
</div>
<script type="text/javascript">
   var vm = new Vue({
      el : '#box',
      data : {
            classObject : {
                size : true, //使用size类名
                color : true//使用color类名
```

```
            }
        }
    });
</script>
```

运行结果同样如图 5-3 所示。

3. 使用计算属性返回样式对象

可以为元素的 class 属性绑定一个返回对象的计算属性。这是一种常用且强大的模式。例如，将上一个示例中的 class 属性绑定为一个计算属性的代码如下：

```
<div id="box">
    <div class="default" v-bind:class="show">Vue.js样式绑定</div>
</div>
<script type="text/javascript">
   var vm = new Vue({
      el : '#box',
      data : {
            isSize : true,
            isColor : true
        },
        computed : {
            show : function(){
                return {
                    size : this.isSize,
                    color : this.isColor
                }
            }
        }
    });
</script>
```

运行结果同样如图 5-3 所示。

5.1.2 数组语法

数组语法

在对元素的 class 属性进行绑定时，可以把一个数组传给 v-bind:class，以应用一个 class 列表。将元素的 class 属性绑定为数组同样有以下 3 种形式。

1. 普通形式

将元素的 class 属性直接绑定为一个数组，格式如下：

```
<div v-bind:class="[element1, element2]"></div>
```

上述代码中，element1 和 element2 为数据对象中的属性，它们的值为 class 列表中的类名。

例如，应用数组的形式为 div 元素绑定 class 属性，为文字添加删除线并设置文字大小，代码如下：

```
<style type="text/css">
.line{
    text-decoration:line-through;
}
.size{
    font-size:24px;
}
</style>
<div id="box">
    <div v-bind:class="[lineClass, sizeClass]">Vue.js样式绑定</div>
```

```
</div>
<script type="text/javascript">
   var vm = new Vue({
      el : '#box',
      data : {
            lineClass : 'line', //使用line类名
            sizeClass : 'size'//使用size类名
      }
   });
</script>
```

运行结果如图 5-4 所示。

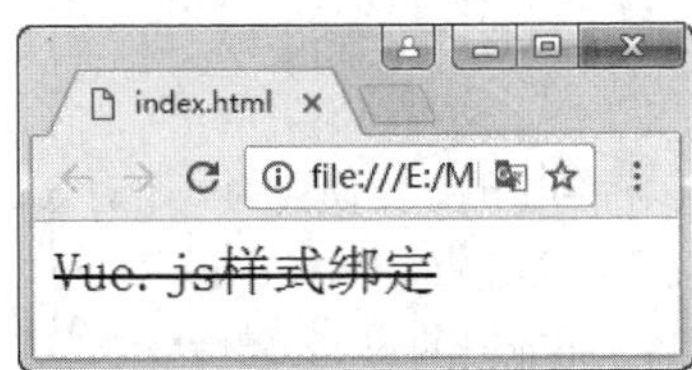

图 5-4　为文字添加删除线并设置文字大小

2. 在数组中使用条件运算符

在使用数组形式绑定元素的 class 属性时，可以使用条件运算符构成的表达式来切换列表中的 class。示例代码如下：

```
<div id="box">
    <div v-bind:class="[isLine ? 'line' : '', sizeClass]">Vue.js样式绑定</div>
</div>
<script type="text/javascript">
   var vm = new Vue({
      el : '#box',
      data : {
            isLine : true,
            sizeClass : 'size'
      }
   });
</script>
```

上述代码中，sizeClass 属性对应的类名是始终被添加的，而只有当 isLine 为 true 时才会添加 line 类。因此，运行结果同样如图 5-4 所示。

3. 在数组中使用对象

在数组中使用条件运算符可以实现切换元素列表中 class 的目的。但是，如果使用多个条件运算符，这种写法就比较烦琐。这时，可以在数组中使用对象来更新 class 列表。

例如，将上一个示例中应用的条件运算符表达式更改为对象的代码如下：

```
<div id="box">
    <div v-bind:class="[{line : isLine}, sizeClass]">Vue.js样式绑定</div>
</div>
<script type="text/javascript">
   var vm = new Vue({
      el : '#box',
      data : {
            isLine : true, //使用line类名
```

```
            sizeClass : 'size'//使用size类名
        }
    });
</script>
```

运行结果同样如图 5-4 所示。

5.2 内联样式绑定

在样式绑定中，除了对元素的 class 属性进行绑定之外，还可以对元素的 style 属性进行内联样式绑定，绑定的数据可以是对象或数组。下面分别介绍这两种语法。

对象语法

5.2.1 对象语法

对元素的 style 属性进行绑定，可以将绑定的数据设置为一个对象。这种对象语法看起来比较直观。对象中的 CSS 属性名可以用驼峰式（camelCase）或短横线分隔（kebab-case，需用单引号括起来）命名。将元素的 style 属性绑定为对象主要有以下 3 种形式。

1. 内联绑定

这种形式是将元素的 style 属性直接绑定为对象。例如，应用对象的形式为 div 元素绑定 style 属性，设置文字的粗细和大小，代码如下：

```
<div id="box">
    <div v-bind:style="{fontWeight : weight, 'font-size' : fontSize + 'px'}">Vue.js 样式绑定</div>
</div>
<script type="text/javascript">
    var vm = new Vue({
        el : '#box',
        data : {
            weight : 'bold',//字体粗细
            fontSize : 30//字体大小
        }
    });
</script>
```

运行结果如图 5-5 所示。

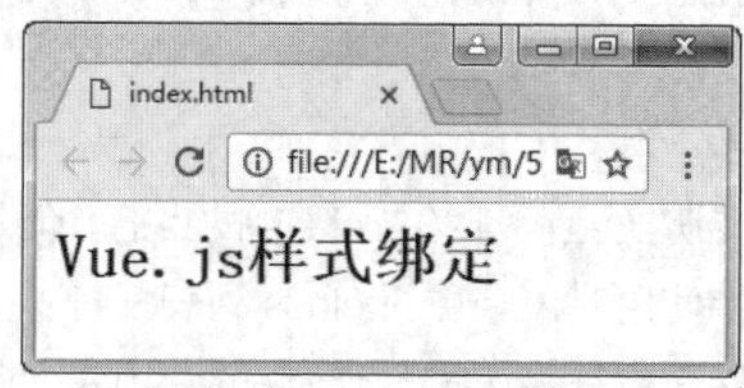

图 5-5 设置文字的粗细和大小

2. 非内联绑定

这种形式是将元素的 style 属性绑定的对象直接定义在 data 选项中，这样会让模板更清晰。例如，将上一个示例中绑定的对象定义在 data 选项中的代码如下：

```
<div id="box">
    <div v-bind:style="styleObject">Vue.js样式绑定</div>
</div>
```

```
<script type="text/javascript">
   var vm = new Vue({
      el : '#box',
      data : {
            styleObject : {
                fontWeight : 'bold', //字体粗细
                'font-size' : '30px'//字体大小
            }
        }
   });
</script>
```

运行结果同样如图 5-5 所示。

【例 5-2】 为电子商城中的搜索框绑定样式，将绑定的样式对象定义在 data 选项中。代码如下：（实例位置：资源包\MR\源码\第 5 章\5-2）

```
<div id="example">
    <div>
        <form v-bind:style="searchForm">
            <input v-bind:style="searchInput" type="text" placeholder="搜索">
            <input v-bind:style="searchButton" type="submit" value="搜索">
        </form>
    </div>
</div>
<script type="text/javascript">
var vm = new Vue({
    el:'#example',
    data:{
        searchForm : {//表单样式
            border: '2px solid #F03726',
            'max-width': '670px'
        },
        searchInput : {//文本框样式
            'padding-left': '5px',
            height: '46px',
            width: '78%',
            outline: 'none',
            'font-size': '12px',
            border: 'none'
        },
        searchButton : {//按钮样式
            height: '46px',
            width: '20%',
            float: 'right',
            background: '#F03726',
            color: '#F5F5F2',
            'font-size': '18px',
            cursor: 'pointer',
            border: 'none'
        }
    }
```

```
})
</script>
```

运行结果如图 5-6 所示。

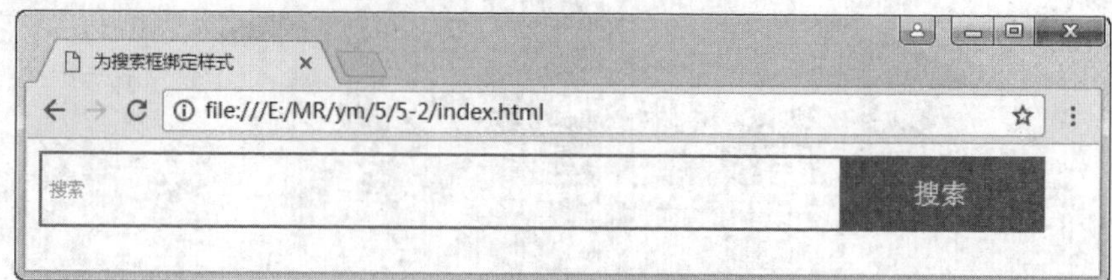

图 5-6　为搜索框设置样式

3. 使用计算属性返回样式对象

内联样式绑定的对象语法常常结合返回对象的计算属性使用。例如，将上一个示例中的 style 属性绑定为一个计算属性的代码如下：

```
<div id="box">
    <div v-bind:style="show">Vue.js样式绑定</div>
</div>
<script type="text/javascript">
   var vm = new Vue({
      el : '#box',
      data : {
            weight : 'bold',
            fontSize : 30
         },
         computed : {
            show : function(){
               return {
                  fontWeight : this.weight,//字体粗细
                  'font-size' : this.fontSize + 'px'//字体大小
               }
            }
         }
   });
</script>
```

运行结果同样如图 5-5 所示。

5.2.2　数组语法

在对元素的 style 属性进行绑定时，可以使用数组将多个样式对象应用到一个元素上。应用数组的形式进行 style 属性的绑定，可以有以下几种形式。

第 1 种形式是直接在元素中绑定样式对象。示例代码如下：

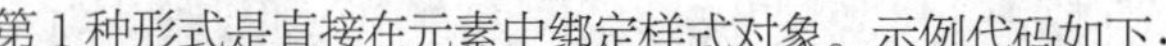

```
<div id="box">
    <div v-bind:style="[{fontSize : '24px'},{'font-weight' : 'bold'},{'text-decoration' : 'underline'}]">Vue.js样式绑定</div>
</div>
<script type="text/javascript">
   var vm = new Vue({
      el : '#box'
```

```
    });
</script>
```

运行结果如图 5-7 所示。

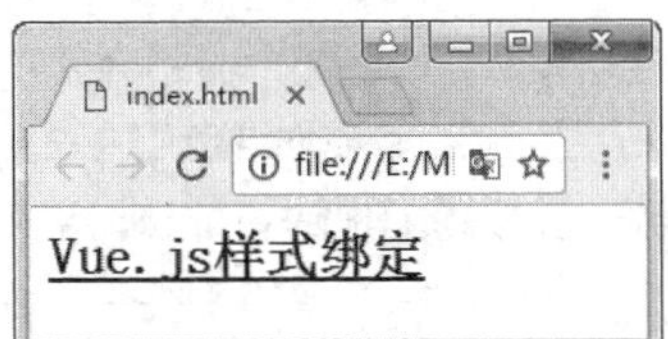

图 5-7　设置文字的样式

第 2 种形式是在 data 选项中定义样式对象数组。示例代码如下：

```
<div id="box">
    <div v-bind:style="arrStyle">Vue.js样式绑定</div>
</div>
<script type="text/javascript">
   var vm = new Vue({
      el : '#box',
      data : {
          arrStyle : [{
              fontSize : '24px'//字体大小
          },{
              'font-weight' : 'bold'//字体粗细
          },{
              'text-decoration' : 'underline'//下画线
          }]
      }
   });
</script>
```

运行结果同样如图 5-7 所示。

第 3 种形式是以对象数组的形式进行绑定。示例代码如下：

```
<div id="box">
    <div v-bind:style="[size,weight,decoration]">Vue.js样式绑定</div>
</div>
<script type="text/javascript">
   var vm = new Vue({
      el : '#box',
        data : {
            size : {fontSize : '24px'},
            weight : {'font-weight' : 'bold'},
            decoration : {'text-decoration' : 'underline'}
        }
   });
</script>
```

运行结果同样如图 5-7 所示。

当 v-bind:style 使用需要特定前缀的 CSS 属性（如 transform）时，Vue.js 会自动侦测并添加相应的前缀。

小 结

本章主要介绍了 Vue.js 中的样式绑定。对于数据绑定，操作元素的 class 列表和内联样式是比较常见的需求。Vue.js 中的样式绑定包括 class 属性绑定和内联样式绑定两种方式。在实际开发中，读者可以根据自己的需要选择一种方式对元素样式进行绑定。

上机指导

视频位置：资源包\视频\第 5 章　样式绑定\上机指导.mp4

在页面中输出古诗《枫桥夜泊》，并模拟古诗的风格以垂直方式从右向左显示文本。程序运行效果如图 5-8 所示。（实例位置：资源包\MR\上机指导\第 5 章\）

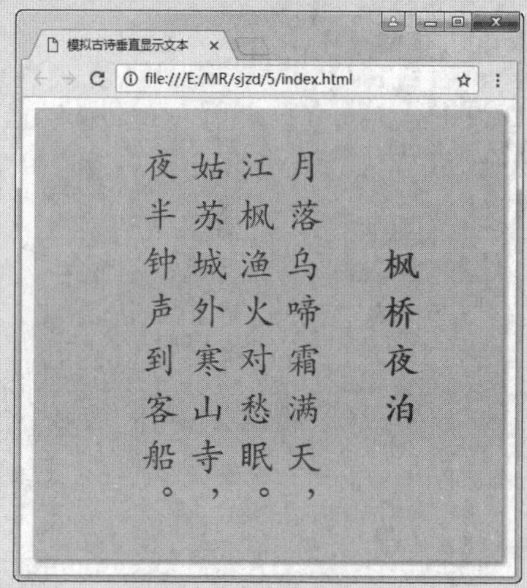

图 5-8　输出古诗

开发步骤如下。

（1）创建 HTML 文件，在文件中引入 Vue.js 文件，代码如下：

```
<script src="../JS/vue.js"></script>
```

（2）定义<div>元素，并设置其 id 属性值为 example，在该元素中定义一个<div>元素，应用数组的形式对元素的 style 属性进行绑定，代码如下：

```
<div id="example">
    <div v-bind:style="[baseStyle, fontStyle, styleRadius]">
        <h4>枫桥夜泊</h4>
        <p>
            月落乌啼霜满天，<br>江枫渔火对愁眠。<br>姑苏城外寒山寺，<br>夜半钟声到客船。
        </p>
    </div>
</div>
```

（3）创建 Vue 实例，在实例中分别定义挂载元素、数据和计算属性，通过 3 个计算属性共同定义元素的样式。代码如下：

```
<script type="text/javascript">
var vm = new Vue({
    el:'#example',
    data:{
        width : 400,
        margin : '10px auto',
        padding : 30,
        bgcolor : 'lightblue',
        family : "华文楷体",
        fontSize : 36,
        color : 'green',
        align : 'center',
        border : '1px solid #CCCCCC',
        boxShadow : '3px 3px 6px #999999',
        mode : 'vertical-rl'//垂直方向自右而左的书写方式
    },
    computed: {
        baseStyle: function () {//基本样式
            return {
                width: this.width + 'px',
                margin: this.margin,
                padding: this.padding + 'px',
                'background-color': this.bgcolor
            }
        },
        fontStyle: function(){//字体样式
            return {
                'font-family': this.family,
                fontSize: this.fontSize + 'px',
                color: this.color,
                'text-align': this.align
            }
        },
        styleRadius: function () {
            return {
                border: this.border, //边框样式
                'box-shadow': this.boxShadow, //边框阴影
                'writing-mode': this.mode//书写方式
            }
        }
    }
})
</script>
```

习 题

5-1　Vue.js 中的样式绑定有哪两种方式？

5-2　简单描述一下将元素的 class 属性绑定为对象的 3 种形式。

5-3　应用数组语法进行 style 属性的绑定有几种形式？

PART06

第6章

事件处理

本章要点

- v-on指令的使用
- 定义事件处理方法
- 使用内联JavaScript语句
- 事件修饰符
- 按键修饰符

在 Vue.js 中，事件处理是一个很重要的环节，它可以使程序的逻辑结构更加清晰，使程序更具有灵活性，提高了程序的开发效率。本章主要介绍如何应用 Vue.js 中的 v-on 指令进行事件处理。

6.1　事件监听

监听 DOM 事件使用的是 v-on 指令。该指令通常在模板中直接使用，在触发事件时会执行一些 JavaScript 代码。

6.1.1　使用 v-on 指令

使用 v-on 指令

在 HTML 中使用 v-on 指令，其后面可以是所有的原生事件名称。基本用法如下：

```
<button v-on:click="show">显示</button>
```

上述代码中，将 click 单击事件绑定到 show()方法。当单击“显示”按钮时，将执行 show()方法，该方法在 Vue 实例中进行定义。

另外，Vue.js 提供了 v-on 指令的简写形式“@”，将上述代码改为简写形式的代码如下：

```
<button @click="show">显示</button>
```

【例 6-1】 在页面中统计鼠标单击按钮的次数，代码如下：（实例位置：资源包\MR\源码\第 6 章\6-1）

```
<div id="box">
    <button v-on:click="count++">计数</button>
    <p>按钮被单击{{count}}次</p>
</div>
<script type="text/javascript">
   var vm = new Vue({
      el : '#box',
      data : {
          count : 0
        }
   });
</script>
```

运行结果如图 6-1 所示。

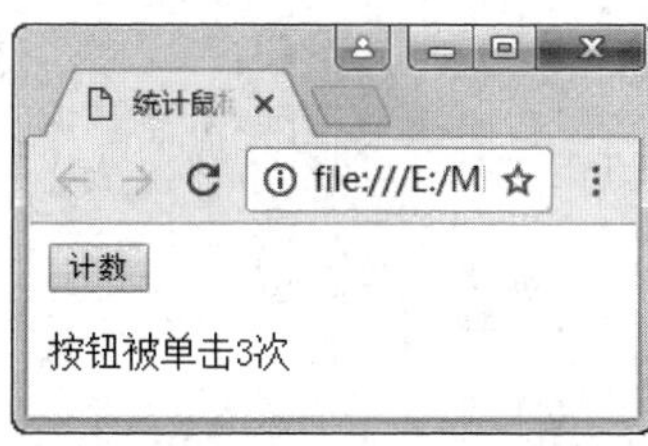

图 6-1　输出单击按钮次数

事件处理方法

6.1.2　事件处理方法

通常情况下，通过 v-on 指令需要将事件和某个方法进行绑定。绑定的方法作为事件处理器定义在 methods 选项中。示例代码如下：

```
<div id="box">
    <button v-on:click="show">显示</button>
</div>
<script type="text/javascript">
   var vm = new Vue({
```

```
        el : '#box',
        data : {
            name : 'OPPO R15',
            price : 2699
        },
        methods : {
            show : function(){
                alert('商品名称：' + this.name + ' 商品单价：' + this.price);
            }
        }
    });
</script>
```

上述代码中，当单击“显示”按钮时会调用 show()方法，通过该方法输出商品的名称和单价，运行结果如图 6-2 所示。

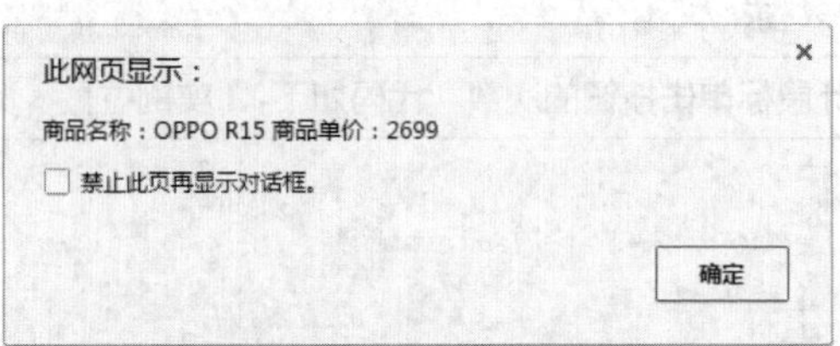

图 6-2　输出商品名称和单价

【例 6-2】 实现动态改变图片透明度的功能。当鼠标移入图片上时，改变图片的透明度，当鼠标移出图片时，将图片恢复为初始的效果。代码如下：（实例位置：资源包\MR\源码\第 6 章\6-2）

```
<div id="example">
    <img id="pic" v-bind:src="url" v-on:mouseover="visible(1)" v-on:mouseout="visible(0)">
</div>
<script type="text/javascript">
var vm = new Vue({
    el:'#example',
    data:{
        url : 'images/flower.jpg'//图片URL
    },
    methods : {
        visible : function(i){
            var pic = document.getElementById('pic');
            if(i == 1){
                pic.style.opacity = 0.5;
            }else{
                pic.style.opacity = 1;
            }
        }
    }
})
</script>
```

运行结果如图 6-3、图 6-4 所示。

与事件绑定的方法支持参数 event，即原生 DOM 事件对象的传入。示例代码如下：

图6-3　图片初始效果

图6-4　鼠标移入时改变图片透明度

```
<div id="box">
    <button v-on:click="show">显示</button>
</div>
<script type="text/javascript">
   var vm = new Vue({
      el : '#box',
      methods : {
          show : function(event){//传入事件对象
              if(event){
                  alert("触发事件的元素标签名: " + event.target.tagName);
              }
          }
      }
   });
</script>
```

运行上述代码，当单击“显示”按钮时会弹出对话框，如图6-5所示。

图6-5　输出触发事件的元素标签名

【例6-3】当鼠标指向图片时为图片添加边框，当鼠标移出图片时去除图片边框。代码如下：（实例位置：资源包\MR\源码\第6章\6-3）

```
<div id="example">
    <img v-bind:src="url" v-on:mouseover="addBorder" v-on:mouseout="removeBorder">
</div>
<script type="text/javascript">
var vm = new Vue({
    el:'#example',
    data:{
        url : 'images/mr.gif'//图片URL
    },
    methods : {
        addBorder : function(e){
            e.target.style.border = '1px solid green';//设置触发事件元素边框
        },
```

```
        removeBorder : function(e){
            e.target.style.border = 0;//移除边框
        }
    }
})
</script>
```

运行结果如图 6-6、图 6-7 所示。

图 6-6　图片初始效果

图 6-7　为图片添加边框

使用内联 JavaScript 语句

6.1.3　使用内联 JavaScript 语句

除了直接绑定到一个方法之外，v-on 也支持内联 JavaScript 语句，但只可以使用一个语句。示例代码如下：

```
<div id="box">
    <button v-on:click="show('零基础学JavaScript')">显示</button>
</div>
<script type="text/javascript">
   var vm = new Vue({
      el : '#box',
        methods : {
            show : function(name){
                alert('图书名称：' + name);
            }
        }
   });
</script>
```

运行上述代码，当单击"显示"按钮时会弹出对话框，结果如图 6-8 所示。

图 6-8　输出图书名称

如果在内联语句中需要获取原生的 DOM 事件对象，可以将一个特殊变量$event 传入方法中。示例代码如下：

```
<div id="box">
    <a href="http://www.mingrisoft.com" v-on:click="show('明日科技欢迎您！', $event)">
{{name}}</a>
</div>
<script type="text/javascript">
```

```
    var vm = new Vue({
        el : '#box',
          data : {
              name : '明日科技'
          },
          methods : {
              show : function(message,e){
                  e.preventDefault();//阻止浏览器默认行为
                  alert(message);
              }
          }
    });
</script>
```

运行上述代码，当单击“明日科技”超链接时会弹出对话框，结果如图 6-9 所示。

图 6-9　输出欢迎信息

上述代码中，除了向 show 方法传递一个值外，还传递了一个特殊变量$event，该变量的作用是当单击超链接时，对原生 DOM 事件进行处理，应用 preventDefault()方法阻止该超链接的跳转行为。

6.2　事件处理中的修饰符

在第 2 章中介绍过，修饰符是以半角句点符号指明的特殊后缀。Vue.js 为 v-on 指令提供了多个修饰符，这些修饰符分为事件修饰符和按键修饰符。下面分别介绍这两种修饰符。

6.2.1　事件修饰符

事件修饰符

在事件处理程序中经常会调用 preventDefault()或 stopPropagation()方法来实现特定的功能。为了处理这些 DOM 事件细节，Vue.js 为 v-on 指令提供了事件修饰符。事件修饰符及其说明如表 6-1 所示。

表 6-1　事件修饰符及其说明

修饰符	说明
.stop	等同于调用 event.stopPropagation()
.prevent	等同于调用 event.preventDefault()
.capture	使用 capture 模式添加事件监听器
.self	只当事件是从监听器绑定的元素本身触发时才触发回调
.once	只触发一次回调
.passive	以{ passive: true }模式添加监听器

修饰符可以串联使用，而且可以只使用修饰符，而不绑定事件处理方法。事件修饰符的使用方式如下：

```
<!--阻止单击事件继续传播-->
<a v-on:click.stop="doSomething"></a>
<!--阻止表单默认提交事件-->
<form v-on:submit.prevent="onSubmit"></form>
<!--只有当事件是从当前元素本身触发时才调用处理函数-->
<div v-on:click.self="doSomething"></div>
<!--修饰符串联，阻止表单默认提交事件且阻止冒泡-->
<a v-on:click.stop.prevent="doSomething"></a>
<!--只有修饰符，而不绑定事件-->
<form v-on:submit.prevent></form>
```

下面是一个应用.stop 修饰符阻止事件冒泡的示例，代码如下：

```
<div id="box">
    <div v-on:click="show('div的事件触发')">
        <button v-on:click.stop="show('按钮的事件触发')">显示</button>
    </div>
</div>
<script type="text/javascript">
   var vm = new Vue({
      el : '#box',
        methods : {
            show : function(message){
                alert(message);
            }
        }
   });
</script>
```

运行上述代码，当单击“显示”按钮时只会触发该按钮的单击事件，弹出的对话框如图 6-10 所示。如果在按钮中未使用.stop 修饰符，当单击“显示”按钮时，不但会触发该按钮的单击事件，还会触发 div 的单击事件，因此会相继弹出两个对话框。

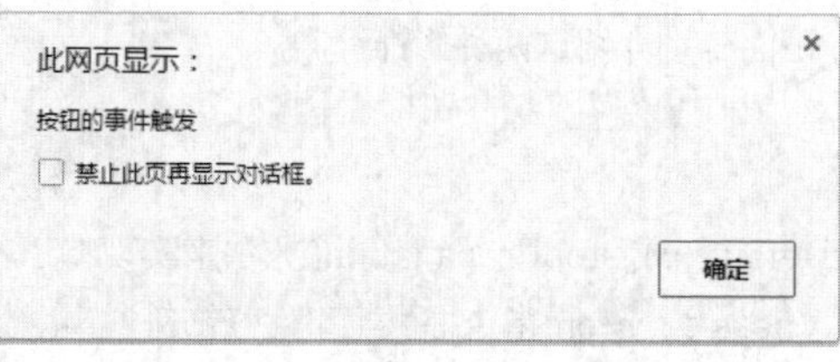

图 6-10 触发按钮的单击事件弹出对话框

6.2.2 按键修饰符

除了事件修饰符之外，Vue.js 还为 v-on 指令提供了按键修饰符，以便监听键盘事件中的按键。当触发键盘事件时需要检测按键的 keyCode 值，示例代码如下：

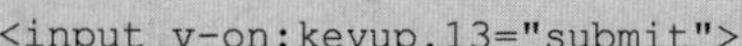

```
<input v-on:keyup.13="submit">
```

上述代码中，应用 v-on 指令监听键盘的 keyup 事件。因为键盘中回车键的 keyCode 值是 13，所以，在向文本框中输入内容后，当单击回车键时就会调用 submit()方法。

鉴于记住一些按键的 keyCode 值比较困难，Vue.js 为一些常用的按键提供了别名。例如，回车键<Enter>的别名为 enter，将上述示例代码修改为使用别名的方式，代码如下：

```
<input v-on:keyup.enter="submit">
```

Vue.js 为一些常用的按键提供的别名如表 6-2 所示。

表 6-2　常用按键的别名

按键	keyCode	别名	按键	keyCode	别名
Enter	13	enter	Tab	9	tab
Backspace	8	delete	Delete	46	delete
Esc	27	esc	Spacebar	32	space
Up Arrow(↑)	38	up	Down Arrow(↓)	40	down
Left Arrow(←)	37	left	Right Arrow(→)	39	right

Vue.js 还提供了一种自定义按键别名的方式，即通过全局 config.keyCodes 对象自定义按键的别名。例如，将键盘中的 F1 键的别名定义为 f1 的代码如下：

```
Vue.config.keyCodes.f1 = 112
```

上述代码中，112 为 F1 键的 keyCode 值。

小 结

本章主要介绍了 Vue.js 中的事件处理。通过本章的学习，读者可以熟悉如何应用 v-on 指令监听 DOM 元素的事件，并通过该事件调用事件处理程序。

上机指导

视频位置：资源包\视频\第 6 章　事件处理\上机指导.mp4

在商品信息添加页面制作一个二级联动菜单，通过二级联动菜单选择商品的所属类别，当第 1 个菜单选项改变时，第 2 个菜单中的选项也会随之改变。程序运行效果如图 6-11 所示。（实例位置：资源包\MR\上机指导\第 6 章\）

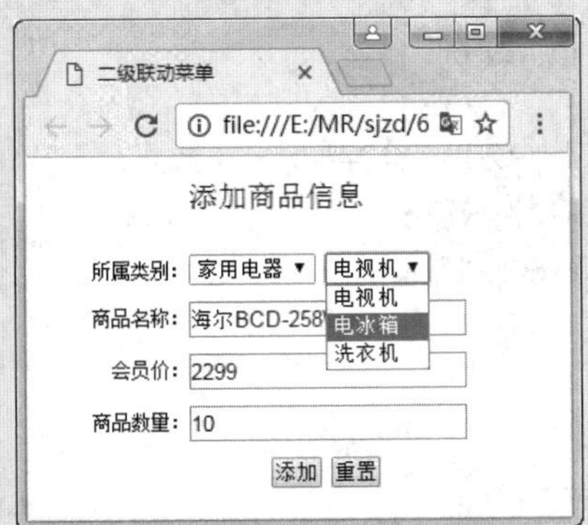

图 6-11　应用二级联动菜单选择商品所属类别

开发步骤如下。

（1）创建 HTML 文件，在文件中引入 Vue.js 文件，代码如下：

```
<script src="../JS/vue.js"></script>
```

（2）定义<div>元素，并设置其 id 属性值为 box，在该元素中定义一个用于添加商品信息的表单，在表单中定义两个下拉菜单，在第 1 个菜单中应用 v-on 指令监听元素的 change 事件，代码如下：

```
<div id="box">
    <form name="form">
        <div class="title">添加商品信息</div>
        <div class="one">
        <label for="type">所属类别：</label>
        <select v-on:change="getPtext">
            <option v-for="pmenu in menulist" v-bind:value="pmenu.text">
                    {{pmenu.text}}
                </option>
            </select>
            <select>
                <option v-for="submenu in getSubmenu" v-bind:value="submenu.text">
                    {{submenu.text}}
                </option>
            </select>
        </div>
        <div class="one">
        <label for="goodsname">商品名称：</label>
        <input type="text" name="goodsname"/>
        </div>
        <div class="one">
        <label for="price">会员价：</label>
        <input type="text" name="price"/>
        </div>
        <div class="one">
        <label for="number">商品数量：</label>
        <input type="text" name="number"/>
        </div>
        <div class="two">
        <input type="submit" value="添加" />
        <input type="reset" value="重置" />
        </div>
    </form>
</div>
```

（3）创建 Vue 实例，在实例中分别定义挂载元素、数据、方法和计算属性，通过方法获取第 1 个菜单中选择的选项，通过计算属性获取该选项对应的子菜单项。代码如下：

```
<script type="text/javascript">
   var vm = new Vue({
      el : '#box',
        data:{
         ptext : '数码设备',
            menulist:[{
            text:'数码设备',
            submenu:[
               {text:'数码相机'},
               {text:'打印机'},
               {text:"复印机"},
            ]
         },{
            text:'家用电器',
```

```
          submenu:[
             {text:'电视机'},
             {text:'电冰箱'},
             {text:"洗衣机"},
          ]
       },{
          text:'礼品工艺',
          submenu:[
             {text:'鲜花'},
             {text:'彩带'},
             {text:"音乐盒"},
          ]
        }]
    },
    methods : {
            getPtext : function(event){ //获取主菜单项
            this.ptext = event.target.value;
        }
        },
        computed : {
        getSubmenu : function(){//获取子菜单
            for(var i = 0; i < this.menulist.length; i++){
                if(this.menulist[i].text == this.ptext){
                return this.menulist[i].submenu;
                }
            }
        }
        }
  });
</script>
```

习 题

6-1 如果在内联语句中需要获取原生的 DOM 事件对象需要使用什么变量?

6-2 列举常用的两个事件修饰符并说明它们的作用。

PART07

第7章

表单控件绑定

本章要点

- 应用v-model绑定文本框
- 应用v-model绑定复选框
- 应用v-model绑定单选按钮
- 应用v-model绑定下拉菜单
- 将表单控件的值绑定到动态属性
- 使用v-model的修饰符

在 Web 应用中，通过表单可以实现输入文字、选择选项和提交数据等功能。在 Vue.js 中，通过 v-model 指令可以对表单元素进行双向数据绑定，在修改表单元素值的同时，Vue 实例中对应的属性值也会随之更新，反之亦然。本章主要介绍如何应用 v-model 指令进行表单元素的数据绑定。

7.1 绑定文本框

v-model 会根据控件类型自动选取正确的方法来更新元素。在表单中，最基本的表单控件类型是文本框，分为单行文本框和多行文本框。下面介绍文本框中输入的内容和 Vue 实例中对应的属性值之间的绑定。

7.1.1 单行文本框

单行文本框用于输入单行文本。应用 v-model 指令对单行文本框进行数据绑定的示例代码如下：

```
<div id="box">
    <p>单行文本框</p>
    <input v-model="message" placeholder="单击此处进行编辑">
    <p>当前输入：{{message}}</p>
</div>
<script type="text/javascript">
   var vm = new Vue({
      el : '#box',
        data : {
            message : ''
        }
   });
</script>
```

运行结果如图 7-1 所示。

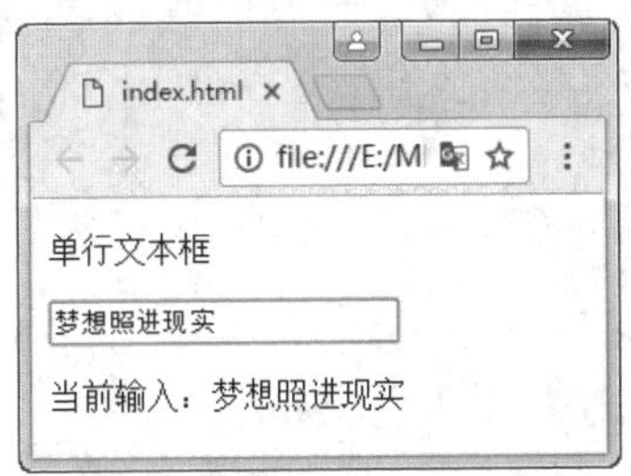

图 7-1 单行文本框数据绑定

上述代码中，应用 v-model 指令将单行文本框的值和 Vue 实例中的 message 属性值进行了绑定。当单行文本框中的内容发生变化时，message 属性值也会相应进行更新。

【例 7-1】 根据单行文本框中的关键字搜索指定的图书信息，代码如下：（实例位置：资源包\MR\源码\第 7 章\7-1）

```
<div id="example">
    <div class="search">
        <input type="text" v-model="searchStr" placeholder="请输入搜索内容">
    </div>
    <div>
        <div class="item" v-for="book in results">
            <img :src="book.image">
```

```
            <span>{{book.bookname}}</span>
        </div>
    </div>
</div>
<script type="text/javascript">
var exam = new Vue({
    el:'#example',
    data:{
        searchStr : '',//搜索关键字
        books : [{//图书信息数组
            bookname : '零基础学JavaScript',
            image : 'images/javascript.png'
        },{
            bookname : '零基础学HTML5+CSS3',
            image : 'images/htmlcss.png'
        },{
            bookname : '零基础学C语言',
            image : 'images/c.png'
        },{
            bookname : 'JavaScript精彩编程200例',
            image : 'images/javascript200.png'
        },{
            bookname : 'HTML5+CSS3精彩编程200例',
            image : 'images/htmlcss200.png'
        },{
            bookname : 'Java精彩编程200例',
            image : 'images/java200.png'
        }]
    },
    computed : {
        results : function(){
            var books = this.books;
            if(this.searchStr == ''){
                return books;
            }
            var searchStr = this.searchStr.trim().toLowerCase();//去除空格转换为小写
            books = books.filter(function(ele){
                //判断图书名称是否包含搜索关键字
                if(ele.bookname.toLowerCase().indexOf(searchStr) != -1){
                    return ele;
                }
            });
            return books;
        }
    }
})
</script>
```

运行结果如图 7-2、图 7-3 所示。

图 7-2　输出全部图书

图 7-3　输出搜索结果

7.1.2　多行文本框

多行文本框又叫作文本域。应用 v-model 指令对文本域进行数据绑定的示例代码如下：

```
<div id="box">
    <p>多行文本框</p>
    <textarea v-model="message" placeholder="单击此处进行编辑"></textarea>
    <p style="white-space:pre">{{message}}</p>
</div>
<script type="text/javascript">
   var vm = new Vue({
      el : '#box',
        data : {
            message : ''
        }
   });
</script>
```

运行结果如图 7-4 所示。

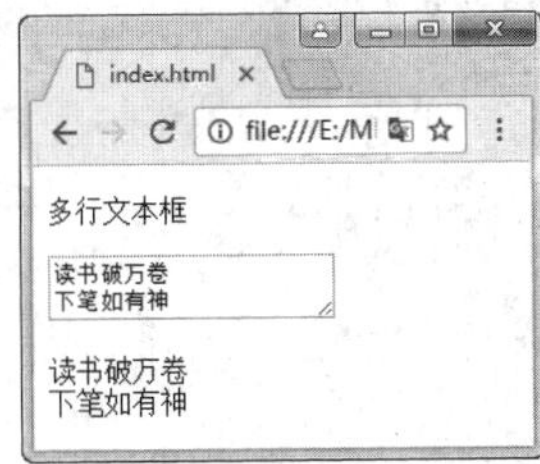

图 7-4　多行文本框数据绑定

7.2 绑定复选框

为复选框进行数据绑定有两种情况，一种是为单个复选框进行数据绑定，另一种是为多个复选框进行数据绑定。下面分别进行介绍。

单个复选框

7.2.1 单个复选框

如果只有一个复选框，应用 v-model 绑定的是一个布尔值。示例代码如下：

```
<div id="box">
    <p>单个复选框</p>
    <input type="checkbox" v-model="checked">
    <label for="checkbox">checked:{{checked}}</label>
</div>
<script type="text/javascript">
   var vm = new Vue({
      el : '#box',
        data : {
            checked : false//默认不选中
        }
   });
</script>
```

运行上述代码，当选中复选框时，v-model 绑定的 checked 属性值为 true，否则该属性值为 false，而 label 元素中的值也会随之改变。结果如图 7-5、图 7-6 所示。

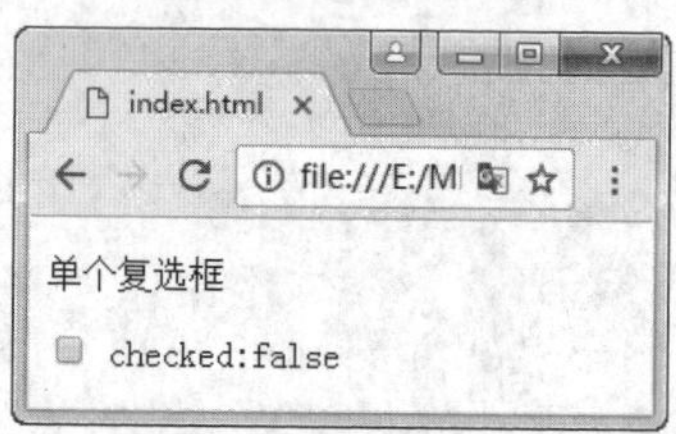

图 7-5 未选中复选框

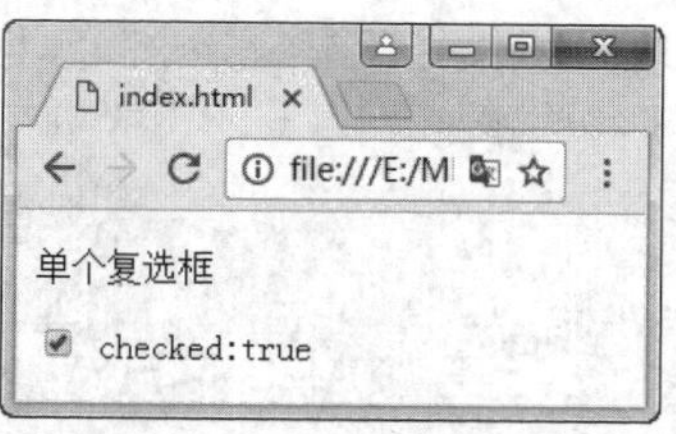

图 7-6 选中复选框

多个复选框

7.2.2 多个复选框

如果有多个复选框，应用 v-model 绑定的是一个数组。示例代码如下：

```
<div id="box">
    <p>多个复选框</p>
    <input type="checkbox" value="OPPO" v-model="brand">
    <label for="oppo">OPPO</label>
    <input type="checkbox" value="华为" v-model="brand">
    <label for="huawei">华为</label>
    <input type="checkbox" value="小米" v-model="brand">
    <label for="xiaomi">小米</label>
    <p>选择的手机品牌：{{brand}}</p>
</div>
<script type="text/javascript">
   var vm = new Vue({
      el : '#box',
```

```
        data : {
            brand : []
        }
    });
</script>
```

上述代码中，应用 v-model 将多个复选框绑定到同一个数组 brand，当选中某个复选框时，该复选框的 value 值会存入 brand 数组中。当取消选中某个复选框时，该复选框的值会从 brand 数组中移除。运行结果如图 7-7 所示。

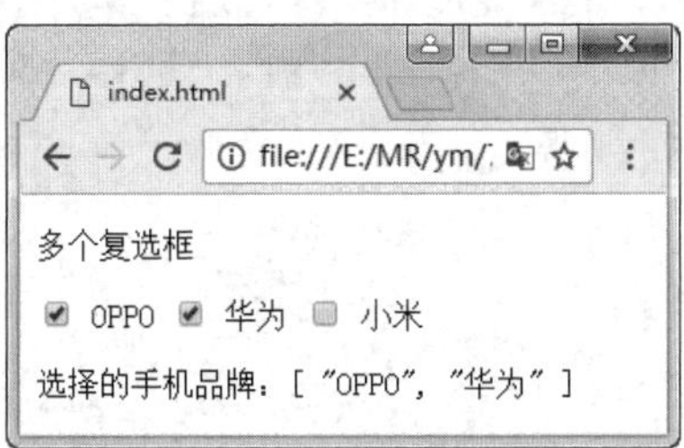

图 7-7　输出选中的选项

【例 7-2】 在页面中应用复选框添加用户兴趣爱好选项，并添加“全选”“反选”和“全不选”按钮，实现复选框的全选、反选和全不选操作，代码如下：（实例位置：资源包\MR\源码\第 7 章\7-2）

```
<div id="example">
    <input type="checkbox" value="上网" v-model="checkedNames">
    <label for="net">上网</label>
    <input type="checkbox" value="旅游" v-model="checkedNames">
    <label for="tourism">旅游</label>
    <input type="checkbox" value="看书" v-model="checkedNames">
    <label for="book">看书</label>
    <input type="checkbox" value="电影" v-model="checkedNames">
    <label for="movie">电影</label>
    <input type="checkbox" value="游戏" v-model="checkedNames">
    <label for="game">游戏</label>
    <p v-if="checked">
        您的兴趣爱好：{{result}}
    </p>
    <p>
        <button @click="allChecked">全选</button>
        <button @click="reverseChecked">反选</button>
        <button @click="noChecked">全不选</button>
    </p>
</div>
<script type="text/javascript">
var exam = new Vue({
    el: '#example',
    data: {
        checked: false,
        checkedNames: [],
        checkedArr: ["上网", "旅游", "看书", "电影", "游戏"],
        tempArr: []
    },
    methods: {
        allChecked: function() {//全选
```

```
            this.checkedNames = this.checkedArr;
        },
        noChecked: function() {//全不选
            this.checkedNames = [];
        },
        reverseChecked: function() {//反选
            this.tempArr=[];
            for(var i=0;i<this.checkedArr.length;i++){
                if(!this.checkedNames.includes(this.checkedArr[i])){
                    this.tempArr.push(this.checkedArr[i]);
                }
            }
            this.checkedNames=this.tempArr;
        }
    },
    computed: {
        result: function(){//获取选中的兴趣爱好
            var show = "";
            for(var i=0;i<this.checkedNames.length;i++){
                show += this.checkedNames[i] + " ";
            }
            return show;
        }
    },
    watch: {
        "checkedNames": function() {
            if (this.checkedNames.length > 0) {
                this.checked = true//显示兴趣爱好
            } else {
                this.checked = false//隐藏兴趣爱好
            }
        }
    }
})
</script>
```

运行结果如图 7-8 所示。

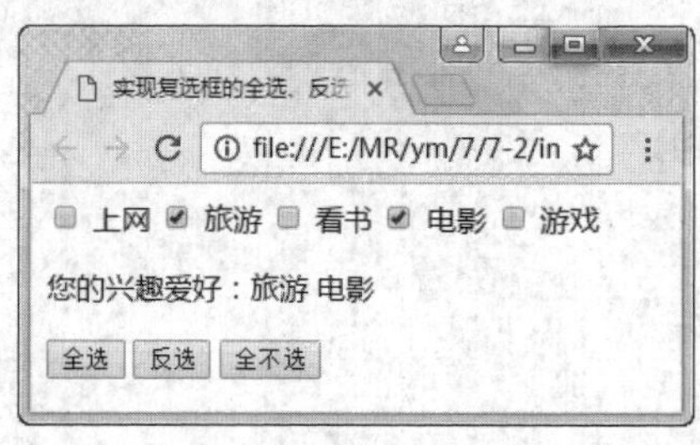

图 7-8　实现复选框的全选、反选和全不选操作

7.3　绑定单选按钮

当某个单选按钮被选中时，v-model 绑定的属性值会被赋值为该单选按钮的 value 值。示例代码如下：

```
<div id="box">
    <input type="radio" value="男" v-model="sex">
    <label for="man">男</label>
    <input type="radio" value="女" v-model="sex">
    <label for="woman">女</label>
    <p>您的性别：{{sex}}</p>
</div>
<script type="text/javascript">
   var vm = new Vue({
      el : '#box',
        data : {
            sex : ''
        }
   });
</script>
```

运行结果如图 7-9 所示。

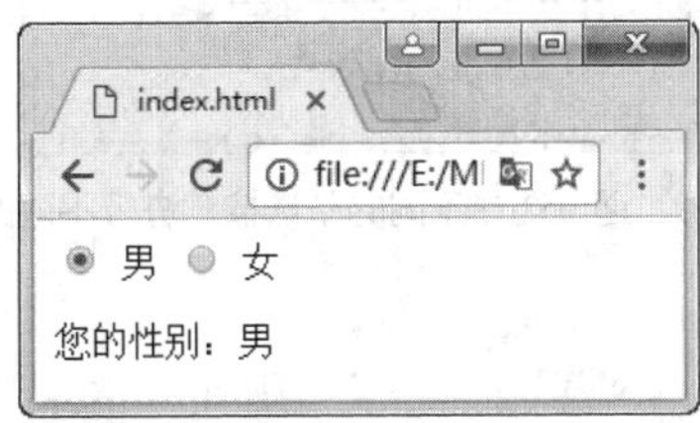

图 7-9　输出选中的单选按钮的值

【例 7-3】 模拟查询话费流量的功能。在页面中定义两个单选按钮"查话费"和"查流量"，通过选择不同的单选按钮进行不同的查询，代码如下：（实例位置：资源包\MR\源码\第 7 章\7-3）

```
<div id="example">
    <h2>查话费查流量</h2>
    <input type="radio" value="balance" v-model="type">
    <label for="balance">查话费</label>
    <input type="radio" value="traffic" v-model="type">
    <label for="traffic">查流量</label>
    <input type="button" value="查询" v-on:click="check">
    <p v-if="show">{{message}}</p>
</div>
<script type="text/javascript">
var exam = new Vue({
    el: '#example',
    data: {
        type : '',
        show : false,
        message : ''
    },
    methods: {
        check : function(){
            this.show = true;//显示查询结果
            //根据选择的类型定义查询结果
            if(this.type == 'balance'){
                this.message = '您的话费余额为6.66元';
```

```
            }else if(this.type == 'traffic'){
                this.message = '您的剩余流量为20兆';
            }else{
                this.message = '请选择查询类别！';
            }
        }
    }
})
</script>
```

运行结果如图 7-10 所示。

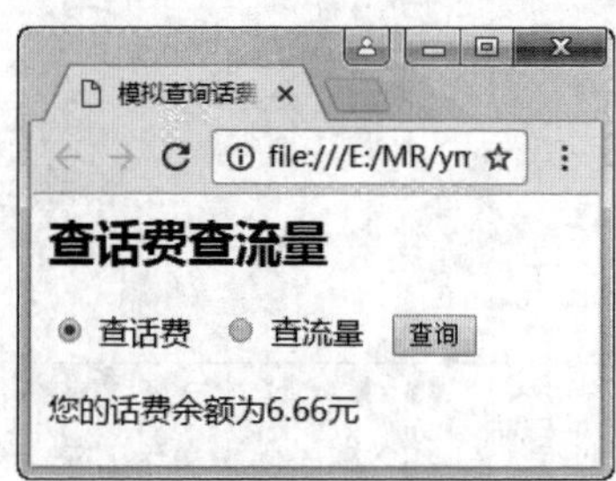

图 7-10　通过选择不同的单选按钮进行不同的查询

7.4　绑定下拉菜单

同复选框一样，下拉菜单也分单选和多选两种，所以 v-model 在绑定下拉菜单时也分为两种不同的情况，下面分别进行介绍。

7.4.1　单选

在只提供单选的下拉菜单中，当选择某个选项时，如果为该选项设置了 value 值，则 v-model 绑定的属性值会被赋值为该选项的 value 值，否则会被赋值为显示在该选项中的文本。示例代码如下：

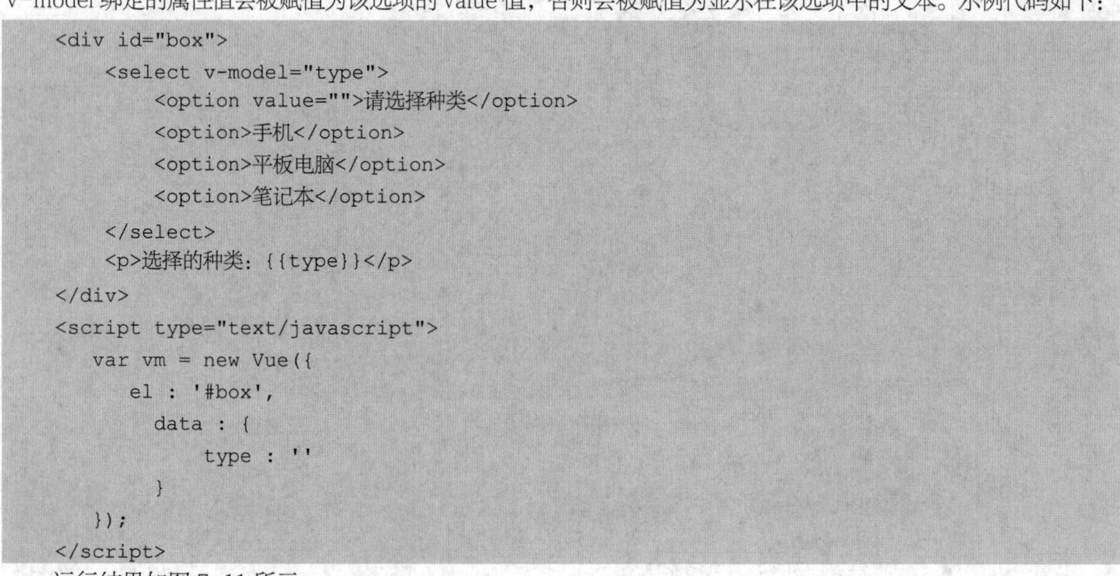

```
<div id="box">
    <select v-model="type">
        <option value="">请选择种类</option>
        <option>手机</option>
        <option>平板电脑</option>
        <option>笔记本</option>
    </select>
    <p>选择的种类：{{type}}</p>
</div>
<script type="text/javascript">
   var vm = new Vue({
      el : '#box',
        data : {
            type : ''
        }
   });
</script>
```

运行结果如图 7-11 所示。

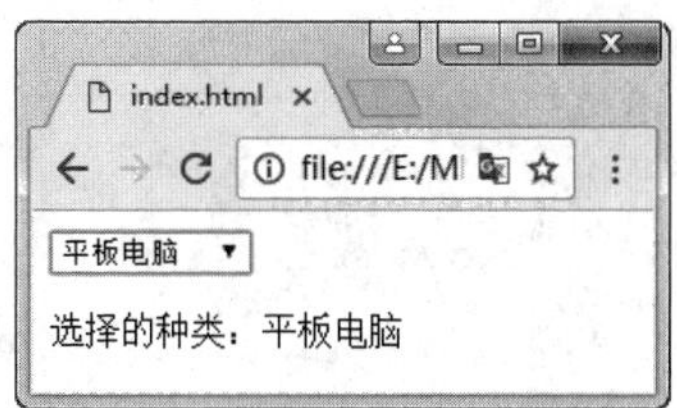

图 7-11　输出选择的选项

可以通过 v-for 指令动态生成下拉菜单中的 option，并应用 v-model 对生成的下拉菜单进行绑定。示例代码如下：

```
<div id="box">
    <select v-model="answer">
        <option value="">请选择答案</option>
        <option v-for="item in items" :value="item.value">{{item.text}}</option>
    </select>
    <p>您的答案：{{answer}}</p>
</div>
<script type="text/javascript">
   var vm = new Vue({
      el : '#box',
        data : {
            answer : '',
            items : [
                { text : 'A', value : 'A' },
                { text : 'B', value : 'B' },
                { text : 'C', value : 'C' },
                { text : 'D', value : 'D' }
            ]
        }
   });
</script>
```

运行结果如图 7-12 所示。

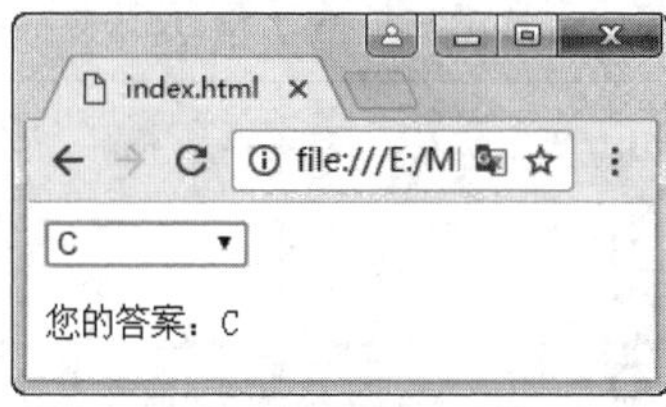

图 7-12　输出选择的选项

多选

7.4.2　多选

如果为 select 元素设置了 multiple 属性，下拉菜单中的选项就会以列表的方式显示，此时，列表框中的选项可以进行多选。在进行多选时，应用 v-model 绑定的是一个数组。示例代码如下：

```
<div id="box">
    <p>选择喜欢的影片类型：</p>
    <select v-model="filmtype" multiple="multiple" size="6">
        <option>武侠片</option>
```

```
        <option>爱情片</option>
        <option>动作片</option>
        <option>科幻片</option>
        <option>喜剧片</option>
        <option>恐怖片</option>
    </select>
    <p>选择的类型：{{filmtype}}</p>
</div>
<script type="text/javascript">
    var vm = new Vue({
        el : '#box',
          data : {
              filmtype : []
          }
    });
</script>
```

上述代码中，应用 v-model 将 select 元素绑定到数组 filmtype，当选中某个选项时，该选项中的文本会存入 filmtype 数组中。当取消选中某个选项时，该选项中的文本会从 filmtype 数组中移除。运行结果如图 7-13 所示。

图 7-13　输出选择的多个选项

【例 7-4】 制作一个简单的选择职位的程序，用户可以在“可选职位”列表框和“已选职位”列表框之间进行选项的移动，代码如下：（实例位置：资源包\MR\源码\第 7 章\7-4）

```
<div id="example">
    <div class="left">
        <span>可选职位</span>
        <select size="6" multiple="multiple" v-model="job">
            <option v-for="value in joblist" :value="value">{{value}}</option>
        </select>
    </div>
    <div class="middle">
        <input type="button" value=">>" v-on:click="toMyjob">
        <input type="button" value="<<" v-on:click="toJob">
    </div>
    <div class="right">
        <span>已选职位</span>
        <select size="6" multiple="multiple" v-model="myjob">
            <option v-for="value in myjoblist" :value="value">{{value}}</option>
        </select>
```

```
        </div>
    </div>
    <script type="text/javascript">
    var exam = new Vue({
        el: '#example',
        data: {
            joblist : ['歌手','演员','酒店管理','教师','公务员','公司职员'],//所有职位列表
            myjoblist : [],//已选职位列表
            job : [],//可选职位列表选中的选项
            myjob : []//已选职位列表选中的选项
        },
        methods: {
            toMyjob : function(){
                for(var i = 0; i < this.job.length; i++){
                    this.myjoblist.push(this.job[i]);//添加到已选职位列表
                    var index = this.joblist.indexOf(this.job[i]);//获取选项索引
                    this.joblist.splice(index,1);//从可选职位列表移除
                }
                this.job = [];
            },
            toJob : function(){
                for(var i = 0; i < this.myjob.length; i++){
                    this.joblist.push(this.myjob[i]);//添加到可选职位列表
                    var index = this.myjoblist.indexOf(this.myjob[i]);//获取选项索引
                    this.myjoblist.splice(index,1);//从已选职位列表移除
                }
                this.myjob = [];
            }
        }
    })
    </script>
```

运行结果如图 7-14 所示。

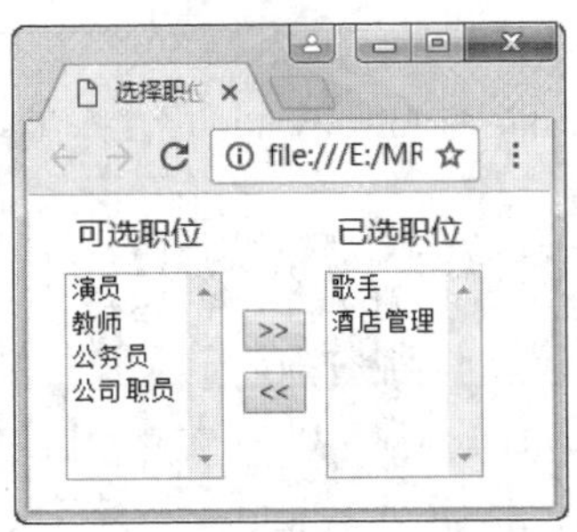

图 7-14　用户选择职位

7.5　值绑定

通常情况下，对于单选按钮、复选框及下拉菜单中的选项，v-model 绑定的值通常是静态字符串（单个复选框是布尔值）。但是有时需要把值绑定到 Vue 实例的一个动态属性上，这时可以应用 v-bind 实现，并且该属性值可以不是字符串，如数值、对象、数组等。下面介绍在单选按钮、复选框，以及下拉菜单中如何将值绑

定到一个动态属性上。

7.5.1 单选按钮

单选按钮

在单选按钮中将值绑定到一个动态属性上的示例代码如下：

```
<div id="box">
    <input type="radio" :value="sexObj.man" v-model="sex">
    <label for="man">男</label>
    <input type="radio" :value="sexObj.woman" v-model="sex">
    <label for="woman">女</label>
    <p>您的性别：{{sex}}</p>
</div>
<script type="text/javascript">
   var vm = new Vue({
      el : '#box',
        data : {
            sex : '',
            sexObj : { man : '男', woman : '女' }
        }
   });
</script>
```

运行结果如图 7-15 所示。

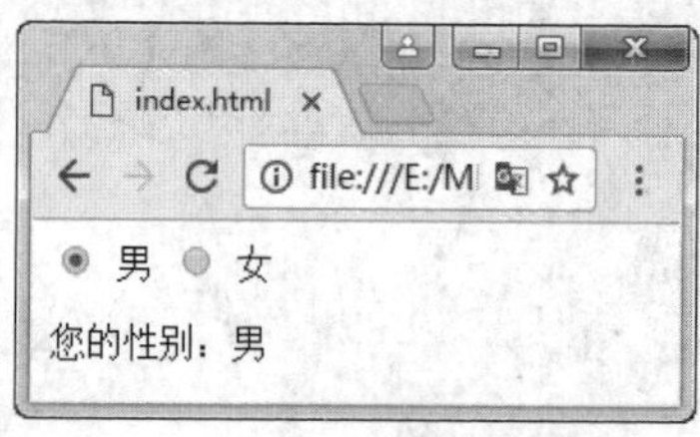

图 7-15 输出选中的单选按钮的值

复选框

7.5.2 复选框

在单个复选框中，可以应用 true-value 和 false-value 属性将值绑定到动态属性上。示例代码如下：

```
<div id="box">
    <input type="checkbox" v-model="toggle" :true-value="yes" :false-value="no">
    <label for="checkbox">当前状态:{{toggle}}</label>
</div>
<script type="text/javascript">
   var vm = new Vue({
      el : '#box',
        data : {
            toggle : '',
            yes : '选中',
            no : '取消'
        }
   });
</script>
```

运行结果如图 7-16 所示。

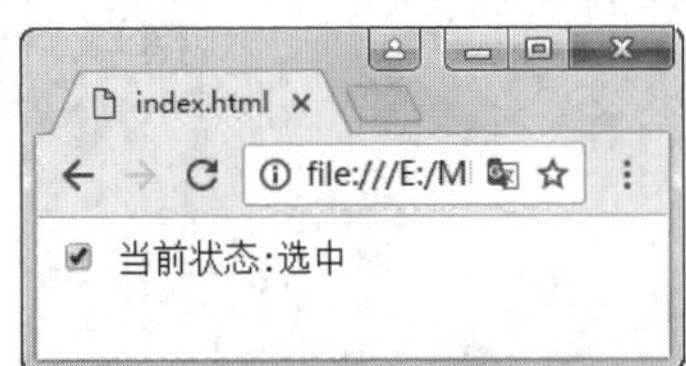

图 7-16　输出当前选中状态

在多个复选框中，需要使用 v-bind 进行值绑定。示例代码如下：

```
<div id="box">
    <p>多个复选框</p>
    <input type="checkbox" :value="brands[0]" v-model="brand">
    <label>{{brands[0]}}</label>
    <input type="checkbox" :value="brands[1]" v-model="brand">
    <label>{{brands[1]}}</label>
    <input type="checkbox" :value="brands[2]" v-model="brand">
    <label>{{brands[2]}}</label>
    <p>选择的手机品牌：{{brand.join('、')}}</p>
</div>
<script type="text/javascript">
   var vm = new Vue({
      el : '#box',
        data : {
            brands : ['OPPO','华为','小米'],
            brand : []
        }
   });
</script>
```

运行结果如图 7-17 所示。

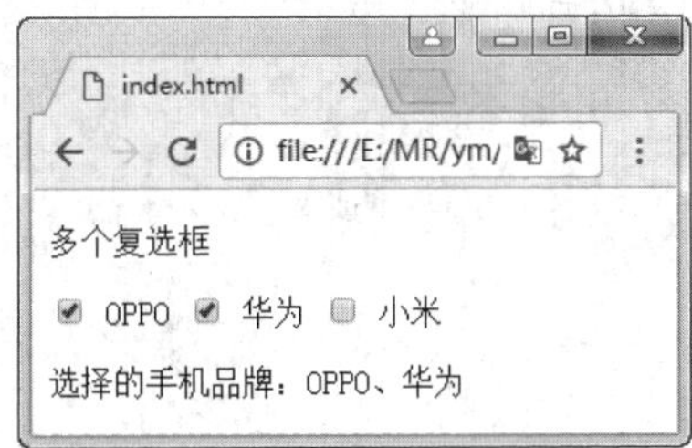

图 7-17　输出选中的选项

7.5.3　下拉菜单

下拉菜单

在下拉菜单中将值绑定到一个动态属性上的示例代码如下：

```
<div id="box">
    <span>请选择：</span>
    <select v-model="num">
        <option :value="nums[0]">{{nums[0]}}</option>
        <option :value="nums[1]">{{nums[1]}}</option>
        <option :value="nums[2]">{{nums[2]}}</option>
    </select>
    <p>选择的数字：{{num}}</p>
</div>
```

```
<script type="text/javascript">
    var vm = new Vue({
        el : '#box',
          data : {
              nums : [10,20,30],
              num : 10
          }
    });
</script>
```

运行结果如图 7-18 所示。

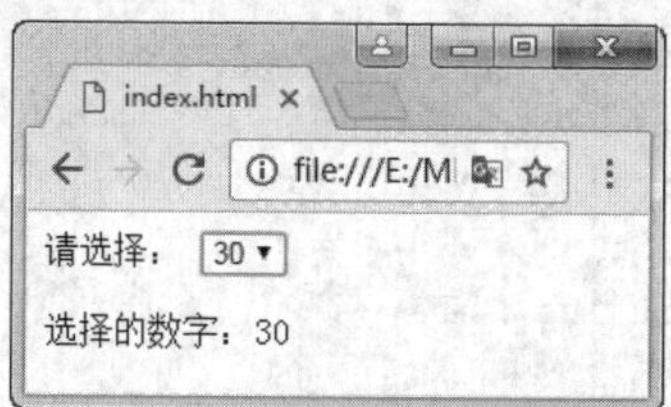

图 7-18 输出选择的选项

7.6 使用修饰符

Vue.js 为 v-model 指令提供了一些修饰符，通过这些修饰符可以处理某些常规操作。这些修饰符的说明如下。

7.6.1 lazy

默认情况下，v-model 在 input 事件中将文本框的值与数据进行同步。添加 lazy 修饰符后可以转变为使用 change 事件进行同步。示例代码如下：

```
<div id="box">
    <input v-model.lazy="message" placeholder="单击此处进行编辑">
    <p>当前输入：{{message}}</p>
</div>
<script type="text/javascript">
    var vm = new Vue({
        el : '#box',
          data : {
              message : ''
          }
    });
</script>
```

运行上述代码，当触发文本框的 change 事件后，才会输出文本框中输入的内容，运行结果如图 7-19 所示。

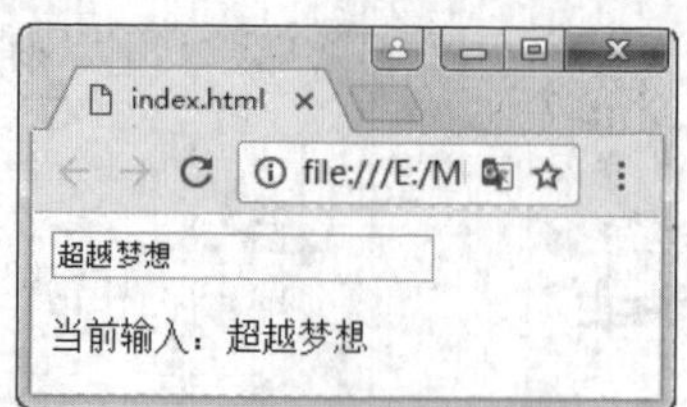

图 7-19 输出文本框中的输入内容

7.6.2 number

在 v-model 指令中使用 number 修饰符，可以自动将用户输入转换为数值类型。如果转换结果为 NaN，则返回用户输入的原始值。示例代码如下：

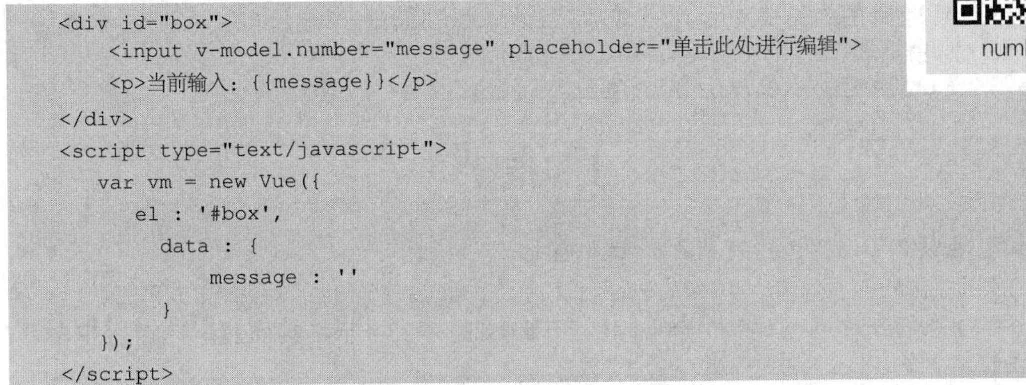


```
<div id="box">
    <input v-model.number="message" placeholder="单击此处进行编辑">
    <p>当前输入：{{message}}</p>
</div>
<script type="text/javascript">
   var vm = new Vue({
      el : '#box',
        data : {
            message : ''
        }
   });
</script>
```

运行结果如图 7-20 所示。

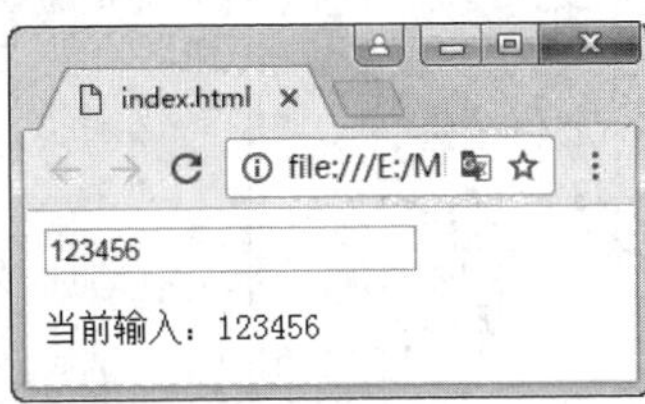

图 7-20　输出转换后的数值

7.6.3 trim

如果要自动过滤用户输入的字符串首尾空格，可以为 v-model 指令添加 trim 修饰符。示例代码如下：

```
<div id="box">
    <input v-model.trim="message" placeholder="单击此处进行编辑">
    <p>当前输入：{{message}}</p>
</div>
<script type="text/javascript">
   var vm = new Vue({
      el : '#box',
        data : {
            message : ''
        }
   });
</script>
```

运行结果如图 7-21 所示。

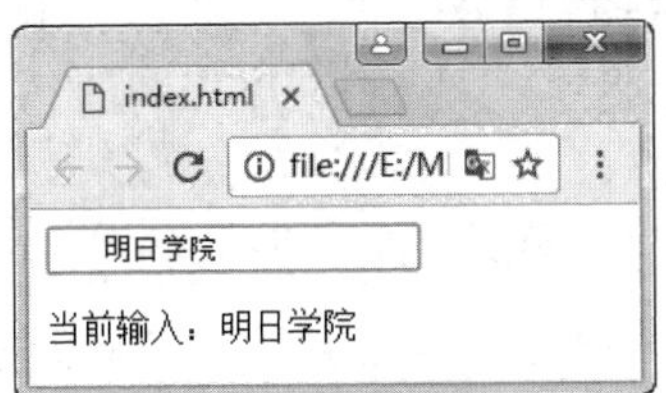

图 7-21　过滤字符串首尾空格

小 结

本章主要介绍了 Vue.js 中的表单控件绑定，包括对文本框、复选框、单选按钮和下拉菜单进行数据绑定。通过本章的学习，读者可以熟悉如何应用 v-model 指令进行表单元素的数据绑定，使表单操作更加容易。

上机指导

视频位置：资源包\视频\第 7 章　表单控件绑定\上机指导.mp4

在页面中制作一个省、市、区 3 级联动的下拉菜单，根据选择的省份显示对应的城市下拉菜单，根据选择的城市显示对应的区域下拉菜单。程序运行效果如图 7-22 所示。（实例位置：资源包\MR\上机指导\第 7 章\）

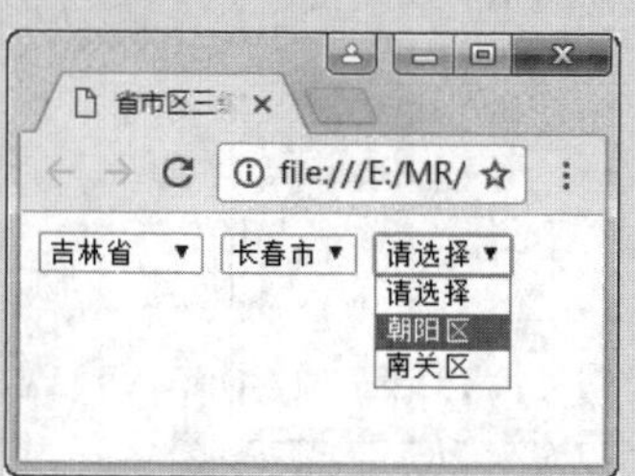

图 7-22　省市区 3 级联动菜单

开发步骤如下。

（1）创建 HTML 文件，在文件中引入 Vue.js 文件，代码如下：

```
<script src="../JS/vue.js"></script>
```

（2）定义<div>元素，并设置其 id 属性值为 box，在该元素中定义 3 个下拉菜单，分别表示省份、城市和区域信息，代码如下：

```
<div id="box">
   <select v-model="province">
      <option value="">请选择</option>
      <option v-for="item in provinces" v-bind:value="item">{{item}}</option>
   </select>
   <select v-model="city">
      <option value="">请选择</option>
      <option v-for="item in citys" v-bind:value="item">{{item}}</option>
   </select>
   <select v-model="district">
      <option value="">请选择</option>
      <option v-for="item in districts" v-bind:value="item">{{item}}</option>
   </select>
</div>
```

（3）创建 Vue 实例，在实例中分别定义挂载元素、数据、监听属性和计算属性，通过监听属性对城市下拉菜单或区域下拉菜单进行重置，通过计算属性获取省份以及对应的城市和区域信息。代码如下：

```
<script type="text/javascript">
    var vm = new Vue({
        el : '#box',
          data : {
              province : '', //省份
          city : '', //城市
          district : '', //地区
              addressData : {
              '黑龙江省' : {
                  '哈尔滨市' : {
                      "道里区" : {},
                      "南岗区" : {}
                  },
                  '齐齐哈尔市' : {
                      '龙沙区' : {},
                      '建华区' : {}
                  }
              },
              '吉林省' : {
                  '长春市' : {
                      '朝阳区' : {},
                      '南关区' : {}
                  },
                  '吉林市':{
                      '船营区' : {},
                      '龙潭区' : {}
                  }
              },
              '辽宁省' : {
                  '沈阳市' : {
                      '和平区' : {},
                      '沈河区' : {}
                  },
                  '大连市' : {
                      '中山区' : {},
                      '金州区' : {}
                  }
              }
          }
    },
    watch : {
        province : function(newValue,oldValue){
            if(newValue !== oldValue){
                this.city = ''; //选择不同省份时清空城市下拉菜单
            }
        },
        city : function(newValue,oldValue){
                if(newValue !== oldValue){
                this.district = ''; //选择不同城市时清空地区下拉菜单
            }
        }
```

```
    },
    computed : {
            provinces : function(){//获取省份数组
                if(!this.addressData){
                    return;
                }
                var pArr = [];
                for(var key in this.addressData){
                    pArr.push(key);
                }
                return pArr;
            },
            citys : function(){//获取选择省份对应的城市数组
                if(!this.addressData || !this.province){
                    return;
                }
                var cArr = [];
                for(var key in this.addressData[this.province]){
                    cArr.push(key);
                }
                return cArr;
            },
            districts : function(){//获取选择城市对应的地区数组
                if(!this.addressData || !this.city){
                    return;
                }
                var dArr = [];
                for(var key in this.addressData[this.province][this.city]){
                    dArr.push(key);
                }
                return dArr;
            }
        }
    });
</script>
```

习 题

7-1　为复选框进行数据绑定分为两种情况，说出这两种情况的不同。

7-2　在单个复选框中，将值绑定到动态属性上需要应用复选框的哪两个属性？

7-3　Vue.js 为 v-model 指令提供了哪几个修饰符？

PART08

第8章

自定义指令

本章要点

- 注册全局自定义指令
- 注册局部自定义指令
- 指令定义对象的钩子函数
- 自定义指令的绑定值

Vue.js 提供的内置指令很多，例如，v-for、v-if、v-model 等。由于这些指令都偏向于工具化，而有些时候在实现具体的业务逻辑时，应用这些内置指令并不能实现某些特定的功能，因此 Vue.js 也允许用户注册自定义指令，以便对 DOM 元素的重复处理，提高代码的复用性。本章主要介绍 Vue.js 中自定义指令的注册和使用。

8.1 注册指令

Vue.js 提供了可以注册自定义指令的方法，通过不同的方法可以注册全局自定义指令和局部自定义指令。下面分别进行介绍。

8.1.1 注册全局指令

注册全局指令

通过 Vue.directive(id，definition)方法可以注册一个全局自定义指令。该方法可以接收两个参数：指令 ID 和定义对象。指令 ID 是指令的唯一标识，定义对象是定义的指令的钩子函数。

例如，注册一个全局自定义指令，通过该指令实现当页面加载时，使元素自动获得焦点。示例代码如下：

```
<div id="example">
    <input v-focus>
</div>
<script type="text/javascript">
Vue.directive('focus', {
    //当被绑定的元素插入DOM中时执行
    inserted: function(el){
    //使元素获得焦点
    el.focus();
    }
})
var exam = new Vue({
    el:'#example'
})
</script>
```

运行结果如图 8-1 所示。

上述代码中，focus 是自定义指令 ID，不包括 v-前缀，inserted 是指令定义对象中的钩子函数。该钩子函数表示，当被绑定元素插入父节点时，使元素自动获得焦点。在注册全局指令后，在被绑定元素中应用该指令即可实现相应的功能。

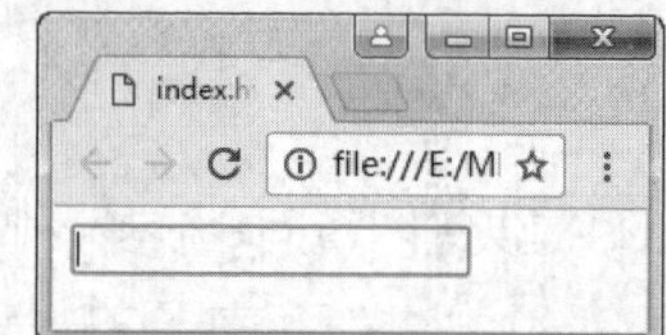

图 8-1　文本框自动获得焦点

关于指令定义对象中钩子函数的详细介绍请参考 8.2 节。

8.1.2 注册局部指令

通过 Vue 实例中的 directives 选项可以注册一个局部自定义指令。例如，注册一个局部自定义指令，通过该指令实现为元素添加边框的功能。示例代码如下：

注册局部指令

```
<div id="example">
    <span v-add-border="border">
        坚持不懈
```

```
    </span>
</div>
<script type="text/javascript">
var exam = new Vue({
    el:'#example',
    data: {
      border: '1px solid #FF00FF'
    },
    directives: {
       addBorder: {
          inserted: function (el,binding) {
             el.style.border = binding.value;
          }
       }
    }
})
</script>
```

运行结果如图 8-2 所示。

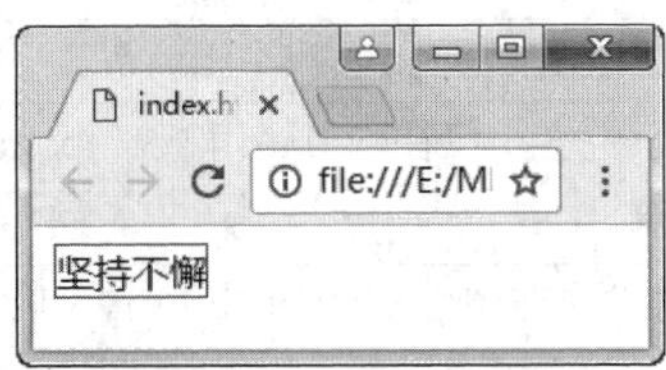

图 8-2　为文字添加边框

上述代码中，在注册自定义指令时采用了小驼峰命名的方式，将自定义指令 ID 定义为 addBorder，而在元素中应用指令时的写法为 v-add-border。在为自定义指令命名时建议采用这种方式。

局部自定义指令只能在当前实例中进行调用，而无法在其他实例中调用。

8.2　钩子函数

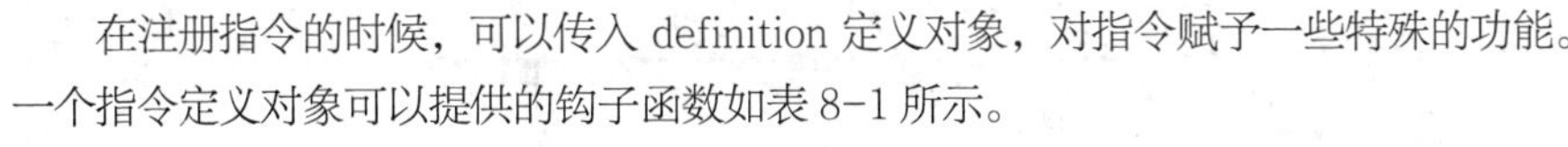

在注册指令的时候，可以传入 definition 定义对象，对指令赋予一些特殊的功能。一个指令定义对象可以提供的钩子函数如表 8-1 所示。

表 8-1　钩子函数

钩子函数	说明
bind	只调用一次，在指令第一次绑定到元素上时调用，用这个钩子函数可以定义一个在绑定时执行一次的初始化设置
inserted	被绑定元素插入父元素时调用
update	指令在 bind 之后立即以初始值为参数进行第一次调用，之后每次当绑定值发生变化时调用，接收的参数为新值和旧值

续表

钩子函数	说明
componentUpdated	指令所在组件及其子组件更新时调用
unbind	只调用一次，指令从元素上解绑时调用

这些钩子函数都是可选的。每个钩子函数都可以传入 el、binding 和 vnode 3 个参数，update 和 componentUpdated 钩子函数还可以传入 oldVnode 参数。这些参数的说明如下。

- el

指令所绑定的元素，可以用来直接操作 DOM。

- binding

一个对象，包含的属性如表 8-2 所示。

表 8-2　binding 参数对象包含的属性

属性	说明
name	指令名，不包括 v-前缀
value	指令的绑定值，例如：v-my-directive="1 + 1"，value 的值是 2
oldValue	指令绑定的前一个值，仅在 update 和 componentUpdated 钩子函数中可用。无论值是否改变都可用
expression	绑定值的表达式或变量名。例如：v-my-directive="1 + 1"，expression 的值是"1 + 1"
arg	传给指令的参数。例如：v-my-directive:foo，arg 的值是"foo"
modifiers	一个包含修饰符的对象。例如：v-my-directive.foo.bar，修饰符对象 modifiers 的值是{ foo: true，bar: true }

- vnode

Vue 编译生成的虚拟节点。

- oldVnode

上一个虚拟节点，仅在 update 和 componentUpdated 钩子函数中可用。

除了 el 参数之外，其他参数都应该是只读的，切勿进行修改。

通过下面这个示例，可以更直观地了解钩子函数的参数和相关属性的使用，代码如下：

```
<div id="box" v-demo:hello.a.b="message"></div>
<script type="text/javascript">
Vue.directive('demo', {
    bind: function (el, binding, vnode) {
    el.innerHTML =
             'name: '       + binding.name + '<br>' +
             'value: '      + binding.value + '<br>' +
             'expression: ' + binding.expression + '<br>' +
             'argument: '   + binding.arg + '<br>' +
```

```
            'modifiers: '  + JSON.stringify(binding.modifiers) + '<br>' +
            'vnode keys: ' + Object.keys(vnode).join(', ')
    }
})
var vm = new Vue({
    el: '#box',
    data: {
    message: '欢迎访问明日学院！'
    }
})
</script>
```

运行结果如图 8-3 所示。

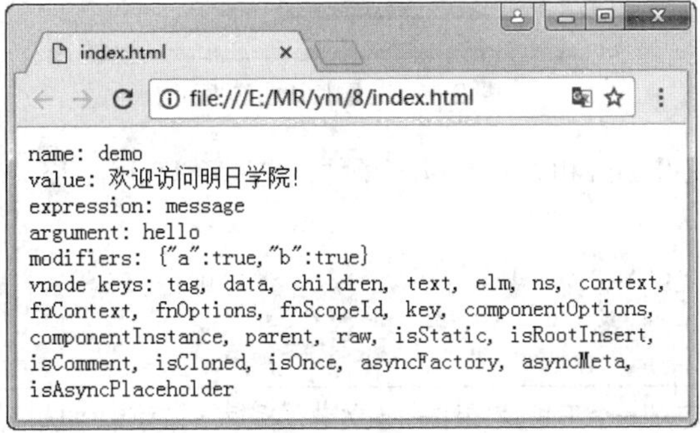

图 8-3　输出结果

【例 8-1】 在页面中定义一张图片和一个文本框，在文本框中输入表示图片边框宽度的数字，实现为图片设置边框的功能，代码如下：（实例位置：资源包\MR\源码\第 8 章\8-1）

```
<div id="example">
    边框宽度：<input type="text" v-model="border">
    <p>
        <img width="200" src="line.jpg" v-set-border="border">
    </p>
</div>
<script type="text/javascript">
var vm = new Vue({
    el:'#example',
    data: {
      border: ''
    },
    directives: {
      setBorder: {
        update: function (el,binding) {
               el.border = binding.value; //设置元素边框
        }
      }
    }
})
</script>
```

运行结果如图 8-4 所示。

图 8-4　为图片设置边框

有些时候，可能只需要使用 bind 和 update 钩子函数，这时可以直接传入一个函数代替定义对象。示例代码如下：

```
Vue.directive('set-bgcolor', function (el, binding) {
      el.style.backgroundColor = binding.value
})
```

【例 8-2】 在页面中定义一个下拉菜单和一行文字，根据下拉菜单中选择的选项实现为文字设置大小的功能，代码如下：（实例位置：资源包\MR\源码\第 8 章\8-2）

```
<div id="example">
    <label>选择文字大小：</label>
    <select v-model="size">
        <option value="20px">20px</option>
        <option value="30px">30px</option>
        <option value="40px">40px</option>
        <option value="50px">50px</option>
        <option value="60px">60px</option>
    </select>
    <p v-font-size="size">天生我材必有用</p>
</div>
<script type="text/javascript">
var vm = new Vue({
    el:'#example',
    data: {
      size: '20px'
    },
   directives: {
      fontSize: function (el,binding) {
            el.style.fontSize = binding.value;//设置字体大小
      }
   }
})
</script>
```

运行结果如图 8-5 所示。

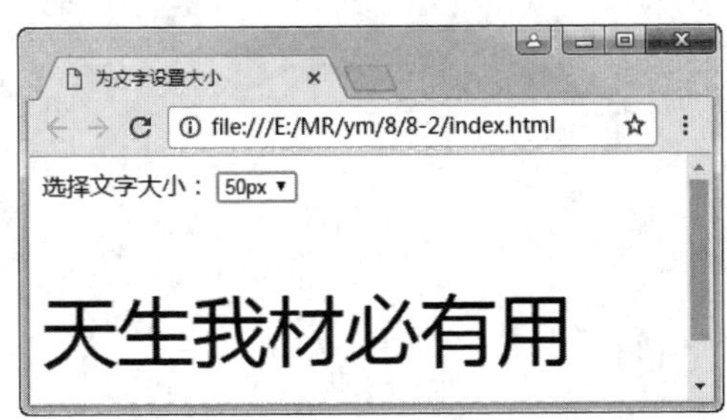

图 8-5　设置文字大小

8.3　自定义指令的绑定值

自定义指令的绑定值除了可以是 data 中的属性之外，还可以是任意合法的 JavaScript 表达式。例如，数值常量、字符串常量、对象字面量等。下面分别进行介绍。

8.3.1　绑定数值常量

例如，注册一个自定义指令，通过该指令设置定位元素的左侧位置，将该指令的绑定值设置为一个数值，该数值即为被绑定元素到页面左侧的距离。示例代码如下：

```
<div id="example">
    <p v-set-position="50">越努力越幸运</p>
</div>
<script type="text/javascript">
Vue.directive('set-position', function (el, binding) {
    el.style.position = 'fixed';
    el.style.left = binding.value + 'px';
})
var vm = new Vue({
    el:'#example'
})
</script>
```

运行结果如图 8-6 所示。

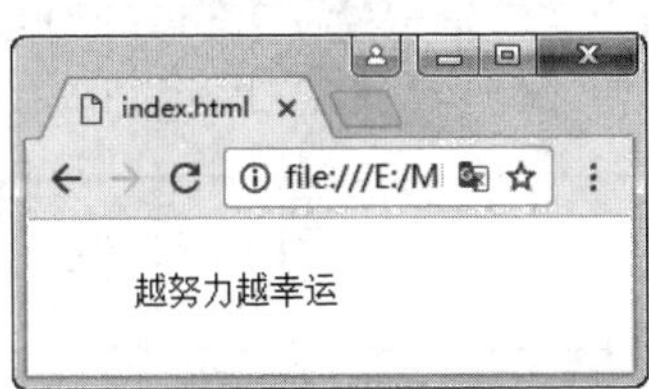

图 8-6　设置文本与页面左侧距离

8.3.2　绑定字符串常量

将自定义指令的绑定值设置为字符串常量需要使用单引号。例如，注册一个自定义指令，通过该指令设置文本的颜色，将该指令的绑定值设置为字符串'#0000FF'，该字符串即为被绑定元素设置的颜色。示例代码如下：

```
<div id="example">
    <p v-set-color="'#0000FF'">天才出于勤奋</p>
</div>
<script type="text/javascript">
Vue.directive('set-color', function (el, binding) {
    el.style.color = binding.value;//设置文字颜色
})
var vm = new Vue({
    el:'#example'
})
</script>
```

运行结果如图 8-7 所示。

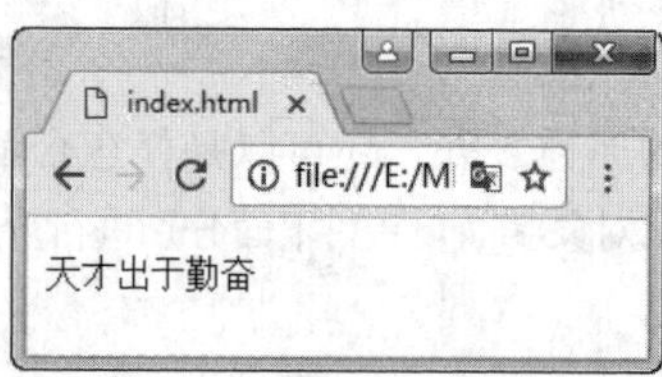

图 8-7　设置文本颜色

8.3.3　绑定对象字面量

如果指令需要多个值，可以传入一个 JavaScript 对象字面量。注意，此时对象字面量不需要使用单引号引起来。例如，注册一个自定义指令，通过该指令设置文本的大小和颜色，将该指令的绑定值设置为对象字面量。示例代码如下：

```
<div id="example">
    <p v-set-style="{size : 30, color : 'gray'}">千里之行始于足下</p>
</div>
<script type="text/javascript">
Vue.directive('set-style', function (el, binding) {
    el.style.fontSize = binding.value.size + 'px';//设置字体大小
    el.style.color = binding.value.color;//设置文字颜色
})
var vm = new Vue({
    el:'#example'
})
</script>
```

运行结果如图 8-8 所示。

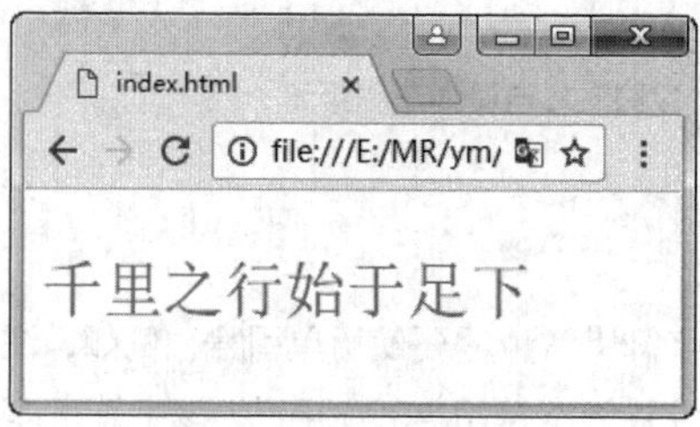

图 8-8　设置文本样式

小 结

本章主要介绍了 Vue.js 中自定义指令的注册和使用，包括注册全局自定义指令和局部自定义指令的方法，以及指令定义对象中的钩子函数。通过本章的学习，读者可以更深入地了解指令在 Vue.js 中起到的作用。

上机指导

视频位置：资源包\视频\第 8 章　自定义指令\上机指导.mp4

应用自定义指令实现页面中的元素可以被随意拖动的效果。运行程序，在页面左上角会显示一张广告图片，效果如图 8-9 所示。用鼠标按住广告图片可以将其拖动到页面中的任何位置，结果如图 8-10 所示。（实例位置：资源包\MR\上机指导\第 8 章\）

图 8-9　广告图片初始位置

图 8-10　广告图片拖动到其他位置

开发步骤如下。

（1）创建 HTML 文件，在文件中引入 Vue.js 文件，代码如下：

```
<script src="../JS/vue.js"></script>
```

（2）定义<div>元素，并设置其 id 属性值为 box，在该元素中定义一张图片，并在图片上应用自定义指令 v-move，代码如下：

```
<div id="box">
   <img src="banner.jpg" v-move>
</div>
```

（3）编写 CSS 代码，为图片设置定位属性，代码如下：

```
<style type="text/css">
img{
    position:absolute;
}
</style>
```

（4）创建 Vue 实例，在实例中定义挂载元素，并应用 directives 选项注册一个局部自定义指令，在指令函数中应用 onmousedown、onmousemove 和 onmouseup 事件实现元素在页面中随意拖动的效果。代码如下：

```
<script type="text/javascript">
var vm = new Vue({
    el:'#box',
   directives: {
      move: function (el) {
            //按下鼠标
            el.onmousedown = function(e) {
                var initX = el.offsetLeft;
                var initY = el.offsetTop;
                var offsetX = e.clientX - initX;
                var offsetY = e.clientY - initY;
                //移动鼠标
                document.onmousemove = function(e) {
                    var x = e.clientX - offsetX;
                    var y = e.clientY - offsetY;
                    var maxX = document.documentElement.clientWidth - el.offsetWidth;
                    var maxY = document.documentElement.clientHeight - el.offsetHeight;
                    if(x <= 0) x = 0;
                    if(y <= 0) y = 0;
                    if(x >= maxX) x = maxX;
                    if(y >= maxY) y = maxY;
                    el.style.left = x + "px";
                    el.style.top = y + "px";
                    return false;
                }
            }
            //松开鼠标
            document.onmouseup = function() {
            document.onmousemove = null;
            }
        }
    }
})
</script>
```

习题

8-1 注册自定义指令有几种方法，说出这几种方法的不同之处。

8-2 列举出 3 个指令定义对象中的钩子函数，并说明它们的作用。

8-3 列举自定义指令的绑定值的几种形式。

PART09

第9章

组件

本章要点

- 注册全局组件和局部组件
- 应用Prop实现数据传递
- 在组件中使用自定义事件
- 内容分发
- 在组件中使用混入对象
- 动态组件的使用

组件（Component）是 Vue.js 最强大的功能之一。通过开发组件可以封装可复用的代码，将封装好的代码注册成标签，实现扩展 HTML 元素的功能。几乎任意类型应用的界面都可以抽象为一个组件树，而组件树可以用独立可复用的组件来构建。本章主要介绍 Vue.js 中的组件化开发。

9.1 注册组件

在使用组件之前需要将组件注册到应用中。Vue.js 提供了两种注册方式，分别是全局注册和局部注册，下面分别进行介绍。

注册全局组件

9.1.1 注册全局组件

全局组件可在所有实例中使用。注册一个全局组件的语法格式如下：

```
Vue.component(tagName, options)
```

该方法中的两个参数说明如下。

- tagName：表示定义的组件名称。对于组件的命名，建议遵循 W3C 规范中的自定义组件命名方式，即字母全部小写并包含一个连字符“-”。
- options：该参数可以是应用 Vue.extend()方法创建的一个组件构造器，还可以是组件的选项对象。因为组件是可复用的 Vue 实例，所以它们与一个 Vue 实例一样接收相同的选项（el 选项除外），例如，data、computed、watch、methods，以及生命周期钩子等。

全局组件需要在创建的根实例之前注册，这样才能使组件在实例中调用。

在注册组件后，可以在创建的 Vue 根实例中以自定义元素的形式进行使用。使用组件的方式如下：

```
<tagName></tagName>
```

例如，注册一个简单的全局组件。示例代码如下：

```
<div id="example">
    <my-component></my-component>
</div>
<script type="text/javascript">
//创建组件构造器
var myComponent = Vue.extend({
    template : '<h2>注册全局组件</h2>'
});
//注册全局组件
Vue.component('my-component', myComponent)
//创建根实例
var vm = new Vue({
    el : '#example'
})
</script>
```

运行结果如图 9-1 所示。

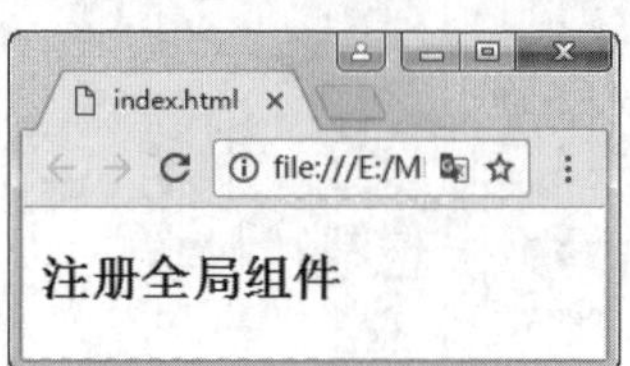

图 9-1 输出全局组件

上述代码使用了组件构造器的方式。另外，还可以在注册的时候直接传入选项对象而不是构造器。例如，将上述代码修改为直接传入选项对象的方式。代码如下：

```
<div id="example">
    <my-component></my-component>
</div>
<script type="text/javascript">
//注册全局组件
Vue.component('my-component', {
    template : '<h2>注册全局组件</h2>'
})
//创建根实例
var vm = new Vue({
    el : '#example'
})
</script>
```

为了使代码更简化，建议在注册组件的时候采用直接传入选项对象的方式。

组件的模板只能有一个根元素。如果模板内容有多个元素，可以将模板的内容包含在一个父元素内。示例代码如下：

```
<div id="example">
    <my-component></my-component>
</div>
<script type="text/javascript">
//注册全局组件
Vue.component('my-component', {
    template : '<div> \
        <h2>全局组件</h2> \
        <span>全局组件可在所有实例中使用</span> \
      </div>'
})
//创建根实例
var vm = new Vue({
    el : '#example'
})
</script>
```

运行结果如图 9-2 所示。

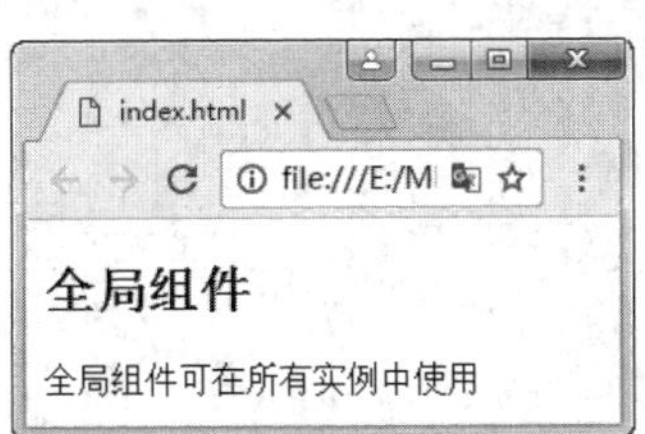

图 9-2　输出模板中多个元素

需要注意的是，组件选项对象中的 data 和 Vue 实例选项对象中的 data 的赋值是不同的。一个组件的 data

选项必须是一个函数，而不是一个对象。这样的好处是每个实例可以维护一份被返回对象的独立的复制。示例代码如下：

```
<div id="example">
    <button-count></button-count>
    <button-count></button-count>
    <button-count></button-count>
</div>
<script type="text/javascript">
//注册全局组件
Vue.component('button-count', {
    data : function(){
        return {
            count : 0
        }
    },
    template : '<button v-on:click="count++">单击了{{count}}次</button>'
})
//创建根实例
var vm = new Vue({
    el : '#example'
})
</script>
```

上述代码中定义了 3 个相同的按钮组件。当单击某个按钮时，每个组件都会各自独立维护其 count 属性，因此单击一个按钮时其他组件不会受到影响。运行结果如图 9-3 所示。

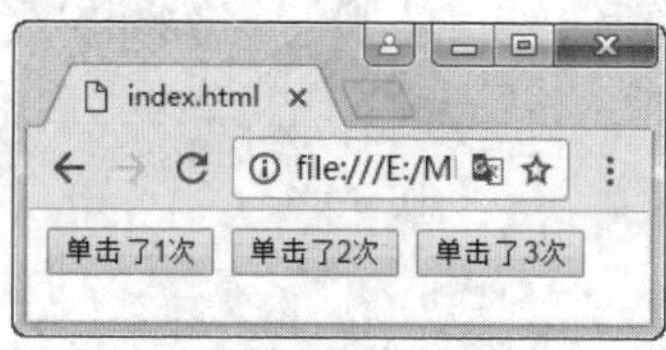

图 9-3　按钮单击次数

注册局部组件

9.1.2　注册局部组件

通过 Vue 实例中的 components 选项可以注册一个局部组件。对于 components 对象中的每个属性来说，其属性名就是定义组件的名称，其属性值就是这个组件的选项对象。局部组件只能在当前实例中使用。例如，注册一个简单的局部组件。示例代码如下：

```
<div id="example">
    <my-component></my-component>
</div>
<script type="text/javascript">
var Child = {
    template : '<h2>注册局部组件</h2>'
}
//创建根实例
var vm = new Vue({
    el : '#example',
    components : {
        'my-component' : Child     //注册局部组件
```

```
    }
})
</script>
```

运行结果如图 9-4 所示。

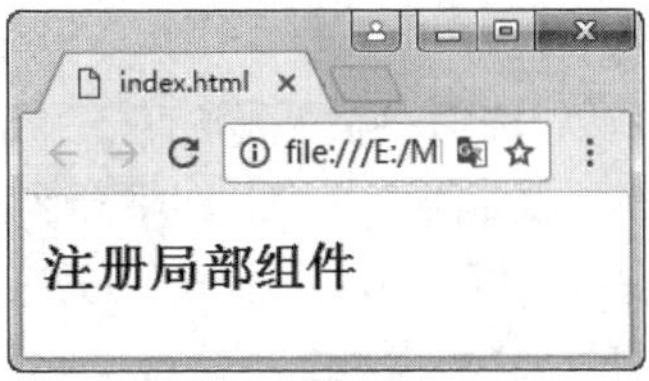

图 9-4　输出局部组件

局部注册的组件只能在其父组件中使用，而无法在其他组件中使用。例如，有两个局部组件 componentA 和 componentB，如果希望 componentA 在 componentB 中可用，则需要将 componentA 定义在 componentB 的 components 选项中。示例代码如下：

```
<div id="example">
    <parent-component></parent-component>
</div>
<script type="text/javascript">
var Child = {
    template : '<h2>这是子组件</h2>'
}
var Parent = {
    template : '<div> \
        <h2>这是父组件</h2> \
        <child-component></child-component> \
      </div>',
    components : {
        'child-component' : Child
    }
}
//创建根实例
var vm = new Vue({
    el : '#example',
    components : {
        'parent-component' : Parent
    }
})
</script>
```

运行结果如图 9-5 所示。

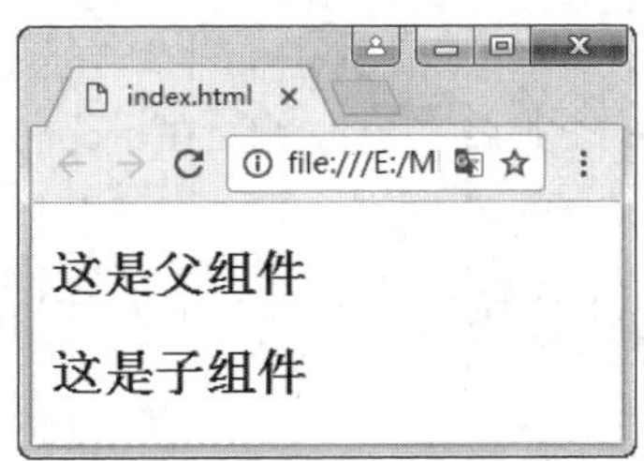

图 9-5　输出父组件和子组件

9.2 数据传递

什么是 Prop

9.2.1 什么是 Prop

因为组件实例的作用域是孤立的，所以子组件的模板无法直接引用父组件的数据。如果想要实现父子组件之间数据的传递就需要定义 Prop。Prop 是父组件用来传递数据的一个自定义属性，这样的属性需要定义在组件选项对象的 props 选项中。通过 props 选项中定义的属性可以将父组件的数据传递给子组件，而子组件需要显式地用 props 选项来声明 Prop。示例代码如下：

```
<div id="example">
    <my-component message="理想是人生的太阳"></my-component>
</div>
<script type="text/javascript">
//注册全局组件
Vue.component('my-component', {
    props : ['message'],//传递Prop
    template : '<p>{{message}}</p>'
})
//创建根实例
var vm = new Vue({
    el : '#example'
})
</script>
```

运行结果如图 9-6 所示。

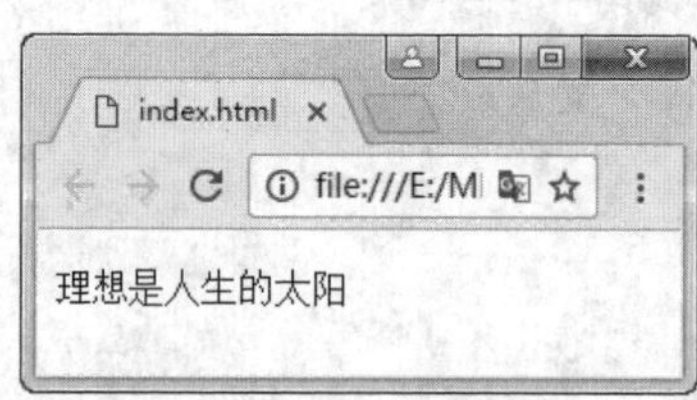

图 9-6　输出传递的数据

一个组件默认可以拥有任意数量的 Prop，任何值都可以传递给任何 Prop。

Prop 的大小写

9.2.2 Prop 的大小写

由于 HTML 中的属性是不区分大小写的，因此浏览器会把所有大写字符解释为小写字符。如果在调用组件时使用了小驼峰式命名的属性，那么在 props 中的命名需要全部小写，示例代码如下：

```
<div id="example">
    <my-component myTitle="诗与远方"></my-component>
</div>
<script type="text/javascript">
//注册全局组件
```

```
Vue.component('my-component', {
    props : ['mytitle'],//名称小写
    template : '<p>{{mytitle}}</p>'
})
//创建根实例
var vm = new Vue({
    el : '#example'
})
</script>
```

如果在 props 中的命名采用的是小驼峰的方式，那么在调用组件的标签中需要使用其等价的短横线分隔的命名方式来命名属性。示例代码如下：

```
<div id="example">
    <my-component my-title="诗与远方"></my-component>
</div>
<script type="text/javascript">
//注册全局组件
Vue.component('my-component', {
    props : ['myTitle'],
    template : '<p>{{myTitle}}</p>'
})
//创建根实例
var vm = new Vue({
    el : '#example'
})
</script>
```

9.2.3 传递动态 Prop

传递动态 Prop

除了上述示例中传递静态数据的方式外，也可以通过 v-bind 的方式将父组件中的 data 数据传递给子组件。每当父组件的数据发生变化时，子组件也会随之变化。示例代码如下：

```
<div id="example">
    <my-component v-bind:boxoffice="boxoffice"></my-component>
</div>
<script type="text/javascript">
//注册全局组件
Vue.component('my-component', {
    props : ['boxoffice'], //传递Prop
    template : '<p>该电影票房已经达到了{{boxoffice}}亿元</p>'
})
//创建根实例
var vm = new Vue({
    el : '#example',
    data : {
        boxoffice : 20
    }
})
</script>
```

运行结果如图 9-7 所示。

上述代码中，当更改根实例中 boxoffice 的值时，组件中的值也会随之更改。另外，在调用组件时也可以简写成<my-component :boxoffice="boxoffice"></my-component>。

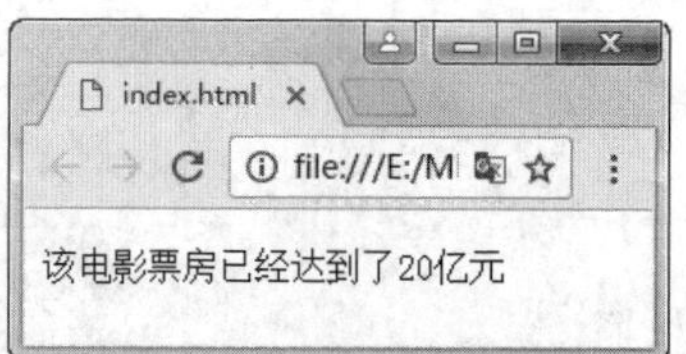

图 9-7　输出传递的动态 Prop

【例 9-1】 应用动态 Prop 传递数据，输出影片的图片、名称和描述等信息，代码如下：（实例位置：资源包\MR\源码\第 9 章\9-1）

```
<div id="example">
    <my-movie :img="imgUrl" :name="name" :description="description"></my-movie>
</div>
<script type="text/javascript">
//注册全局组件
Vue.component('my-movie', {
    props : ['img','name','description'],//传递动态Prop
    template : '<div> \
        <img :src="img"> \
        <div class="movie_name">{{name}}</div> \
        <div class="movie_des">{{description}}</div> \
      </div>'
})
//创建根实例
var vm = new Vue({
    el:'#example',
    data: {
      imgUrl: '3.jpg',
        name: '我是传奇',
        description: '末世科幻动作电影'
    }
})
</script>
```

运行结果如图 9-8 所示。

图 9-8　输出影片信息

使用 Prop 传递的数据除了可以是数值和字符串类型之外，还可以是数组或对象类型。传递数组类型数据的示例代码如下：

```
<div id="example">
    <my-item :list="type"></my-item>
</div>
<script type="text/javascript">
//注册全局组件
Vue.component('my-item', {
    props : ['list'],//传递数组类型Prop
    template : '<ol> \
        <li v-for="item in list">{{item}}</li> \
      </ol>'
})
//创建根实例
var vm = new Vue({
    el:'#example',
    data: {
      type : ['HTML','CSS','JavaScript']
    }
})
</script>
```

运行结果如图 9-9 所示。

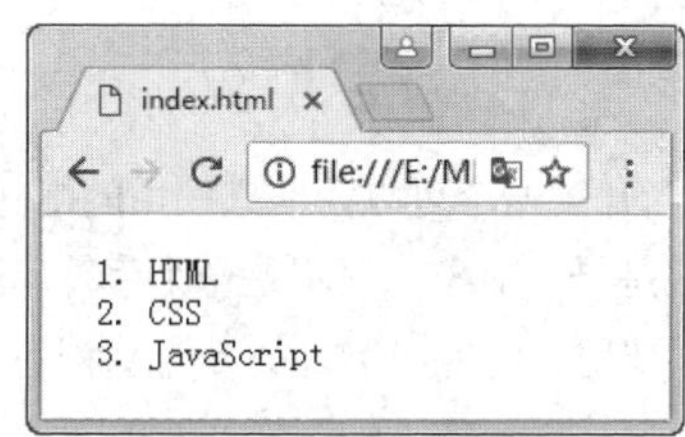

图 9-9　输出组件

如果 Prop 传递的是一个对象或数组，那么它是按引用传递的。在子组件内修改这个对象或数组本身将会影响父组件的状态。

在传递对象类型的数据时，如果想要将一个对象的所有属性都作为 Prop 传入，可以使用不带参数的 v-bind。示例代码如下：

```
<div id="example">
    <my-shop v-bind="shop"></my-shop>
</div>
<script type="text/javascript">
//注册全局组件
Vue.component('my-shop', {
    props : ['name','price','number'],
    template : '<div> \
        <div>名称：{{name}}</div> \
        <div>价格：{{price}}</div> \
        <div>数量：{{number}}</div> \
      </div>'
})
//创建根实例
```

```
var vm = new Vue({
    el:'#example',
    data: {
      shop : {
            name : '华为P20',
            price : 3000,
            number : 10
        }
    }
})
</script>
```

运行结果如图 9-10 所示。

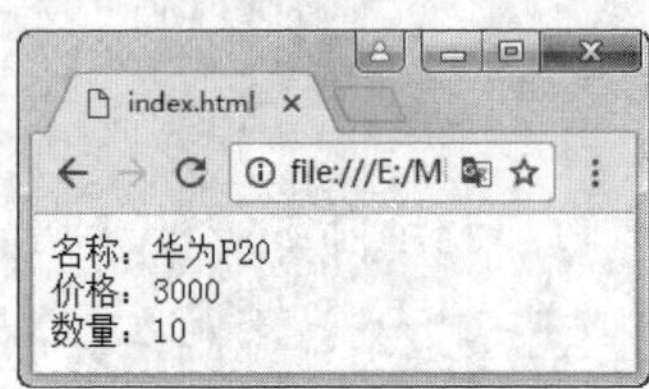

图 9-10　输出商品信息

9.2.4　Prop 验证

组件可以为 Prop 指定验证要求。当开发一个可以为他人使用的组件时，可以让使用者更加准确地使用组件。使用验证的时候，Prop 接收的参数是一个对象，而不是一个字符串数组。例如：props : {a : Number}，表示验证参数 a 为 Number 类型，如果调用该组件时传入的 a 为字符串，则会抛出异常。Vue.js 提供的 Prop 验证方式有多种，下面分别进行介绍。

- 基础类型检测

允许参数为指定的一种类型。示例代码如下：

```
props : {
   propA : String
}
```

上述代码表示参数 propA 允许的类型为字符串类型。可以接收的参数类型为：String、Number、Boolean、Array、Object、Date、Function、Symbol。也可以接收 null 和 undefined，表示任意类型均可。

- 多种类型

允许参数为多种类型之一。示例代码如下：

```
props : {
   propB : [String, Number]
}
```

上述代码表示参数 propB 可以是字符串类型或数值类型。

- 参数必须

参数必须有值且为指定的类型。示例代码如下：

```
props : {
    propC : {
        type : String,
        required : true
    }
}
```

上述代码表示参数 propC 必须有值且为字符串类型。

- 参数默认

参数具有默认值。示例代码如下：

```
props : {
    propD : {
        type : Number,
        default : 100
    }
}
```

上述代码表示参数 propD 为数值类型，默认值为 100。需要注意的是，如果参数类型为数组或对象，则其默认值需要通过函数返回值的形式赋值。示例代码如下：

```
props : {
    propD : {
        type : Object,
        default : function(){
            return {
                message : 'hello'
            }
        }
    }
}
```

- 自定义验证函数

根据验证函数验证参数的值是否符合要求。示例代码如下：

```
props : {
    propE : {
        validator : function(value){
            return value > 0;
        }
    }
}
```

上述代码表示参数 propE 的值必须大于 0。

在开发环境中，如果 Prop 验证失败，Vue 将会产生一个控制台的警告。对组件中传递的数据进行 Prop 验证的示例代码如下：

```
<div id="example">
    <my-component
      :num="100"
      :message="'我是歌手'"
      :custom="50"
   ></my-component>
</div>
<script type="text/javascript">
Vue.component('my-component', {
   props: {
      // 检测是否为字符串类型
      num: String,
      // 检测是否有值并且为字符串类型
      message: {
        type: String,
        required: true
```

```
        },
        // 检测是否为数值类型且默认值为1000
        dnum: {
           type: Number,
           default: 1000
        },
        // 检测是否为对象类型且有默认值
        object: {
           type: Object,
           default: function () {
              return { message: 'hello' }
           }
        },
        // 检测参数值是否大于10
        custom: {
           validator: function (value) {
              return value > 10
           }
        }
     },
     template: '<div> \
                  <p>num：{{ num }}</p> \
                  <p>message：{{ message }}</p> \
                  <p>dnum：{{ dnum }}</p> \
                  <p>object：{{ object }}</p> \
                  <p>custom：{{ custom }}</p> \
               </div>'
  })
  var vm = new Vue({
     el: "#example"
  });
  </script>
```

上述代码中，由于组件中传递的 num 值不是一个字符串，因此在运行结果中会产生一个控制台的警告，如图 9-11 所示。

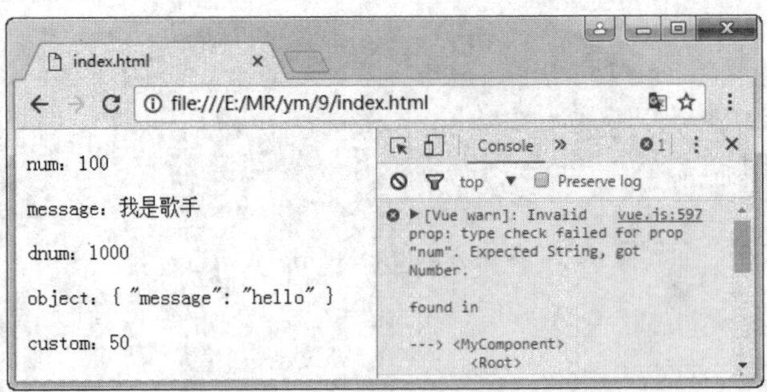

图 9-11　对传递的数据进行验证

9.3　自定义事件

父组件通过使用 Prop 为子组件传递数据，但如果子组件要把数据传递回去，就需要使用自定义事件来实现。下面介绍关于组件的事件处理。

9.3.1 自定义事件的监听和触发

自定义事件的监听和触发

父级组件可以像处理原生 DOM 事件一样通过 v-on 监听子组件实例的自定义事件，而子组件可以通过调用内建的$emit()方法并传入事件名称来触发自定义事件。

$emit()方法的语法格式如下：

```
vm.$emit( eventName, […args] )
```

参数说明如下。

- eventName：传入事件的名称。
- […args]：触发事件传递的参数。该参数是可选的。

下面通过一个实例来说明自定义事件的监听和触发。

【例 9-2】 在页面中定义一个按钮和一行文本，通过单击按钮实现放大文本的功能，代码如下：（实例位置：资源包\MR\源码\第 9 章\9-2）

```
<div id="example">
    <div v-bind:style="{fontSize: fontSize + 'px'}">
        <my-font v-bind:text="text" v-on:enlarge="fontSize += 2"></my-font>
    </div>
</div>
<script type="text/javascript">
//注册全局组件
Vue.component('my-font', {
    props : ['text'],
    template : '<div> \
        <button v-on:click="action">放大文本</button> \
        <p>{{text}}</p> \
      </div>',
    methods : {
        action : function(){
            this.$emit('enlarge');//触发自定义enlarge事件
        }
    }
})
//创建根实例
var vm = new Vue({
    el:'#example',
    data: {
      text : '千里之行始于足下',
        fontSize : 16
    }
})
</script>
```

运行结果如图 9-12 所示。

有些时候需要在自定义事件中传递一个特定的值，这时可以使用$emit()方法的第 2 个参数来实现。然后当在父组件监听这个事件的时候，可以通过$event 访问到传递的这个值。

例如，将例 9-2 中的代码进行修改，实现每次单击“放大文本”按钮时，将文本大小增加 5px，修改后的代码如下：

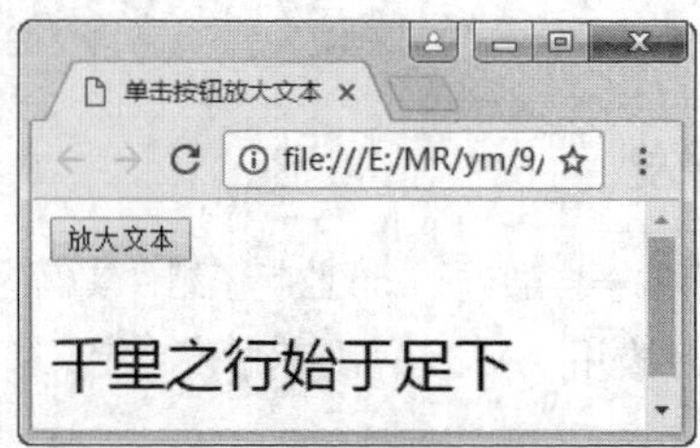

图 9-12　单击按钮放大文本

```
<div id="example">
    <div v-bind:style="{fontSize: fontSize + 'px'}">
        <my-font v-bind:text="text" v-on:enlarge="fontSize += $event"></my-font>
    </div>
</div>
<script type="text/javascript">
//注册全局组件
Vue.component('my-font', {
    props : ['text'],
    template : '<div> \
        <button v-on:click="action(5)">放大文本</button> \
        <p>{{text}}</p> \
      </div>',
    methods : {
        action : function(value){
            this.$emit('enlarge',value);//触发自定义事件并传递参数
        }
    }
})
//创建根实例
var vm = new Vue({
    el:'#example',
    data: {
      text : '千里之行始于足下',
        fontSize : 16
   }
})
</script>
```

在父组件监听自定义事件的时候，如果事件处理程序是一个方法，那么通过$emit()方法传递的参数将会作为第 1 个参数传入这个方法。下面通过一个实例来说明。

【例 9-3】 在页面中制作一个简单的导航菜单效果，代码如下：（实例位置：资源包\MR\源码\第 9 章\9-3）

```
<div id="example">
    <my-menu @select-item="onSelectItem" :flag="flag"></my-menu>
</div>
<script type="text/javascript">
//注册全局组件
Vue.component('my-menu', {
    props : ['flag'],
    template : '<div class="nav"> \
        <span @click="select(1)" :class="{active: flag===1}">音乐</span> \
```

```
        <span @click="select(2)" :class="{active: flag===2}">体育</span> \
        <span @click="select(3)" :class="{active: flag===3}">影视</span> \
        <span @click="select(4)" :class="{active: flag===4}">图片</span> \
      </div>',
    methods: {
    select (value) {
            this.$emit('select-item', value) //触发自定义事件并传递参数
        }
    }
})
//创建根实例
var vm = new Vue({
    el:'#example',
    data: {
      flag : 1
    },
    methods: {
        onSelectItem : function(value){
        this.flag = value
        }
    }
})
</script>
```

运行结果如图 9-13、图 9-14 所示。

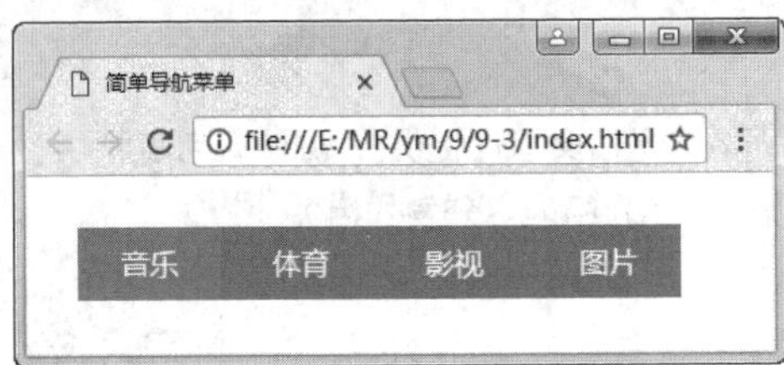

图 9-13　页面初始效果

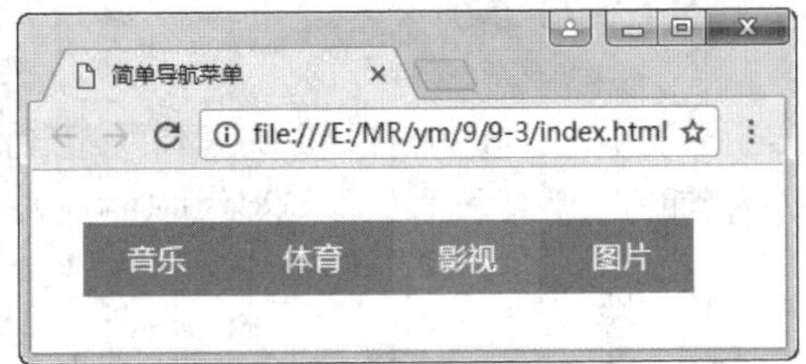

图 9-14　单击其他菜单效果

9.3.2　将原生事件绑定到组件

将原生事件绑定到组件

如果想在某个组件的根元素上监听一个原生事件，可以使用 v-on 的.native 修饰符。例如，在组件的根元素上监听 click 事件，当单击组件时弹出“欢迎访问本网站!”的对话框，代码如下：

```
<div id="example">
    <my-component v-on:click.native="openDialog"></my-component>
</div>
<script type="text/javascript">
//注册全局组件
Vue.component('my-component', {
    template : '<div> \
        <button>单击按钮弹出对话框</button> \
      </div>'
})
//创建根实例
var vm = new Vue({
```

```
    el:'#example',
    methods : {
        openDialog : function(){
            alert("欢迎访问本网站！");
        }
    }
})
</script>
```

运行结果如图 9-15 所示。

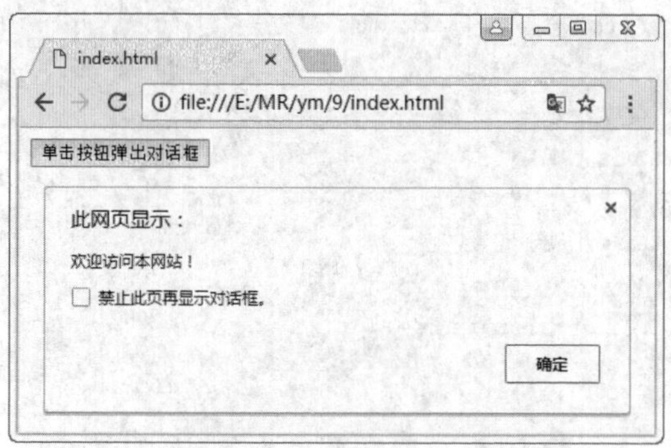

图 9-15　单击按钮弹出对话框

9.4　内容分发

在实际开发中，子组件往往只提供基本的交互功能，而内容是由父组件提供。为此 Vue.js 提供了一种混合父组件内容和子组件模板的方式，这种方式称为内容分发。下面介绍内容分发的相关知识。

9.4.1　基础用法

基础用法

Vue.js 参照当前 Web Components 规范草案实现了一套内容分发的 API，使用<slot>元素作为原始内容的插槽。下面通过一个示例说明内容分发的基础用法。

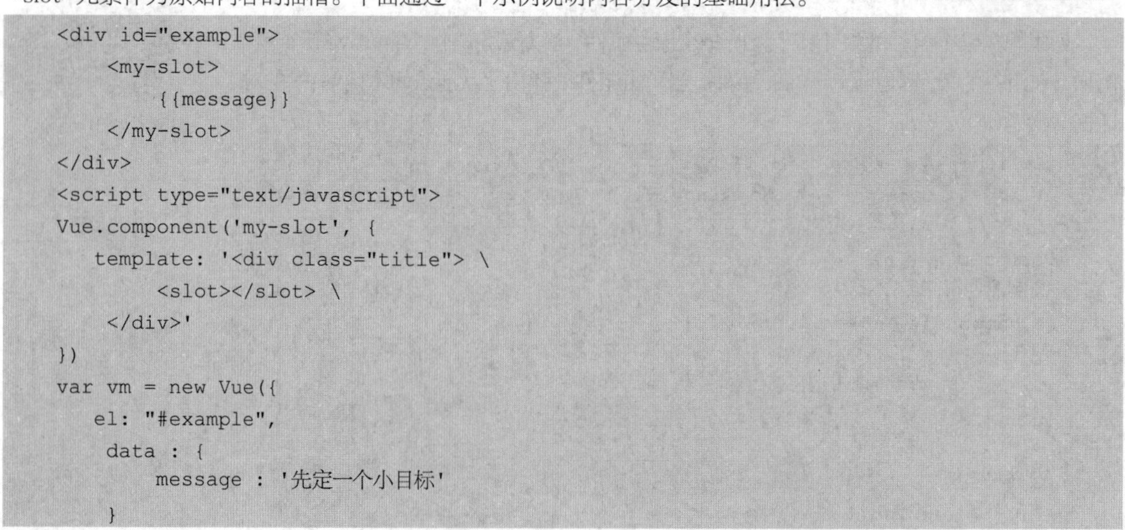

```
<div id="example">
    <my-slot>
        {{message}}
    </my-slot>
</div>
<script type="text/javascript">
Vue.component('my-slot', {
   template: '<div class="title"> \
        <slot></slot> \
    </div>'
})
var vm = new Vue({
   el: "#example",
    data : {
        message : '先定一个小目标'
    }
```

```
});
</script>
```

运行结果如图 9-16 所示。

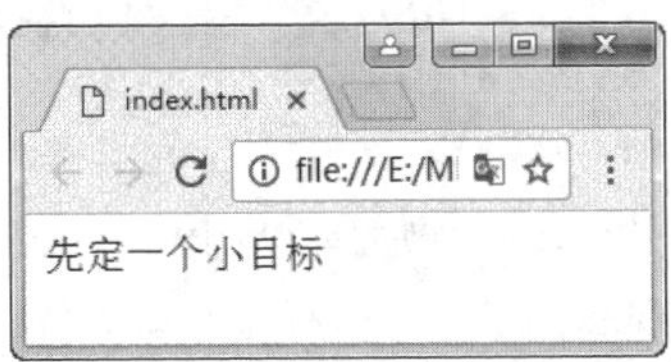

图 9-16　输出父组件中的数据

上述代码的渲染结果为：

```
<div class="title">
    先定一个小目标
</div>
```

由渲染结果可以看出，父组件中的内容{{message}}会代替子组件中的<slot>标签，这样就可以在不同地方使用子组件的结构而且填充不同的父组件内容，从而提高组件的复用性。

如果组件中没有包含一个<slot>元素，则该组件起始标签和结束标签之间的任何内容都会被抛弃。

9.4.2　编译作用域

编译作用域

在上述示例代码中，在父组件中调用<my-slot>组件，并绑定了父组件中的数据message。也就是说在<my-slot>{{data}}</my-slot>这样的模板情况下，父组件模板里的所有内容都是在父组件作用域中编译的；子组件模板里的所有内容都是在子组件作用域中编译的。例如，下面这个父组件模板的例子是不会输出任何结果的。

```
<div id="example">
    <my-slot>
        {{message}}
    </my-slot>
</div>
<script type="text/javascript">
Vue.component('my-slot', {
    template: '<div class="title"> \
        <slot></slot> \
    </div>',
    data: function(){
        return {
            message : '先定一个小目标'      //子组件中定义的数据
        }
    }
})
var vm = new Vue({
    el: "#example"
});
</script>
```

上述代码的渲染结果为：

```
<div class="title">

</div>
```

9.4.3 后备内容

后备内容

有些时候需要为一个插槽设置具体的后备（也就是默认的）内容，该内容只会在没有提供内容的时候被渲染。示例代码如下：

```
<div id="example">
    <my-button></my-button>
</div>
<script type="text/javascript">
Vue.component('my-button', {
   template: '<button> \
        <slot>提交</slot> \
     </button>'
})
var vm = new Vue({
   el: "#example"
});
</script>
```

上述代码中，在父组件中使用组件<my-button>并且不提供任何插槽内容时，后备内容“提交”将会被渲染，运行结果如图 9-17 所示。

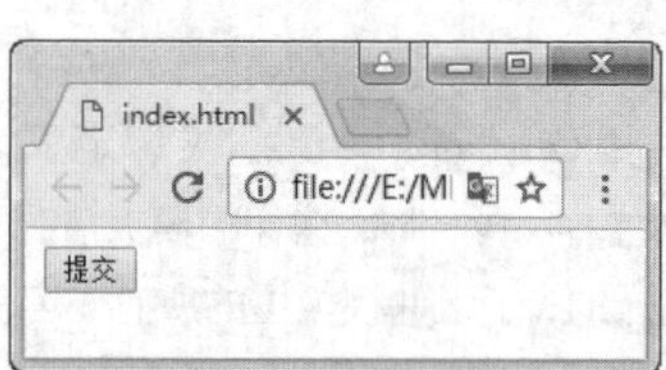

图 9-17　输出后备内容

如果提供了内容，则该提供的内容将会替代后备内容从而被渲染。示例代码如下：

```
<div id="example">
    <my-button>{{value}}</my-button>
</div>
<script type="text/javascript">
Vue.component('my-button', {
   template: '<button> \
        <slot>提交</slot> \
     </button>'
})
var vm = new Vue({
   el: "#example",
    data: {
        value : '注册'
    }
});
</script>
```

上述代码中，在父组件中使用组件<my-button>并且提供了内容“注册”，因此在渲染结果中该内容会替代后备内容“提交”，运行结果如图 9-18 所示。

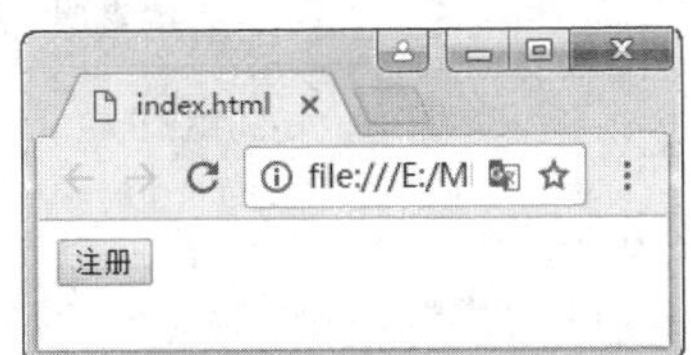

图 9-18　提供的内容替代后备内容

9.4.4　具名插槽

有些时候需要在组件模板中使用多个插槽，这种情况需要用到<slot>元素的 name 属性。通过这个属性定义的插槽称为具名插槽。在向具名插槽提供内容的时候，可以在一个<template>元素上使用 v-slot 指令，并将插槽的名称作为 v-slot 指令的参数。这样，<template>元素中的所有内容都将会被传入相应的插槽。示例代码如下：

```
<div id="example">
    <my-slot>
        <!--v-slot指令的参数需要与子组件中slot元素的name值匹配-->
        <template v-slot:title>
            <p>{{title}}</p>
        </template>
        <template v-slot:content>
            <div>{{content}}</div>
        </template>
    </my-slot>
</div>
<script type="text/javascript">
Vue.component('my-slot', {
   template: '<div> \
      <div class="title"> \
            <slot name="title"></slot> \     //名称为title的插槽
        </div> \
      <div class="content"> \
            <slot name="content"></slot> \  //名称为content的插槽
        </div> \
     </div>'
})
var vm = new Vue({
   el: "#example",
    data : {
        title : '什么是Vue.js',
        content : '一套用于构建用户界面的渐进式框架'
    }
});
</script>
```

运行结果如图 9-19 所示。

一个未设置 name 属性的插槽称为默认插槽，它有一个隐含的 name 属性值 default。如果有些内容没有被包含在带有 v-slot 的<template>中，则这部分内容都会被视为默认插槽的内容。下面通过一个实例来说明默认插槽的用法。

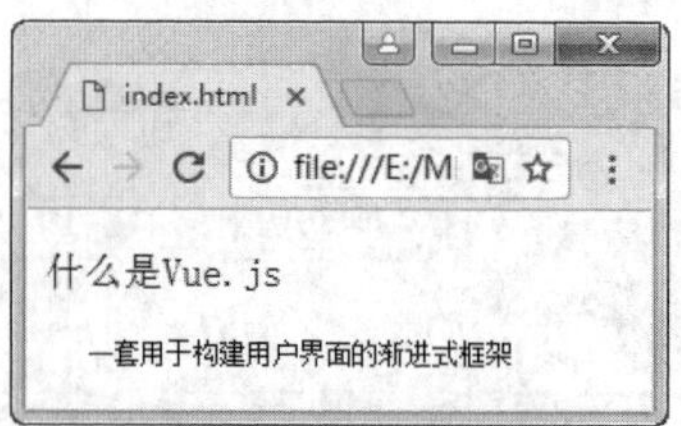

图 9-19　输出组件内容

【例 9-4】 在页面中输出简单商品信息，包括商品图片、商品名称和商品价格，并将商品图片作为默认插槽的内容，代码如下：（实例位置：资源包\MR\源码\第 9 章\9-4）

```
<div id="example">
    <my-slot>
        <img :src="pic"><!--这行代码会被视为默认插槽的内容-->
        <template v-slot:name>
            {{name}}
        </template>
        <template v-slot:price>
            {{price}}
        </template>
    </my-slot>
</div>
<script type="text/javascript">
//注册全局组件
Vue.component('my-slot', {
   template: '<div> \
      <div class="pic"> \
            <slot></slot> \     //默认插槽
        </div> \
        <div class="name"> \
            <slot name="name"></slot> \     //名称为name的插槽
        </div> \
      <div class="price"> \
            <slot name="price"></slot> \     //名称为price的插槽
        </div> \
    </div>'
})
//创建根实例
var vm = new Vue({
   el: "#example",
    data : {
        pic : 'R9s.jpg',
        name : 'OPPO R9s',
        price : '¥5888.00'
    }
});
</script>
```

运行结果如图 9-20 所示。

为了使代码看起来更明确，可以在一个<template>元素中包含默认插槽的内容。例如，将例 9-4 中默认插槽的内容包含在一个<template>元素中的代码如下：

图 9-20　输出简单商品信息

```
<template v-slot:default>
    <img :src="pic">
</template>
```

9.4.5　作用域插槽

作用域插槽

有些时候需要让插槽内容能够访问子组件中才有的数据。为了让子组件中的数据在父级的插槽内容中可用，可以将子组件中的数据作为一个<slot>元素的属性并对其进行绑定。绑定在<slot>元素上的属性被称为插槽 Prop。然后在父级作用域中，可以为 v-slot 设置一个包含所有插槽 Prop 的对象的名称。示例代码如下：

```
<div id="example">
    <my-shop>
        <template v-slot:default="slotProps">
            商品名称：{{slotProps.shop}}
        </template>
    </my-shop>
</div>
<script type="text/javascript">
//注册全局组件
Vue.component('my-shop', {
   template: '<span> \
        <slot v-bind:shop="shop"></slot> \     //定义插槽Prop
    </span>',
    data : function(){
        return {
            shop : 'OPPO R15'
        }
    }
})
//创建根实例
var vm = new Vue({
   el: "#example"
});
</script>
```

运行结果如图 9-21 所示。

上述代码中，将子组件中的数据 shop 作为<slot>元素绑定的属性，然后在父级作用域中，为 v-slot 设置的包含所有插槽 Prop 的对象名称为 slotProps，再通过{{slotProps.shop}}即可访问子组件中的数据 shop。

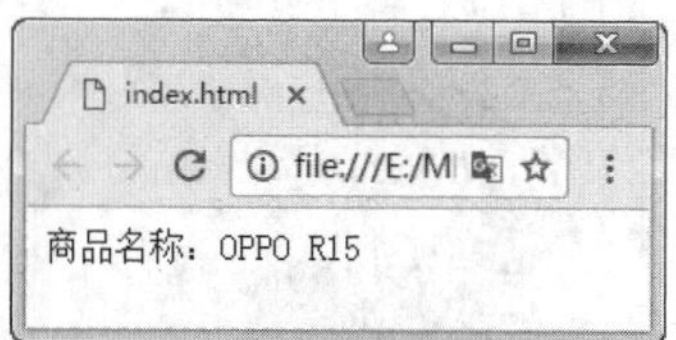

图 9-21　输出组件内容

当被提供的内容只有默认插槽时，组件的标签可以被当作插槽的模板来使用。这样就可以把 v-slot 直接用在组件上。例如，上述示例中使用组件的代码可以简写为：

```
<my-shop v-slot:default="slotProps">
    商品名称：{{slotProps.shop}}
</my-shop>
```

【例 9-5】 在页面中输出一个人物信息列表，包括人物编号、姓名、年龄、职业和地址，代码如下：（实例位置：资源包\MR\源码\第 9 章\9-5）

```
<div id="example">
    <my-list :items="users" odd-bgcolor="#D3DDE6" even-bgcolor="#E5E6F6">
        <template v-slot:default="slotProps">
            <span>{{users[slotProps.index].id}}</span>
         <span>{{users[slotProps.index].name}}</span>
         <span>{{users[slotProps.index].age}}</span>
         <span>{{users[slotProps.index].profession}}</span>
         <span>{{users[slotProps.index].address}}</span>
        </template>
    </my-list>
</div>
<script type="text/javascript">
//注册全局组件
Vue.component('my-list', {
   template: `<div class="box">
        <div>
            <span>编号</span>
         <span>姓名</span>
         <span>年龄</span>
            <span>职业</span>
         <span>地址</span>
        </div>
      <div v-for="(item, index) in items" :style="index % 2 === 0 ? 'background:'+
oddBgcolor : 'background:'+evenBgcolor">
        <slot :index="index"></slot>     //定义插槽Prop
      </div>
     </div>`,
     props: {
       items: Array,
       oddBgcolor: String,
       evenBgcolor: String
   }
})
//创建根实例
var vm = new Vue({
```

```
    el: "#example",
     data : {
         users: [//人物信息数组
           {id: 1, name: '张三', age: 20, profession: '演员', address: '北京市'},
           {id: 2, name: '李四', age: 22, profession: '歌手', address: '广州市'},
           {id: 3, name: '王五', age: 23, profession: '画家', address: '沈阳市'},
           {id: 4, name: '赵六', age: 26, profession: '教师', address: '上海市'},
           {id: 5, name: '陈七', age: 25, profession: '导游', address: '长春市'}
         ]
     }
});
</script>
```

运行结果如图 9-22 所示。

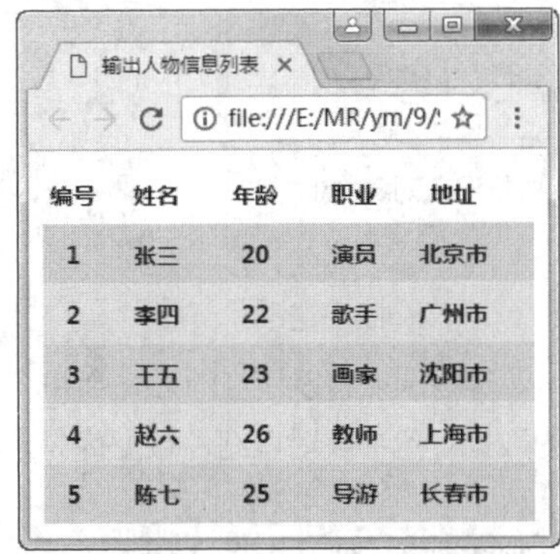

图 9-22　输出人物信息列表

9.5　混入

基础用法

9.5.1　基础用法

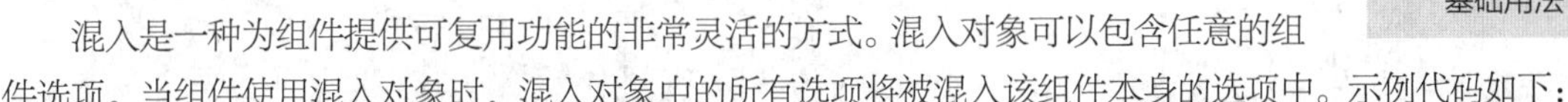

混入是一种为组件提供可复用功能的非常灵活的方式。混入对象可以包含任意的组件选项。当组件使用混入对象时，混入对象中的所有选项将被混入该组件本身的选项中。示例代码如下：

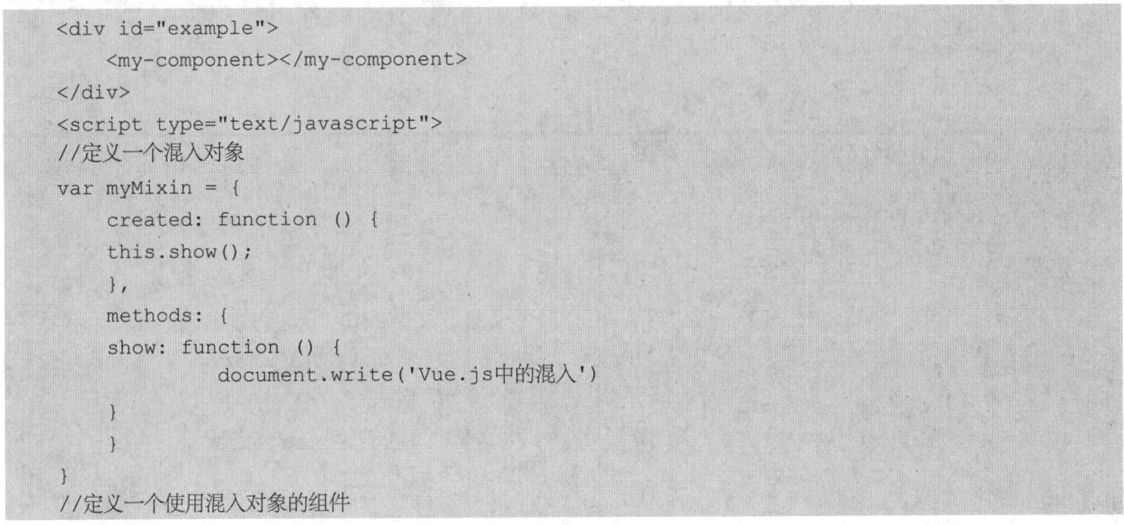

```
<div id="example">
    <my-component></my-component>
</div>
<script type="text/javascript">
//定义一个混入对象
var myMixin = {
    created: function () {
    this.show();
    },
    methods: {
    show: function () {
            document.write('Vue.js中的混入')
    }
    }
}
//定义一个使用混入对象的组件
```

```
Vue.component('my-component',{
    mixins: [myMixin],
    template: '<h3>Hello Vue.js</h3>'
});
var vm = new Vue({
    el : '#example'
});
</script>
```

运行结果如图 9-23 所示。

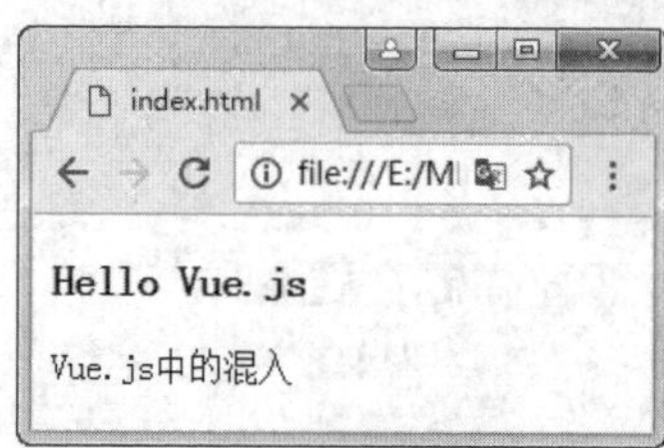

图 9-23　执行混入对象中的方法

9.5.2　选项合并

选项合并

当组件和混入对象包含同名选项时，这些选项将以适当的方式合并。例如，数据对象在内部会进行递归合并，在和组件的数据发生冲突时以组件数据优先。示例代码如下：

```
<div id="example">
    <my-component></my-component>
</div>
<script type="text/javascript">
//定义一个混入对象
var myMixin = {
    data : function(){
        return {
            type : '图书',
            number : 10
        }
    }
}
//定义一个使用混入对象的组件
Vue.component('my-component',{
    mixins : [myMixin],
    data : function(){
        return {
            type : '手机',
            price : 20
        }
    },
    template : '<div> \
        <div>类型：{{type}}</div> \
        <div>数量：{{number}}</div> \
        <div>价格：{{price}}元</div> \
      </div>'
});
```

```
//创建根实例
var vm = new Vue({
    el : '#example'
});
</script>
```

运行结果如图 9-24 所示。

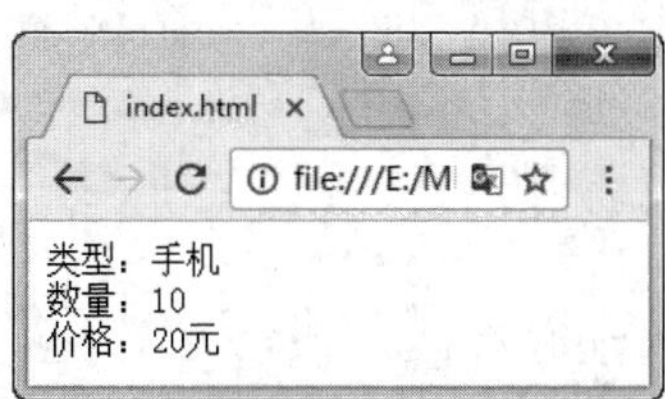

图 9-24　合并数据对象

同名钩子函数将混合为一个数组，因此都会被调用。另外，混入对象的钩子将在组件自身的钩子之前调用。示例代码如下：

```
<div id="example">
    <my-component></my-component>
</div>
<script type="text/javascript">
//定义一个混入对象
var myMixin = {
    created: function () {
    this.show();
    },
    methods: {
    show: function () {
             document.write('混入调用<br>');
    }
    }
}
//定义一个使用混入对象的组件
Vue.component('my-component',{
    mixins: [myMixin],
    created: function () {
    document.write('组件调用');
    }
});
var vm = new Vue({
    el : '#example'
});
</script>
```

运行结果如图 9-25 所示。

图 9-25　同名钩子函数都被调用

值为对象的选项，例如，methods、components 和 directives，将被合并为同一个对象。如果两个对象的键名冲突，则取组件对象的键值对。示例代码如下：

```
<div id="example">
    <my-component></my-component>
</div>
<script type="text/javascript">
//定义一个混入对象
var myMixin = {
    methods: {
        showName: function () {
             document.write('人物名称：虚竹<br>');
    },
    showSchool: function () {
             document.write('所属门派：少林派<br>');
    }
    }
}
//定义一个使用混入对象的组件
Vue.component('my-component',{
    mixins: [myMixin],
    methods: {
        showWugong: function () {
            document.write('武功绝学：小无相功、天山折梅手、天山六阳掌<br>');
    },
    showSchool: function () {
            document.write('所属门派：逍遥派<br>');
    }
    },
    created: function () {
    this.showName();//输出人物名称
        this.showSchool();//输出人物所属门派
        this.showWugong();//输出人物武功绝学
    }
});
//创建根实例
var vm = new Vue({
    el : '#example'
});
</script>
```

运行结果如图 9-26 所示。

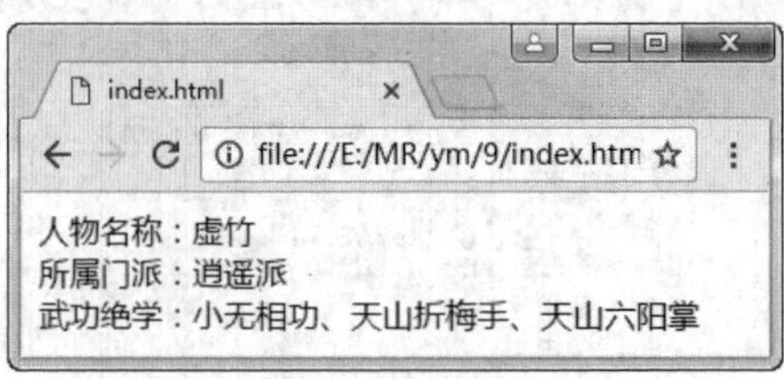

图 9-26　将方法进行合并

9.5.3 全局混入

全局混入

混入对象也可以全局注册，但需要小心使用。一旦使用全局混入对象，它就会影响到所有之后创建的 Vue 实例。如果使用恰当，就可以为自定义选项注入处理逻辑。全局注册一个混入对象使用的是 Vue.mixin()方法。示例代码如下：

```
<div id="example">
    <my-component></my-component>
</div>
<script type="text/javascript">
//注册一个全局混入对象
Vue.mixin({
    created : function(){
        var myOption = this.$options.myOption;
        if(myOption){
            document.write(myOption);
        }
    }
});
//在组件中自定义一个选项
Vue.component('my-component',{
    myOption: '自定义选项'
});
//创建根实例
var vm = new Vue({
    el : '#example'
});
</script>
```

运行结果如图 9-27 所示。

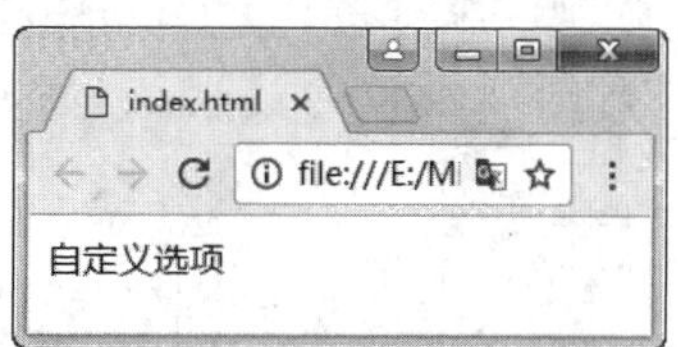

图 9-27 输出自定义选项

使用全局混入对象一定要谨慎，因为它会影响到每个创建的 Vue 实例。在大多数情况下，全局混入只应用于自定义选项。

9.6 动态组件

9.6.1 基础用法

基础用法

Vue.js 提供了对动态组件的支持。在使用动态组件时，多个组件使用同一挂载点，根据条件在不同组件之间进行动态切换。通过使用 Vue.js 中的<component>元素，动态绑定到它的 is 属性，根据 is 属性的值来判断使用哪个组件。

动态组件经常应用在路由控制或选项卡切换中。下面通过一个切换页面的实例说明动态组件的基础用法。

【例 9-6】 应用动态组件实现文字选项卡的切换，代码如下：（实例位置：资源包\MR\源码\第 9 章\9-6）

```
<div id="example">
    <div class="box">
        <ul class="mainmenu" :class="current">
            <li class="music" v-on:click="current='music'">音乐</li>
            <li class="videos" v-on:click="current='videos'">视频</li>
            <li class="news" v-on:click="current='news'">新闻</li>
        </ul>
        <component :is="current"></component>
    </div>
</div>
<script type="text/javascript">
//创建根实例
var vm = new Vue({
    el : '#example',
    data : {
        current : 'music'
    },
    //注册局部组件
    components : {
        music : {
            template : '<div>音乐内容</div>'
        },
        videos : {
            template : '<div>视频内容</div>'
        },
        news : {
            template : '<div>新闻内容</div>'
        }
    }
});
</script>
```

运行结果如图 9-28、图 9-29 所示。

图 9-28 输出“音乐”选项卡内容

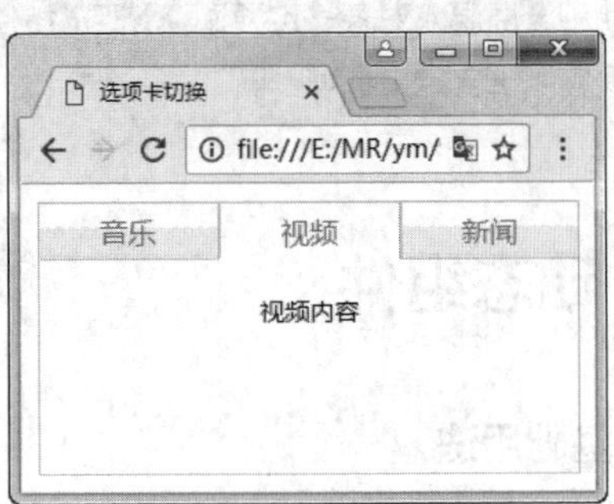

图 9-29 输出“视频”选项卡内容

9.6.2 keep-alive

在多个组件之间进行切换的时候，有时需要保持这些组件的状态，将切换后的状态保留在内存中，以避免重复渲染。为了解决这个问题，可以用一个<keep-alive>元素将动态组件包含起来。

下面以例 9-6 为基础并对其代码进行修改来说明应用<keep-alive>元素实现组件缓存的效果。

【例 9-7】 应用动态组件实现文字选项卡的切换，并实现选项卡内容的缓存效果，代码如下：（实例位置：资源包\MR\源码\第 9 章\9-7）

```
<div id="example">
    <div class="box">
        <ul class="mainmenu" :class="current">
            <li class="music" v-on:click="current='music'">音乐</li>
            <li class="videos" v-on:click="current='videos'">视频</li>
            <li class="news" v-on:click="current='news'">新闻</li>
        </ul>
        <keep-alive>
        <component :is="current"></component>
        </keep-alive>
    </div>
</div>
<script type="text/javascript">
//创建根实例
var vm = new Vue({
    el : '#example',
    data : {
        active : true,
        current : 'music'
    },
    components : {
        music : {
            data : function(){
                return {
                    subcur : 'popular'
                }
            },
            template : `<div class="sub">
              <div class="submenu">
                <ul :class="subcur">
                    <li class="popular" v-on:click="subcur='popular'">流行音乐</li>
                    <li class="national" v-on:click="subcur='national'">民族音乐</li>
                    <li class="classical" v-on:click="subcur='classical'">古典音乐</li>
                </ul>
              </div>
              <component :is="subcur"></component>     //定义动态组件
             </div>`,
            components : {//注册子组件
                popular : {
```

```
                    template : '<div>流行音乐内容</div>',
                },
                national : {
                    template : '<div>民族音乐内容</div>',
                },
                classical : {
                    template : '<div>古典音乐内容</div>',
                }
            }
        },
        videos : {
            template : '<div>视频内容</div>'
        },
        news : {
            template : '<div>新闻内容</div>'
        }
    }
});
</script>
```

运行实例，页面中有“音乐”“视频”和“新闻”3个类别选项卡，如图9-30所示。默认会显示“音乐”选项卡下“流行音乐”栏目的内容。单击“古典音乐”栏目可以显示对应的内容，如图9-31所示。单击“视频”选项卡会显示该选项卡对应的内容，如图9-32所示。此时再次单击“音乐”选项卡，会继续显示之前选择的内容，如图9-31所示。

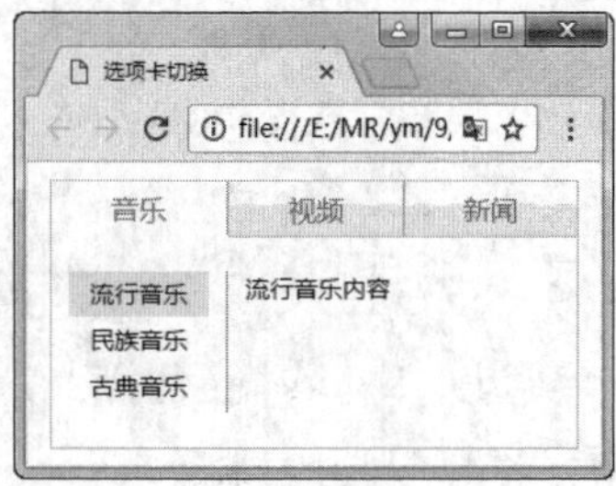

图9-30　输出“流行音乐”内容

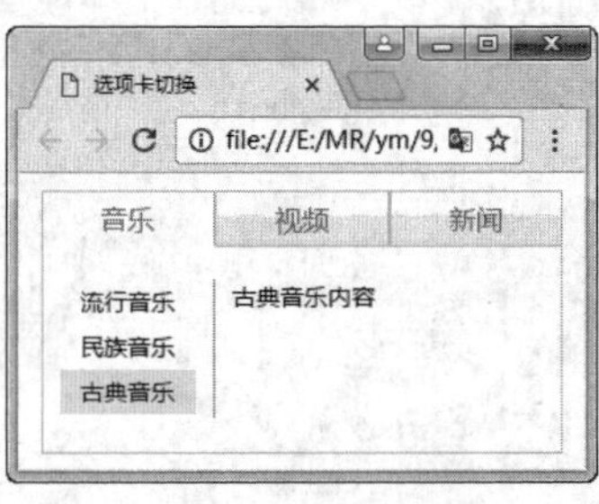

图9-31　输出“古典音乐”内容

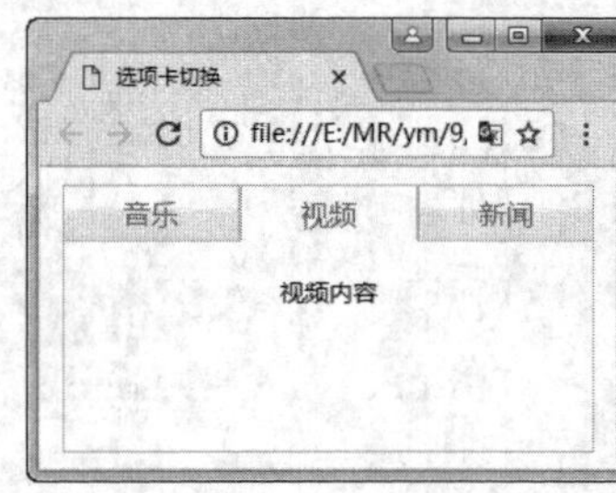

图9-32　输出“视频”选项卡内容

小结

本章主要介绍了Vue.js中组件的使用，包括组件的注册、父子组件间的数据传递、自定义事件，以及动态组件的使用。通过本章的学习，读者可以对组件的知识有一定的了解。

上机指导

 视频位置：资源包\视频\第9章　组件\上机指导.mp4

应用动态组件实现影视网中热播电影和经典电影之间的切换。运行程序，在页面中会显示“热播”选项卡中的电影信息，结果如图9-33所示。当鼠标指向“经典”选项卡时，会显示该选项卡中的电影信息，结果如图9-34所示。（实例位置：资源包\MR\上机指导\第9章\）

图 9-33　显示热播电影

图 9-34　显示经典电影

开发步骤如下。

（1）创建 HTML 文件，在文件中引入 Vue.js 文件，代码如下：

```
<script src="../JS/vue.js"></script>
```

（2）定义<div>元素，并设置其 id 属性值为 box，在该元素中定义“热播”和“经典”选项卡，并应用<component>元素将 data 数据 current 动态绑定到它的 is 属性，代码如下：

```
<div id="box">
    <div class="box">
        <div class="top">
            <span class="title">电影排行</span>
            <ul class="tabs">
                <li :class="{active : active}" v-on:mouseover="toggleAction('hit')">热播</li>
                <li :class="{active : !active}" v-on:mouseover="toggleAction('classic')">经典</li>
            </ul>
        </div>
<component :is="current" :hitmovie="hitmovie" :classicmovie="classicmovie"></component>
    </div>
</div>
```

（3）编写 CSS 代码，为页面元素设置样式，具体代码请参考本书附带资源包。

（4）创建 Vue 实例，在实例中定义挂载元素、数据、方法和组件，应用 components 选项注册两个局部组件。代码如下：

```
<script type="text/javascript">
//创建根实例
var vm = new Vue({
    el : '#box',
    data : {
        active : true,
        current : 'hit',
```

```
        hitmovie : [//热播电影数组
            { name : '终结者5', star : '阿诺德·施瓦辛格' },
            { name : '飓风营救', star : '连姆·尼森' },
            { name : '我是传奇', star : '威尔·史密斯' },
            { name : '一线声机', star : '杰森·斯坦森' },
            { name : '罗马假日', star : '格里高利·派克' },
            { name : '史密斯夫妇', star : '布拉德·皮特' },
            { name : '午夜邂逅', star : '克里斯·埃文斯' }
        ],
        classicmovie : [//经典电影数组
            { name : '机械师2：复活', star : '杰森·斯坦森' },
            { name : '变形金刚', star : '希亚·拉博夫' },
            { name : '暮光之城', star : '克里斯汀·斯图尔特' },
            { name : '怦然心动', star : '玛德琳·卡罗尔' },
            { name : '电话情缘', star : '杰西·麦特卡尔菲' },
            { name : '超凡蜘蛛侠', star : '安德鲁·加菲尔德' },
            { name : '雷神', star : '克里斯·海姆斯沃斯' }
        ]
    },
    methods : {
        toggleAction : function(value){
            this.current=value;
            value == 'hit' ? this.active = true : this.active = false;
        }
    },
    //注册局部组件
    components : {
        hit : {
            props : ['hitmovie'],//传递Prop
            template : `<div class="main"><div v-for="(item,index) in hitmovie">
            <span>{{++index}}</span>
            <span>{{item.name}}</span>
                <span>{{item.star}}</span>
              </div></div>`
        },
        classic : {
            props : ['classicmovie'],//传递Prop
            template : `<div class="main"><div v-for="(item,index) in classicmovie">
            <span>{{++index}}</span>
            <span>{{item.name}}</span>
                <span>{{item.star}}</span>
              </div></div>`
        }
    }
});
</script>
```

习 题

9-1 说明全局组件和局部组件的区别。

9-2 将父组件的数据传递给子组件需要使用哪个选项?

9-3 简述 Vue.js 提供的 Prop 验证方式有哪几种。

9-4 怎样在一个组件的根元素上监听一个原生事件?

9-5 实现动态组件需要应用<component>元素的哪个属性?

PART10

第10章 过渡

本章要点

- 单元素的过渡
- 多元素的过渡
- 多组件的过渡
- 列表的过渡

Vue.js 内置了一套过渡系统，该系统是 Vue.js 为 DOM 动画效果提供的一个特性。它在插入、更新或者移除 DOM 时可以触发 CSS 过渡和动画，从而产生过渡效果。本章主要介绍 Vue.js 中的过渡效果的应用。

10.1 单元素过渡

10.1.1 CSS 过渡

CSS 过渡

Vue.js 提供了内置的过渡封装组件 transition，该组件用于包含要实现过渡效果的 DOM 元素。transition 组件只会把过渡效果应用到其包含的内容上，而不会额外渲染 DOM 元素。过渡封装组件的语法格式如下：

```
<transition name = "nameoftransition">
  <div></div>
</transition>
```

语法中的 nameoftransition 参数用于自动生成 CSS 过渡类名。

为元素和组件添加过渡效果主要应用在下列情形中。

- 条件渲染（使用 v-if 指令）
- 条件展示（使用 v-show 指令）
- 动态组件
- 组件根节点

下面通过一个示例来说明 CSS 过渡的基础用法。

```
<style type="text/css">
/* 设置CSS属性名和持续时间 */
.fade-enter-active, .fade-leave-active{
   transition: opacity 2s
}
.fade-enter, .fade-leave-to{
   opacity: 0
}
</style>
<div id="example">
    <button v-on:click="show = !show">切换</button>
    <transition name="fade">
        <p v-if="show">理想是人生的太阳</p>
    </transition>
</div>
<script type="text/javascript">
//创建根实例
var vm = new Vue({
    el : '#example',
    data : {
        show : true
    }
});
</script>
```

运行结果如图 10-1、图 10-2 所示。

上述代码中，通过单击“切换”按钮将变量 show 的值在 true 和 false 之间进行切换。如果为 true，则淡入显示<p>元素的内容，如果为 false，则淡出隐藏<p>元素的内容。

CSS 过渡其实就是一个淡入淡出的效果。当插入或删除包含在 transition 组件中的元素时，Vue.js 将执行以下操作。

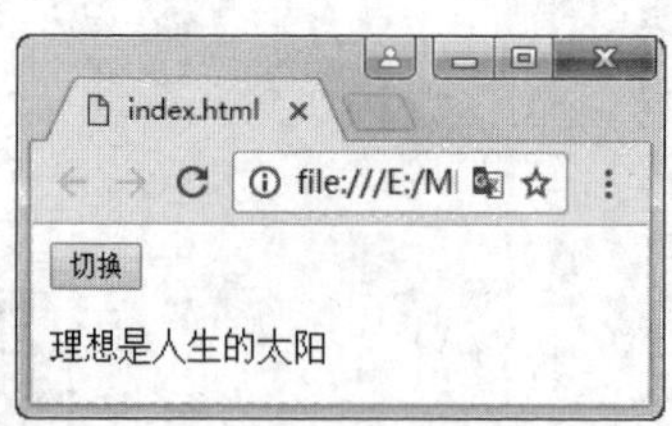

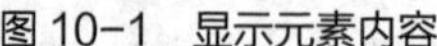
图 10-1　显示元素内容

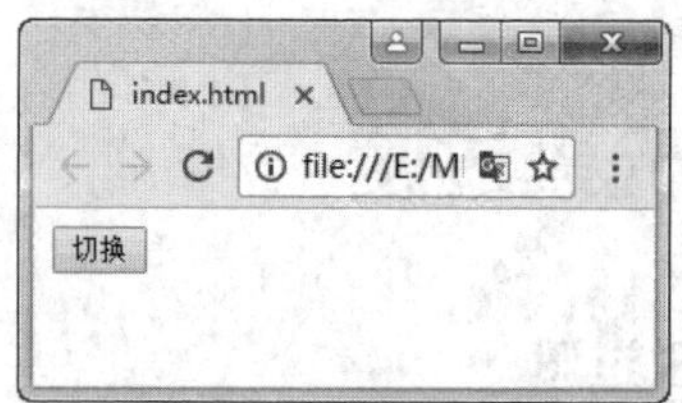

图 10-2　隐藏元素内容

- 自动检测目标元素是否应用了 CSS 过渡或动画，如果是，则在合适的时机添加/删除 CSS 类名。
- 如果过渡组件提供了 JavaScript 钩子函数，这些钩子函数将在合适的时机被调用。
- 如果没有找到 JavaScript 钩子并且也没有检测到 CSS 过渡/动画，DOM 操作（插入/删除）将在下一帧中立即执行。

10.1.2　过渡的类名介绍

过渡的类名介绍

Vue.js 在元素显示与隐藏的过渡中，提供了 6 个 class 来切换。具体说明如表 10-1 所示。

表 10-1　class 类名及其说明

class 类名	说明
v-enter	定义进入过渡的开始状态。在元素被插入之前生效，在元素被插入之后的下一帧移除
v-enter-active	定义进入过渡生效时的状态。在整个进入过渡的阶段中应用，在元素被插入之前生效，在过渡/动画完成之后移除。这个类可以被用来定义进入过渡的过程时间、延迟和曲线函数
v-enter-to	定义进入过渡的结束状态。在元素被插入之后下一帧生效（与此同时 v-enter 被移除），在过渡/动画完成之后移除
v-leave	定义离开过渡的开始状态。在离开过渡被触发时立刻生效，下一帧被移除
v-leave-active	定义离开过渡生效时的状态。在整个离开过渡的阶段中应用，在离开过渡被触发时立刻生效，在过渡/动画完成之后移除。这个类可以被用来定义离开过渡的过程时间，延迟和曲线函数
v-leave-to	定义离开过渡的结束状态。在离开过渡被触发之后下一帧生效（与此同时 v-leave 被移除），在过渡/动画完成之后移除

对于这些在过渡中切换的类名来说，如果使用一个没有名字的<transition>，则 v-是这些类名的默认前缀。如果为<transition>设置了一个名字，例如，<transition name="my-transition">，则 v-enter 会替换为 my-transition-enter。

【例 10-1】在页面中定义一个文章标题，当单击该标题时实现向下显示文章内容的过渡效果，当再次单击该标题时实现向上隐藏文章内容的过渡效果，关键代码如下：（实例位置：资源包\MR\源码\第 10 章\10-1）

```
<style type="text/css">
/* 设置过渡属性 */
.fade-enter-active, .fade-leave-active{
   transition: all .7s ease;
}
.fade-enter, .fade-leave-to{
    transform: translateY(-20px); /*沿y轴向上平移20px*/
   opacity: 0
}
```

```
</style>
<div id="example" align="center">
    <div class="title" v-on:click="show = !show">公司简介</div>
    <transition name="fade">
        <div align="left" class="content" v-if="show">
            吉林省晨*科技有限公司是一家以计算机软件技术为核心的高科技企业。公司创建于1999年12月，是专业的应用软件开发商和服务提供商。多年来始终致力于行业管理软件开发、数字化出版物开发制作、行业电子商务网站开发等，先后成功开发了涉及生产、管理、物流、营销、服务等领域的多种企业管理应用软件和应用平台，目前已成为行业知名品牌。
        </div>
    </transition>
</div>
<script type="text/javascript">
//创建根实例
var vm = new Vue({
    el:'#example',
    data: {
      show : false     //默认不显示
    }
})
</script>
```

运行结果如图 10-3 所示。

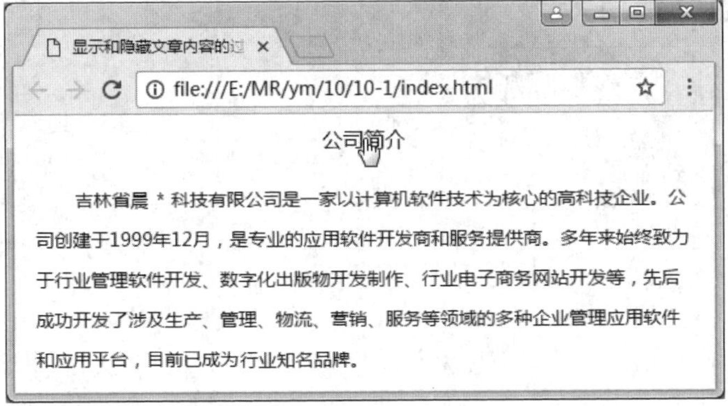

图 10-3　单击标题显示文章内容

CSS 动画

10.1.3　CSS 动画

CSS 动画的用法和 CSS 过渡类似，但是在动画中 v-enter 类名在节点插入 DOM 后不会立即删除，而是在 animationend 事件触发时删除。下面通过一个实例来了解一下 CSS 动画的应用。

【例 10-2】 以缩放的动画形式隐藏和显示文字，关键代码如下：（实例位置：资源包\MR\源码\第 10 章\10-2）

```
<style type="text/css">
p{
    font: 30px "微软雅黑";/*设置字体和字体大小*/
    margin:30px auto; /*设置元素外边距*/
    font-weight: 500; /*设置字体粗细*/
    color: #f35626;/*设置文字颜色*/
}
/* 设置animation属性的参数 */
```

```
    .scaling-enter-active{
        animation: scaling 1s
    }
    .scaling-leave-active{
        animation: scaling 1s reverse
    }
    /* 设置元素的缩放转换 */
    @keyframes scaling {
        0% {
        transform: scale(0);
        }
        50% {
        transform: scale(1.2);
        }
        100% {
        transform: scale(1);
        }
    }
</style>
<div id="example" align="center">
    <button v-on:click="show = !show">切换显示</button>
    <transition name="scaling">
        <p v-if="show">机会总是留给有准备的人</p>
    </transition>
</div>
<script type="text/javascript">
//创建根实例
var vm = new Vue({
    el : '#example',
    data : {
        show : true
    }
});
</script>
```

运行上述代码，当单击“切换显示”按钮时，文本会以缩放的动画形式进行隐藏，再次单击该按钮，文本会以缩放的动画形式进行显示。结果如图 10-4、图 10-5 所示。

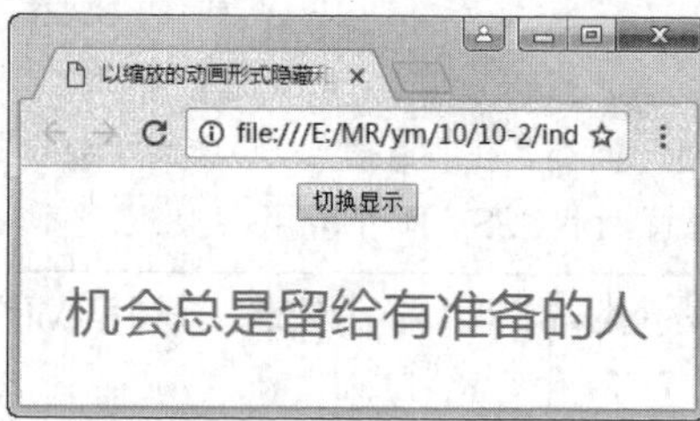

图 10-4　显示文本

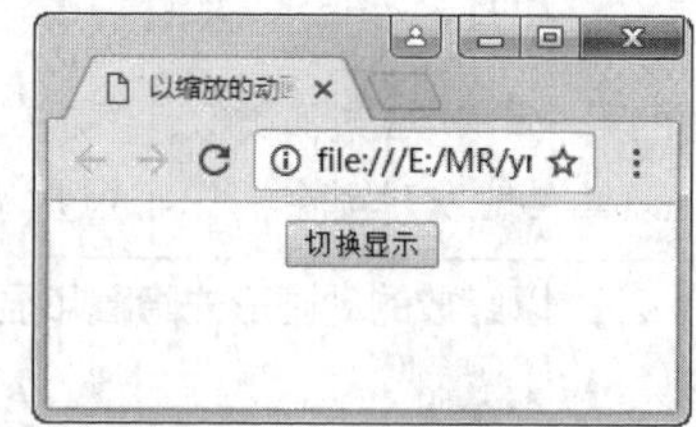

图 10-5　隐藏文本

10.1.4　自定义过渡的类名

自定义过渡的类名

除了使用普通的类名（如*-enter、*-leave 等）之外，Vue.js 也允许自定义过渡类名。自定义的过渡类名的优先级高于普通的类名。通过自定义过渡类名可以使过渡系统和其他第三方 CSS 动画库（如 animate.css）相结合，实现更丰富的动画效果。自定义过渡类名可以通过以下 6 个属性实现。

- ❑ enter-class
- ❑ enter-active-class
- ❑ enter-to-class
- ❑ leave-class
- ❑ leave-active-class
- ❑ leave-to-class

下面通过一个实例来了解自定义过渡类名的使用。该实例需要应用第三方 CSS 动画库文件 animate.css。

【例 10-3】 以旋转动画的形式隐藏和显示文字，关键代码如下：（实例位置：资源包\MR\源码\第 10 章\10-3）

```
<style type="text/css">
p{
    font: 30px "微软雅黑";/*设置字体和字体大小*/
    margin:40px auto; /*设置元素外边距*/
    font-weight: 500; /*设置字体粗细*/
    color: #f35626;/*设置文字颜色*/
}
</style>
<div id="example" align="center">
    <button v-on:click="show = !show">切换显示</button>
    <transition name="rotate" enter-active-class="animated rotateIn" leave-active-
class="animated rotateOut">
        <p v-if="show">锲而不舍</p>
    </transition>
</div>
<script type="text/javascript">
//创建根实例
var vm = new Vue({
    el : '#example',
    data : {
        show : true
    }
});
</script>
```

运行上述代码，当单击“切换显示”按钮时，文本会以旋转动画的形式进行隐藏，再次单击该按钮，文本会以旋转动画的形式进行显示。结果如图 10-6 所示。

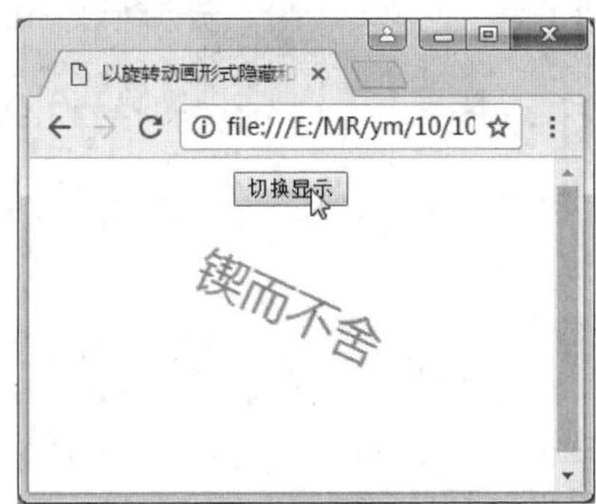

图 10-6　旋转显示和隐藏文本

10.1.5 JavaScript 钩子函数

元素过渡效果还可以使用 JavaScript 钩子函数来实现。在钩子函数中可以直接操作 DOM 元素。在<transition>元素的属性中声明钩子函数，代码如下：

```
<transition
  v-on:before-enter="beforeEnter"
  v-on:enter="enter"
  v-on:after-enter="afterEnter"
  v-on:enter-cancelled="enterCancelled"
  v-on:before-leave="beforeLeave"
  v-on:leave="leave"
  v-on:after-leave="afterLeave"
  v-on:leave-cancelled="leaveCancelled"
>
</transition>
new Vue({
  el: '#app',
  data: {
    // ...
  },
  methods: {
    // 设置过渡进入之前的组件状态
    beforeEnter: function(el) {
      // ...
    },
    // 设置过渡进入完成时的组件状态
    enter: function(el, done) {
      // ...
      done()
    },
    // 设置过渡进入完成之后的组件状态
    afterEnter: function(el) {
      // ...
    },
    enterCancelled: function(el) {
      // ...
    },
    // 设置过渡离开之前的组件状态
    beforeLeave: function(el) {
      // ...
    },
    // 设置过渡离开完成时的组件状态
    leave: function(el, done) {
      // ...
      done()
    },
    // 设置过渡离开完成之后的组件状态
    afterLeave: function(el) {
      // ...
```

```
    },
    leaveCancelled: function(el) {
      // ...
    }
  }
})
```

这些钩子函数可以结合 CSS 过渡/动画使用，也可以单独使用。<transition>元素还可以添加 v-bind:css="false"，这样可以直接跳过 CSS 检测，避免 CSS 在过渡过程中的影响。

当只用 JavaScript 过渡时，在 enter 和 leave 钩子函数中必须使用 done 进行回调。否则，它们将被同步调用，过渡会立即完成。

下面通过一个实例来了解使用 JavaScript 钩子函数实现元素过渡的效果。

【例 10-4】 实现文字显示和隐藏时的不同效果。以缩放的形式显示文字，以旋转动画的形式隐藏文字，关键代码如下：（实例位置：资源包\MR\源码\第 10 章\10-4）

```
<style type="text/css">
p{
    font: 30px "微软雅黑";/*设置字体和字体大小*/
    margin:50px auto; /*设置元素外边距*/
    font-weight: 500; /*设置字体粗细*/
    color: #f35626;/*设置文字颜色*/
}
/* 设置元素的缩放转换 */
@keyframes scaling {
    0% {
    transform: scale(0);
    }
    50% {
    transform: scale(1.2);
    }
    100% {
    transform: scale(1);
    }
}
/*创建旋转动画*/
@-webkit-keyframes rotate{
   0%{
      -webkit-transform:rotateZ(0) scale(1);
   }50%{
      -webkit-transform:rotateZ(360deg) scale(0.5);
   }100%{
      -webkit-transform:rotateZ(720deg) scale(0);
   }
}
</style>
<div id="example" align="center">
```

```
    <button v-on:click="show = !show">切换显示</button>
    <transition
    v-on:enter="enter"
   v-on:leave="leave"
    v-on:after-leave="afterLeave"
   >
        <p v-if="show">勤能补拙</p>
    </transition>
</div>
<script type="text/javascript">
//创建根实例
var vm = new Vue({
    el : '#example',
    data : {
        show : false
    },
    methods: {
        enter: function (el, done) {
            el.style.opacity = 1;
            el.style.animation= 'scaling 1s';//实现缩放效果
            done();
        },
        leave: function (el, done) {
            el.style.animation= 'rotate 2s linear';//实现旋转效果
            setTimeout(function(){
            done();
         }, 1900)
        },
        //在leave函数中触发回调后执行afterLeave函数
        afterLeave: function (el) {
            el.style.opacity = 0;
        }
    }
});
</script>
```

运行上述代码，当单击“切换显示”按钮时，文本会以缩放的形式进行显示，再次单击该按钮，文本会以旋转动画的形式进行隐藏。结果如图 10-7、图 10-8 所示。

图 10-7　缩放显示文本

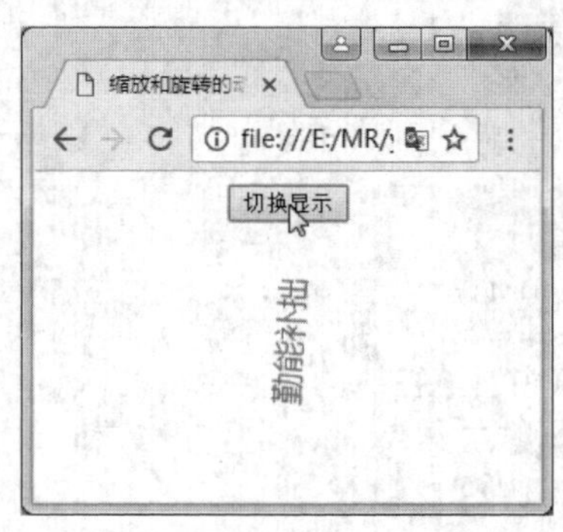

图 10-8　旋转隐藏文本

10.2 多元素过渡

10.2.1 基础用法

基础用法

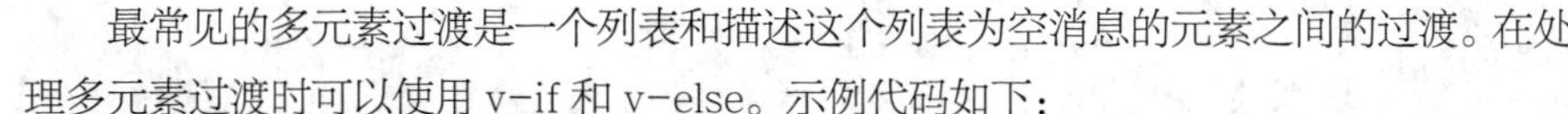
最常见的多元素过渡是一个列表和描述这个列表为空消息的元素之间的过渡。在处理多元素过渡时可以使用 v-if 和 v-else。示例代码如下：

```
<style type="text/css">
/* 设置过渡属性 */
.fade-enter,.fade-leave-to{
    opacity:0;
}
.fade-enter-active,.fade-leave-active{
    transition:opacity .5s;
}
</style>
<div id="example">
    <button @click="clear">清空</button>
    <transition name="fade">
    <ol v-if="items.length > 0">
             <li v-for="item in items">{{item}}</li>
    </ol>
    <p v-else>列表为空</p>
     </transition>
</div>
<script type="text/javascript">
//创建根实例
var vm = new Vue({
    el : '#example',
    data : {
        items: ['HTML','CSS','JavaScript']
    },
    methods: {
        clear: function(){
            this.items.splice(0);//清空数组
    }
    }
});
</script>
```

运行上述代码，当单击“清空”按钮时，页面内容变化会有一个过渡的效果，结果如图 10-9、图 10-10 所示。

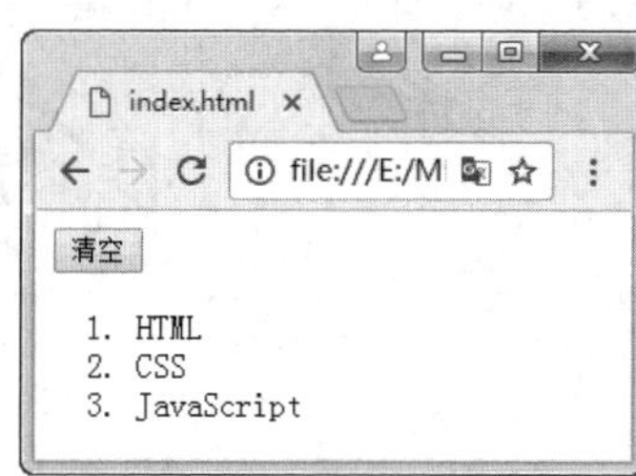

图 10-9　输出列表数据

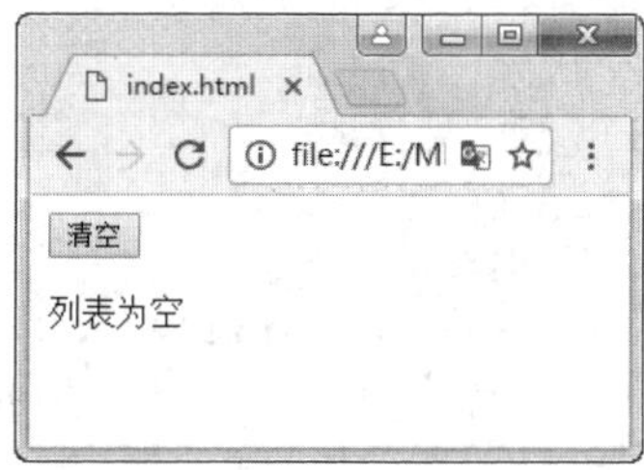

图 10-10　清空数据

10.2.2 key 属性

当有相同标签名的多个元素进行切换时，需要通过 key 属性设置唯一的值来标记以让 Vue 区分它们。示例代码如下：

```
<style type="text/css">
/* 设置过渡属性 */
.fade-enter,.fade-leave-to{
    opacity:0;
}
.fade-enter-active,.fade-leave-active{
    transition:opacity .5s;
}
</style>
<div id="example">
    <button @click="show = !show">切换</button>
    <transition name="fade">
    <p v-if="show" key="m">山不在高有仙则名</p>
    <p v-else key="w">水不在深有龙则灵</p>
     </transition>
</div>
<script type="text/javascript">
//创建根实例
var vm = new Vue({
    el : '#example',
    data : {
        show : true
    }
});
</script>
```

运行上述代码，当单击“切换”按钮时，页面内容变化会有一个过渡的效果，结果如图 10-11、图 10-12 所示。

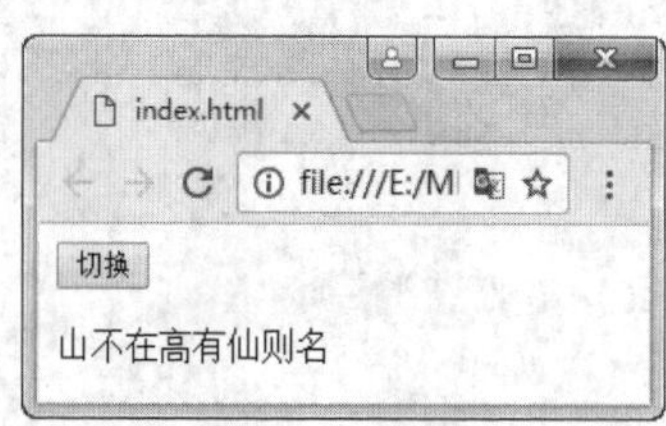

图 10-11　切换之前

图 10-12　切换之后

在一些场景中，还可以通过为同一个元素的 key 属性设置不同的状态来代替 v-if 和 v-else，上面的示例可以重写为：

```
<div id="example">
    <button @click="isChange = !isChange">切换</button>
    <transition name="fade">
    <p v-bind:key="isChange">
            {{isChange?'山不在高有仙则名':'水不在深有龙则灵'}}
        </p>
     </transition>
```

```
</div>
<script type="text/javascript">
//创建根实例
var vm = new Vue({
    el : '#example',
    data : {
        isChange : true
    }
});
</script>
```

使用多个 v-if 的多个元素的过渡可以重写为绑定了动态属性的单个元素过渡。示例代码如下：

```
<style type="text/css">
/* 设置过渡属性 */
.fade-enter,.fade-leave-to{
    opacity:0;
}
.fade-enter-active,.fade-leave-active{
    transition:opacity .5s;
}
</style>
<div id="example">
    <button @click="change">切换</button>
    <transition name="fade">
    <p v-bind:key="getState">
            {{message}}
        </p>
     </transition>
</div>
<script type="text/javascript">
//创建根实例
var vm = new Vue({
    el : '#example',
    data: {
    index: 0,//数组索引
    arr: ['first','second','third']//定义数组
    },
    computed: {
    getState: function(){//获取指定索引的数组元素
            return this.arr[this.index];
    },
    message: function(){
            switch (this.getState) {
            case 'first': return '一鼓作气'
            case 'second': return '再而衰'
            case 'third': return '三而竭'
            }
    }
    },
    methods:{
    change: function(){
            this.index = (++this.index)%3;
```

```
        }
    }
});
</script>
```

运行上述代码，当每次单击“切换”按钮时，页面内容变化都会有一个过渡的效果，结果如图 10-13、图 10-14、图 10-15 所示。

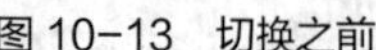
图 10-13 切换之前

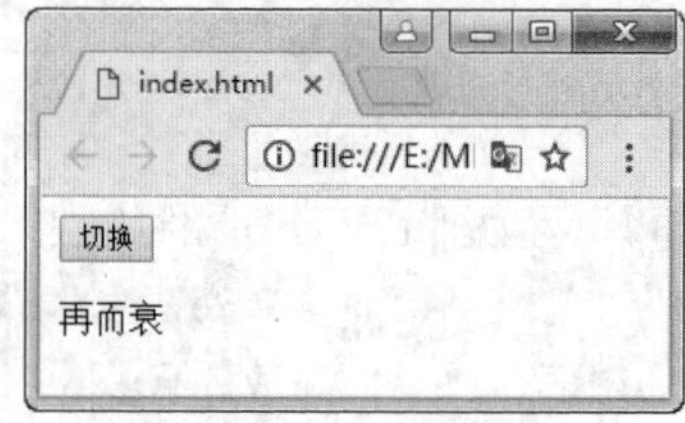

图 10-14 第 1 次切换

图 10-15 第 2 次切换

10.2.3 过渡模式

过渡模式

在<transition>的默认行为中，元素的进入和离开是同时发生的。由于同时生效的进入和离开的过渡不能满足所有要求，所以 Vue.js 提供了如下两种过渡模式。

- in-out：新元素先进行过渡，完成之后当前元素过渡离开。
- out-in：当前元素先进行过渡，完成之后新元素过渡进入。

应用 out-in 模式实现过渡的示例代码如下：

```
<style type="text/css">
/* 设置过渡属性 */
.fade-enter,.fade-leave-to{
    opacity:0;
}
.fade-enter-active,.fade-leave-active{
    transition:opacity .5s;
}
</style>
<div id="example">
    <transition name="fade" mode="out-in">
    <button @click="show = !show" :key="show">
            {{show?'显示':'隐藏'}}
        </button>
     </transition>
</div>
<script type="text/javascript">
//创建根实例
var vm = new Vue({
    el : '#example',
    data: {
    show : true      //默认显示
    }
});
</script>
```

运行上述代码，当每次单击按钮时，按钮中的文字都会在“显示”和“隐藏”之间进行过渡切换，结果如

图 10-16、图 10-17 所示。

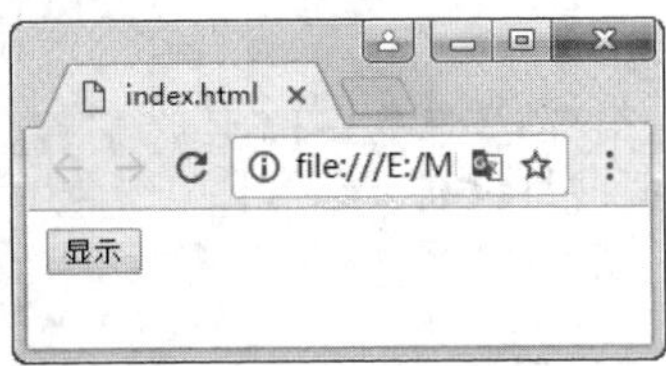

图 10-16 切换为“显示”按钮

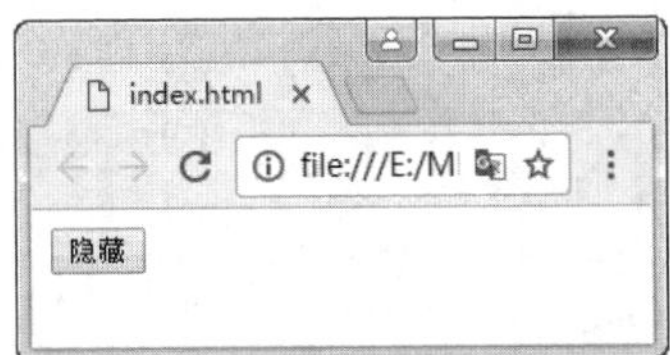

图 10-17 切换为“隐藏”按钮

10.3 多组件过渡

多组件过渡

多个组件的过渡不需要使用 key 属性，只需要使用动态组件。示例代码如下：

```
<style type="text/css">
/* 设置过渡属性 */
.fade-enter,.fade-leave-to{
    opacity:0;
}
.fade-enter-active,.fade-leave-active{
    transition:opacity .5s;
}
</style>
<div id="example">
    <button @click="toggle">切换组件</button>
    <transition name="fade" mode="out-in">
    <component :is="cName"></component>
    </transition>
</div>
<script type="text/javascript">
//创建根实例
var vm = new Vue({
    el : '#example',
    data: {
    cName : 'componentA'
    },
    components : {
        componentA : {//定义组件componentA
            template : '<p>组件A</p>'
        },
        componentB : {//定义组件componentB
            template : '<p>组件B</p>'
        }
    },
    methods : {
        toggle : function(){//切换组件名称
            this.cName = this.cName == 'componentA' ? 'componentB' : 'componentA';
        }
    }
});
</script>
```

运行上述代码，当每次单击“切换组件”按钮时，页面内容的变化都会有一个过渡的效果，结果如图 10-18、图 10-19 所示。

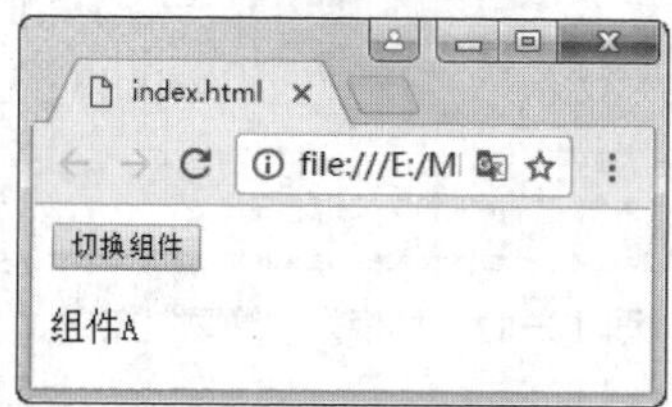

图 10-18　显示组件 A

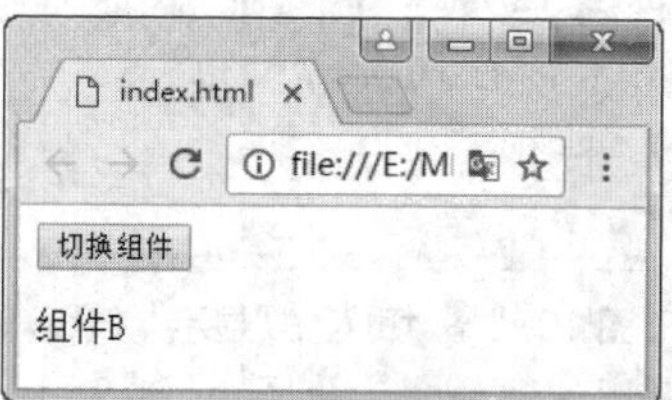

图 10-19　显示组件 B

10.4　列表过渡

列表过渡

实现列表过渡需要使用 v-for 和<transition-group>组件，该组件的特点如下。

- 与<transition>组件不同，它会以一个真实元素呈现，默认为一个<span>元素。可以通过 tag 属性更换为其他元素。
- 过渡模式不可用，因为不再相互切换特有的元素。
- 列表中的元素需要提供唯一的 key 属性值。

下面通过一个实例来了解列表过渡的基础用法。

【例 10-5】 实现数字列表中插入数字和移除数字时的过渡效果。关键代码如下：（实例位置：资源包\MR\源码\第 10 章\10-5）

```
<style type="text/css">
/* 元素的样式 */
.list-item {
    display: inline-block;
   margin-right: 10px;
   background-color: darkgreen;
   width: 30px;
   height: 30px;
   line-height: 30px;
   text-align: center;
   color: #ffffff;
}
/* 插入过程和移除过程的过渡效果 */
.num-enter-active,.num-leave-active{
   transition: all 1s;
}
/* 开始插入、移除结束时的状态 */
.num-enter, .num-leave-to {
   opacity: 0;
   transform: translateY(30px);
}
</style>
<div id="example">
    <div>
    <button v-on:click="add">插入一个数字</button>
```

```
    <button v-on:click="remove">移除一个数字</button>
    <transition-group name="num" tag="p">
            <span v-for="item in items" v-bind:key="item" class="list-item">
            {{item}}
            </span>
    </transition-group>
    </div>
</div>
<script type="text/javascript">
//创建根实例
var vm = new Vue({
    el:'#example',
    data: {
      items: [1,2,3,4,5,6],
        nextNum: 7
    },
    methods: {
        //生成随机数索引
    randomNumber: function () {
            return Math.floor(Math.random() * this.items.length)
    },
        //添加数字
    add: function () {
            this.items.splice(this.randomNumber(), 0, this.nextNum++)
    },
        //移除数字
    remove: function () {
            this.items.splice(this.randomNumber(), 1)
    }
    }
})
</script>
```

运行实例，当单击“插入一个数字”按钮时，会在下方的随机位置插入一个新的数字，结果如图 10-20 所示。当单击“移除一个数字”按钮时，会在下方的随机位置移除一个数字，结果如图 10-21 所示。

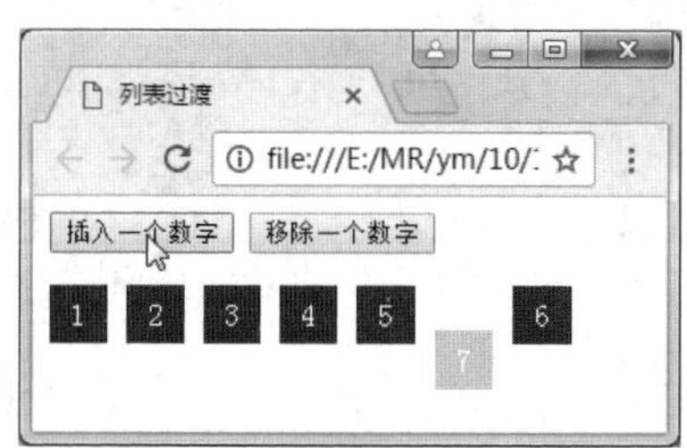

图 10-20　插入数字

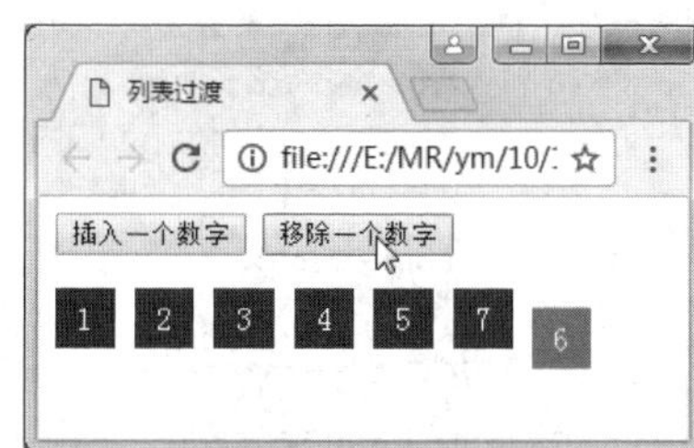

图 10-21　移除数字

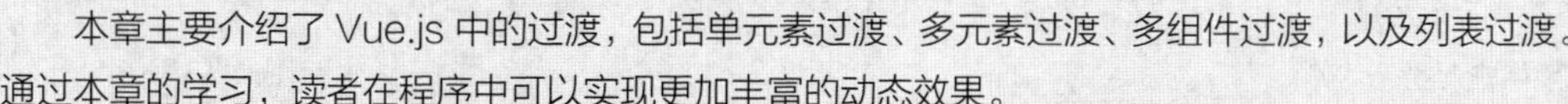

小　结

本章主要介绍了 Vue.js 中的过渡，包括单元素过渡、多元素过渡、多组件过渡，以及列表过渡。通过本章的学习，读者在程序中可以实现更加丰富的动态效果。

上机指导

视频位置：资源包\视频\第 10 章　过渡\上机指导.mp4

实现电子商城中广告图片的轮播效果。运行程序，页面中显示的广告图片会进行轮播，当鼠标指向图片下方的某个数字按钮时会过渡显示对应的图片，结果如图 10-22 所示。（实例位置：资源包\MR\上机指导\第 10 章\）

图 10-22　图片轮播效果

开发步骤如下。

（1）创建 HTML 文件，在文件中引入 Vue.js 文件，代码如下：

```
<script src="../JS/vue.js"></script>
```

（2）定义<div>元素，并设置其 id 属性值为 box，在该元素中定义轮播图片和用于切换图片的数字按钮，代码如下：

```
<div id="box">
    <div class="banner">
        <!--切换的图片-->
        <div class="bannerImg">
        <transition-group name="fade" tag="div">
                 <span v-for="(v,i) in banners" :key="i" v-if="(i+1)==index?true:false">
                 <img width="700" :src="'images/'+v">
                 </span>
        </transition-group>
        </div>
        <!--切换的小按钮-->
        <ul class="bannerBtn">
        <li v-for="num in 3">
                 <a href="javascript:;" :style="{background:num==index?'#ff9900':
'#CCCCCC'}" @mouseover='change(num)' class='aBtn'>{{num}}</a>
        </li>
        </ul>
    </div>
</div>
```

（3）编写 CSS 代码，为页面元素设置样式，代码如下：

```
<style type="text/css">
.banner{
   position: relative;
}
.bannerImg{
   position: relative;
   height: 360px;
}
.bannerImg span{/* 设置图片定位 */
   position: absolute;
   top:0;
   left: 0;
}
.bannerBtn{
   width: 200px;
   position:absolute;
   left:30%;
   bottom:-20px;
   text-align:center;
}
.bannerBtn li{
    list-style:none;
   border-radius: 50%;
   float:left;
 }
.bannerBtn li a{/* 设置按钮样式 */
   display: block;
   width: 20px;
   height: 20px;
   border-radius: 50%;
   margin: 5px;
    color:#FFFFFF;
    font-weight:bolder;
    text-decoration:none;
}
.bannerBtn li a.aBtn{/* 设置按钮过渡效果 */
   transition:all .6s ease;
}
/* 设置过渡属性 */
.fade-enter-active, .fade-leave-active{
  transition: all 1s;
}
.fade-enter, .fade-leave-to{
  opacity: 0;
}
</style>
```

（4）创建 Vue 实例，在实例中定义挂载元素、数据、方法和钩子函数，在方法中，通过 next()方法设置下一张图片的索引，通过 change()方法设置当单击某个数字按钮后显示对应的图片。代码如下：

```
<script type="text/javascript">
```

```
//创建根实例
var vm = new Vue({
    el : '#box',
    data : {
        banners : ['ad1.png','ad2.png','ad3.png'],
        index : 1,              // 图片的索引。
        flag : true,
        timer : '',         // 定时器ID
    },
    methods : {
        next : function(){
            // 下一张图片，图片索引为4时返回第一张
            this.index = this.index + 1 == 4 ? 1 : this.index + 1;
    },
    change : function(num){
        // 单击按钮切换到对应图片
        if(this.flag){
            this.flag = false;
                // 过1秒后可以再次单击按钮切换图片
                setTimeout(()=>{
                this.flag = true;
            },1000);
            this.index = num;  // 切换为选中的图片
                clearTimeout(this.timer);// 取消定时器
                // 过3秒图片轮换
                this.timer = setInterval(this.next,3000);
        }
    }
    },
    mounted : function(){
        // 过3秒图片轮换
    this.timer = setInterval(this.next,3000);
    }
});
</script>
```

习 题

10-1　在元素显示的过渡中可以设置哪几个类名？

10-2　在处理多元素过渡时需要使用哪两个指令？

10-3　简述 Vue.js 提供的两种过渡模式的区别。

PART11

第11章

常用插件

本章要点

- 路由的基本用法
- 路由的动态匹配
- 嵌套路由和命名路由
- 应用axios发送GET请求
- 应用axios发送POST请求

如果想用 Vue.js 开发一个完整的单页 Web 应用，还需要使用一些 Vue.js 的插件。Vue.js 比较常用的插件是 vue-router 和 axios。这两个插件可以分别提供路由管理和数据请求的功能。本章主要介绍 Vue.js 的 vue-router 插件和 axios 插件。

11.1 应用 vue-router 实现路由

引入插件

11.1.1 引入插件

vue-router 插件可以提供路由管理的功能。在使用该插件之前需要在页面中引入该插件，引入的几种方式如下。

1. 直接下载并使用<script>标签引入

在 Vue.js 的官方网站中可以直接下载 vue-router 插件文件并使用<script>标签引入。下载步骤如下。

（1）进入 vue-router 的下载页面，找到图 11-1 中的超链接。

（2）在图 11-1 中所示的超链接上单击鼠标右键，如图 11-2 所示。在弹出的右键菜单中单击“从链接另存文件为”选项，弹出下载对话框，单击对话框中的“保存”按钮，即可将 vue-router.js 文件下载到本地计算机上。

图 11-1 CDN 链接

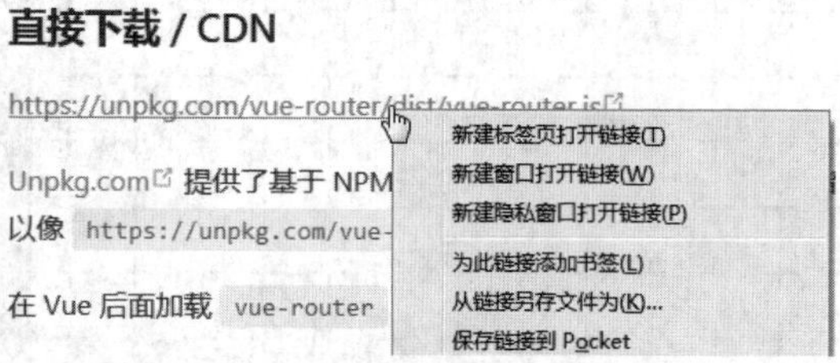

图 11-2 在超链接上单击鼠标右键

将 vue-router.js 文件下载到本地计算机后，还需要在项目中引入该文件。即将下载后的 vue-router.js 文件放置到项目的指定文件夹中，通常和 vue.js 文件统一放置在项目的 JS 文件夹中，然后在页面中使用下面的语句，将其引入到文件中。

```
<script type="text/javascript" src="JS/vue-router.js"></script>
```

2. 使用 CDN 方法

在项目中使用 vue-router.js，还可以采用引用外部 CDN 文件的方式。在项目中直接通过<script>标签加载 CDN 文件，代码如下：

```
<script src="https://unpkg.com/vue-router/dist/vue-router.js"></script>
```

3. 使用 NPM 方法

使用 NPM 方法进行安装的命令如下：

```
npm install vue-router
```

引用方式如下：

```
import Vue from 'vue'
import VueRouter from 'vue-router'
Vue.use(VueRouter)
```

11.1.2 基础用法

基础用法

应用 Vue.js 和 vue-router 可以创建简单的单页应用。使用 Vue.js 可以通过多个组件来组成应用程序，而 vue-router 的作用是将每个路径映射到对应的组件，并通过路由进行组件之间的切换。

Vue.js 路由允许通过不同的 URL 访问不同的内容。通过路由实现组件之间的切换需要使用<router-link>组件，该组件用于设置一个导航链接，通过 to 属性设置目标地址，从而切换不同的 HTML 内容。

下面是一个实现路由的简单示例，代码如下：

```
<div id="example">
    <p>
        <!-- 使用<router-link>组件进行导航 -->
        <!-- 通过传入to属性指定链接 -->
        <!-- <router-link>默认会被渲染成一个<a>标签 -->
    <router-link to="/first">页面一</router-link>
        <router-link to="/second">页面二</router-link>
    <router-link to="/third">页面三</router-link>
    </p>
    <!-- 路由出口，路由匹配到的组件渲染的位置 -->
    <router-view></router-view>
</div>
<script type="text/javascript">
// 定义路由组件。可以从其他文件import引入进来
var first = {
    template: '<div>这是第一个页面</div>'
};
var second = {
    template: '<div>这是第二个页面</div>'
};
var third = {
    template: '<div>这是第三个页面</div>'
};
// 定义路由，每个路由应该映射一个组件。其中component可以是通过Vue.extend()创建的组件构造器，或者是一个组件选项对象
var routes = [
    { path: '/first', component: first },
    { path: '/second', component: second },
    { path: '/third', component: third }
];
// 创建router实例，传入routes配置参数，还可以传入其他配置参数
var router = new VueRouter({
    routes // 相当于routes: routes的缩写
});
// 创建和挂载根实例。通过router配置参数注入路由，让整个应用都有路由功能
var app = new Vue({
    router
}).$mount('#example');
</script>
```

上述代码中，router-link 会被渲染成<a>标签。例如，第 1 个 router-link 会被渲染成<a href="#/first">页面一</a>。当单击第 1 个 router-link 对应的标签时，由于 to 属性的值是/first，因此实际的路径地址就是当前 URL 路径后加上#/first。这时，Vue 会找到定义的路由 routes 中 path 为/first 的路由，并将对应的组件模板渲染到 router-view 中。运行结果如图 11-3、图 11-4、图 11-5 所示。

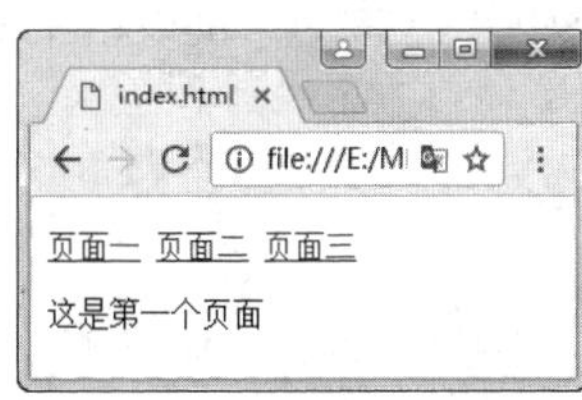

图 11-3 单击“页面一”链接

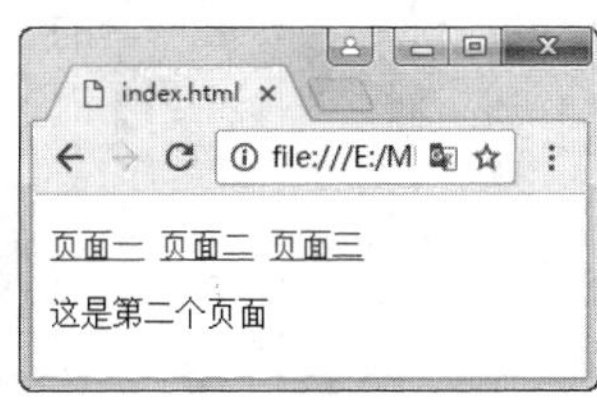

图 11-4 单击“页面二”链接

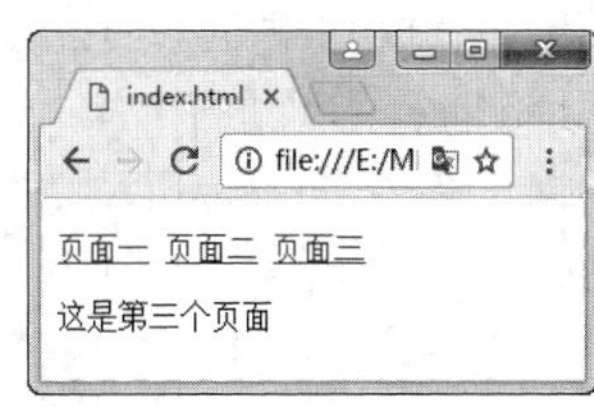

图 11-5 单击“页面三”链接

11.1.3 路由动态匹配

路由动态匹配

在实际开发中，经常需要将某种模式匹配到的所有路由全部映射到同一个组件。例如，对于所有不同 ID 的用户，都需要使用同一个组件 User 来渲染。那么，可以在 vue-router 的路由路径中使用动态路径参数来实现这个效果。示例代码如下：

```
<script type="text/javascript">
var User = {
    template: '<div>User</div>'
}
var router = new VueRouter({
    routes: [
    // 动态路径参数，以冒号开头
    { path: '/user/:id', component: User }
    ]
})
</script>
```

上述代码中，:id 即为设置的动态路径参数。这时，像/user/1，/user/2 这样的路径都会映射到相同的组件。当匹配到一个路由时，参数值可以通过 this.$route.params 的方式获取，并且可以在每个组件内使用。下面对上述代码进行修改，更新 User 组件的模板，输出当前用户的 ID。代码如下：

```
<script type="text/javascript">
var User = {
    template: '<div>用户ID：{{ $route.params.id }}</div>'
}
var router = new VueRouter({
    routes: [
    // 动态路径参数，以冒号开头
    { path: '/user/:id', component: User }
    ]
})
</script>
```

常规路径参数只会匹配被“/”分隔的 URL 片段中的字符。如果想匹配任意路径，可以使用通配符*。例如，path: '*'会匹配所有路径。path: '/user-*'会匹配以'/user-'开头的任意路径。当使用通配符路由时，需要确保正确的路由顺序，也就是说含有通配符的路由应该放在最后。

11.1.4 嵌套路由

嵌套路由

有些界面通常是由多层嵌套的组件组合而成，例如，二级导航菜单就是这种情况。这时就需要使用嵌套路由。使用嵌套路由时，URL 中各段动态路径会按某种结构对应嵌套的各层组件。

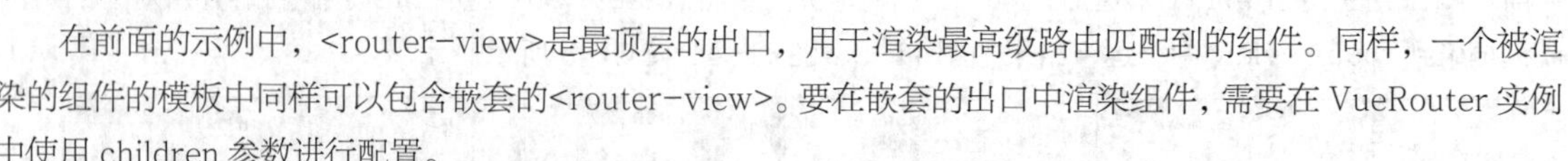
在前面的示例中，<router-view>是最顶层的出口，用于渲染最高级路由匹配到的组件。同样，一个被渲染的组件的模板中同样可以包含嵌套的<router-view>。要在嵌套的出口中渲染组件，需要在 VueRouter 实例中使用 children 参数进行配置。

例如，有这样一个应用，代码如下：

```
<div id="example">
    <router-view></router-view>
</div>
<script type="text/javascript">
```

```
var User = {
    template: '<div>用户{{ $route.params.id }}</div>'
}
var router = new VueRouter({
    routes: [
    { path: '/user/:id', component: User }
    ]
})
</script>
```

上述代码中，<router-view>是最顶层的出口，它会渲染一个和最高级路由匹配的组件。同样，在组件的内部也可以包含嵌套的<router-view>。例如，在 User 组件的模板中添加一个<router-view>，代码如下：

```
var User = {
    template: `<div>
        <span>用户{{ $route.params.id }}</span>
        <router-view></router-view>
    </div>`
}
```

如果要在嵌套的出口中渲染组件，需要在 VueRouter 中使用 children 参数进行配置。代码如下：

```
var router = new VueRouter({
    routes: [
    {
            path: '/user/:id',
            component: User,
            children: [{
                // /user/:id/sex匹配成功后，UserSex会被渲染在User的<router-view>中
                path: 'sex',
                component: UserSex
        },{
                // /user/:id/age匹配成功后，UserAge会被渲染在User的<router-view>中
                path: 'age',
                component: UserAge
        }]
        }
    ]
})
```

需要注意的是，如果访问一个不存在的路由，则渲染组件的出口不会显示任何内容。这时可以提供一个空的路由。代码如下：

```
var router = new VueRouter({
    routes: [
    {
            path: '/user/:id',
            component: User,
            children: [{
                // /user/:id匹配成功后，UserSex会被渲染在User的<router-view>中
                path: '',
                component: UserSex
        },{
                // /user/:id/sex匹配成功后，UserSex会被渲染在User的<router-view>中
                path: 'sex',
```

```
                component: UserSex
            },{
                // /user/:id/age匹配成功后，UserAge会被渲染在User的<router-view>中
                path: 'age',
                component: UserAge
            }]
        }
    ]
})
```

下面通过一个实例来了解嵌套路由的应用。

【例 11-1】使用嵌套路由输出足球和篮球组件中相应的子组件，关键代码如下：（实例位置：资源包\MR\源码\第 11 章\11-1）

```
<div id="example">
    <div class="nav">
        <ul>
            <li>
                <router-link to="/football">足球</router-link>
            </li>
            <li>
                <router-link to="/basketball">篮球</router-link>
            </li>
        </ul>
    </div>
    <div class="content">
        <router-view></router-view>
    </div>
</div>
<script type="text/javascript">
var Football = { //定义Football组件
    template : `<div>
        <ul>
            <li><router-link to="/football/italy">意甲联赛</router-link></li>
            <li><router-link to="/football/spain">西甲联赛</router-link></li>
        </ul>
        <router-view></router-view>
      </div>`
}
var Basketball = { //定义Basketball组件
    template : `<div>
        <ul>
            <li><router-link to="/basketball/cba">CBA</router-link></li>
            <li><router-link to="/basketball/nba">NBA</router-link></li>
        </ul>
        <router-view></router-view>
      </div>`
}
var routes = [
     {   //默认渲染Football组件
         path: '',
```

```
          component: Football,
        },
        {
            path: '/football',
            component: Football,
            children:[ //定义子路由
              {
                path: "italy",
                component: {
                        template: '<h3>AC米兰稳居三甲</h3>'
                    }
              },
                {
                path: "spain",
                component: {
                        template: '<h3>梅西上演帽子戏法</h3>'
                    }
                }
            ]
        },
      {
          path: '/basketball',
          component: Basketball,
          children:[ //定义子路由
            {
              path: "cba",
              component: {
                      template: '<h3>易建联PK四大外援</h3>'
                  }
            },
              {
              path: "nba",
              component: {
                      template: '<h3>火箭豪取12连胜</h3>'
                  }
            }
          ]
      }
  ]
  var router = new VueRouter({
      routes
  })
  var app = new Vue({
      el: '#example',
      router
  });
  </script>
```

运行实例，当单击“篮球”中的“NBA”链接时，URL 路由为#/basketball/nba。结果如图 11-6 所示。

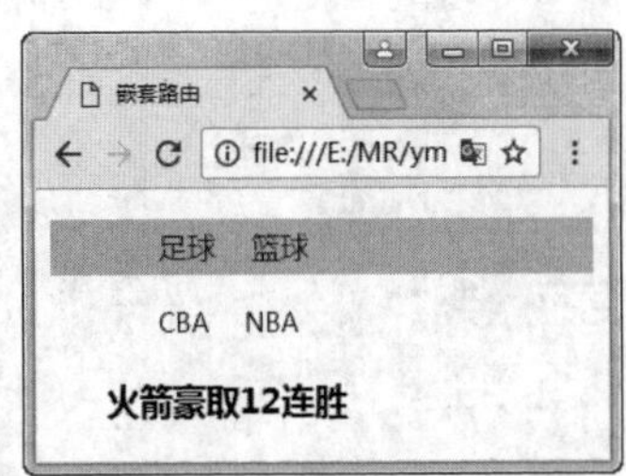

图 11-6　渲染#/basketball/nba 对应组件

命名路由

11.1.5　命名路由

在进行路由跳转的时候，可以为较长的路径设置一个别名。在创建 VueRouter 实例的时候，在 routes 配置中可以为某个路由设置名称。示例代码如下：

```
var router = new VueRouter({
    routes: [
    {
            path: '/user/:id',
            name: 'user',
            component: User
        }
    ]
})
```

在设置了路由的名称后，要想链接到该路径，可以为 router-link 的 to 属性传入一个对象。代码如下：

```
<router-link :to="{ name: 'user', params: { id: 1 }}">用户</router-link>
```

这样，当单击“用户”链接时，会将路由导航到/user/1 路径。

应用 push()方法定义导航

11.1.6　应用 push()方法定义导航

使用<router-link>创建<a>标签可以定义导航链接。除此之外，还可以使用 router 的实例方法 push()实现导航的功能。在 Vue 实例内部可以通过$router 访问路由实例，因此通过调用 this.$router.push 即可实现页面的跳转。

该方法的参数可以是一个字符串路径，或者是一个描述地址的对象。示例代码如下：

```
// 跳转到字符串表示的路径
this.$router.push('home')
// 跳转到指定路径
this.$router.push({ path: 'home' })
// 跳转到指定命名的路由
this.$router.push({ name: 'user' })
//跳转到指定路径并带有查询参数
this.$router.push({ path: 'home', query: { id: '2' }})
// 跳转到指定命名的路由并带有查询参数
this.$router.push({ name: 'user', params: { userId: '1' }})
```

命名视图

11.1.7　命名视图

有些页面布局分为顶部、左侧导航栏和主内容 3 个部分，这种情况下需要将每个部分定义为一个视图。为了在界面中同时展示多个视图，需要为每个视图（router-view）进行命名，通过名字进行对应组件的渲染。在界面中可以有多个单独命名的视图，而不是只有一个单独的出口。如果没有为 router-view 设置名称，那么它的名称默认为

default。例如，为界面设置 3 个视图的代码如下：

```
<router-view class="top"></router-view>
<router-view class="left" name="left"></router-view>
<router-view class="main" name="main"></router-view>
```

由于一个视图使用一个组件渲染，因此对于同一个路由，多个视图就需要多个组件进行渲染。为上述 3 个视图应用组件进行渲染的代码如下：

```
var router = new VueRouter({
    routes: [
    {
            path: '/',
            components: {
                default: Top,
                left: Left,
                main: Main
            }
        }
    ]
})
```

下面是一个应用多视图的简单示例，代码如下：

```
<div id="app">
   <ul>
      <li>
         <router-link to="/one">界面一</router-link>
      </li>
      <li>
         <router-link to="/two">界面二</router-link>
      </li>
   </ul>
    <router-view class="left" name="left"></router-view>
    <router-view class="main" name="main"></router-view>
</div>
<script type="text/javascript">
   var LeftOne = {//定义LeftOne组件
      template: '<div>左侧导航栏一</div>'
   };
   var MainOne = {//定义MainOne组件
      template: '<div>主内容一</div>'
   };
   var LeftTwo = {//定义LeftTwo组件
      template: '<div>左侧导航栏二</div>'
   };
   var MainTwo = {//定义MainTwo组件
      template: '<div>主内容二</div>'
   };
   var router = new VueRouter({
      routes: [{
         path: '/one',
            // /one匹配成功后渲染的组件
         components: {
            left: LeftOne,
```

```
                main: MainOne
            }
        }, {
            path: '/two',
                // /two匹配成功后渲染的组件
            components: {
                left: LeftTwo,
                main: MainTwo
            }
        }]
    });
    var app = new Vue({
        el: '#app',
        router
    });
</script>
```

运行结果如图 11-7、图 11-8 所示。

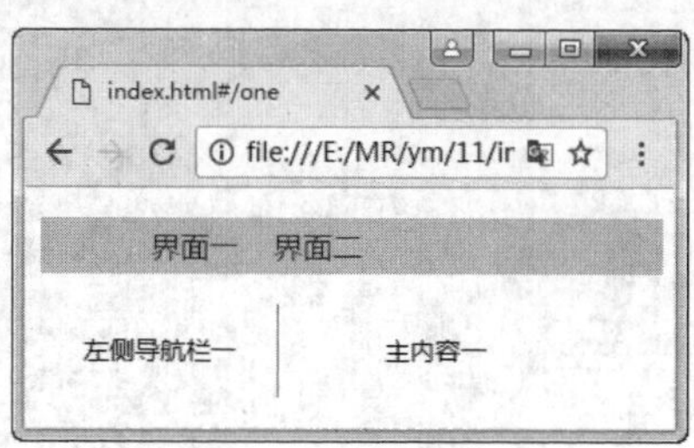

图 11-7　展示界面一

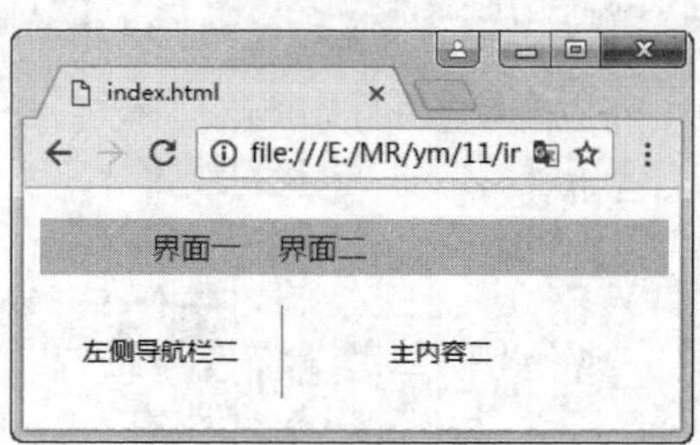

图 11-8　展示界面二

11.1.8　重定向

如果为要访问的路径设置了重定向规则，则访问该路径时会被重定向到指定的路径。重定向也是通过 routes 配置来完成。例如，设置路径从/a 重定向到/b 的代码如下：

```
var router = new VueRouter({
    routes: [
    { path: '/a', redirect: '/b' }
    ]
})
```

上述代码中，当用户访问路径/a 时，URL 中的/a 将会被替换为/b，并匹配路由/b，该路由映射的组件将被渲染。

重定向的目标也可以是一个命名的路由。例如，将路径/a 重定向到名称为 user 的路由，代码如下：

```
var router = new VueRouter({
    routes: [
    { path: '/a', redirect: { name: 'user' }}      //重定向到名称为user的路由
    ]
})
```

11.2　应用 axios 实现 Ajax 请求

在实际开发过程中，通常需要和服务端进行数据交互。而 Vue.js 并未提供与服务端通信的接口。在 Vue 1.0

版本的时代，官方推荐使用 vue-resource 插件实现基于 Ajax 的服务端通信。但是自从 Vue.js 更新到 2.0 版本之后，官方已不再对 vue-resource 进行更新和维护。从 Vue.js 2.0 版本之后，官方推荐使用 axios 来实现 Ajax 请求。axios 是一个基于 promise 的 HTTP 客户端，它的主要特点如下。

- ❑ 从浏览器中创建 XMLHttpRequest
- ❑ 从 node.js 发出 HTTP 请求
- ❑ 支持 Promise API
- ❑ 拦截请求和响应
- ❑ 转换请求和响应数据
- ❑ 取消请求
- ❑ 自动转换 JSON 数据
- ❑ 客户端支持防止 CSRF/XSRF

下面具体介绍 axios 的使用。

引入方式

11.2.1 引入方式

在使用 axios 之前需要在页面中引入 axios，主要方式如下。

1. 直接下载并使用<script>标签引入

在 github 开源地址可以直接下载 axios 文件并使用<script>标签引入。下载步骤如下。

（1）进入 github 页面，找到“Clone or download”超链接并用鼠标单击，如图 11-9 所示。

（2）用鼠标单击图 11-9 中的“Download ZIP”超链接，弹出下载对话框，如图 11-10 所示。单击对话框中的“确定”按钮，即可将压缩文件夹下载到本地计算机上。

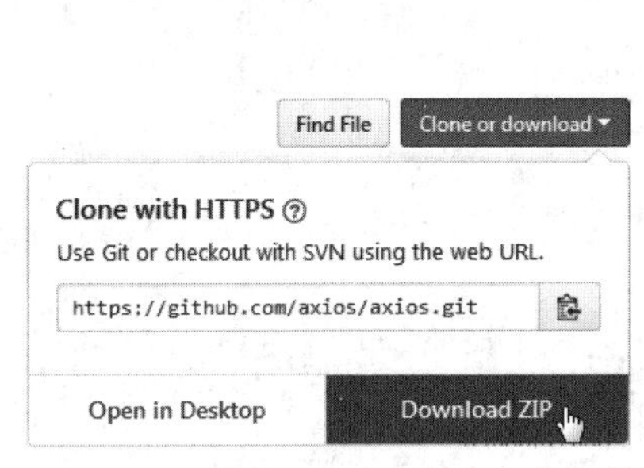

图 11-9 单击“Clone or download”超链接

图 11-10 弹出下载对话框

对压缩文件夹进行解压缩，找到 axios-master\dist 文件夹下的 axios.min.js 文件。将该文件放置到项目的指定文件夹中，通常和 vue.js 文件统一放置在项目的 JS 文件夹中，然后在页面中使用下面的语句，将其引入到文件中。

```
<script type="text/javascript" src="JS/axios.min.js"></script>
```

2. 使用 CDN 方法

在项目中使用 axios，还可以采用引用外部 CDN 文件的方式。在项目中直接通过<script>标签加载 CDN 文件，代码如下：

```
<script src="https://unpkg.com/axios/dist/axios.min.js"></script>
```

11.2.2 GET 请求

使用 axios 发送 GET 请求有两种格式，第 1 种格式如下：

```
axios(options)
```

采用这种格式需要将发送请求的所有配置选项写在 options 参数中。示例代码如下：

```
axios({
    method: 'get',     //请求方式
    url:'/user',          //请求的URL
    params:{name:'jack',age:20}     //传递的参数
})
```

第 2 种格式如下：

```
axios.get(url[,options])
```

参数说明如下。

- url：请求的服务器 URL。
- options：发送请求的配置选项。

示例代码如下：

```
axios.get('server.php',{
    params:{     //传递的参数
        name:'jack',
        age:20
    }
})
```

使用 axios 无论发送 GET 请求还是 POST 请求，在发送请求后都需要使用回调函数对请求的结果进行处理。.then 方法用于处理请求成功的回调函数，而.catch 方法用于处理请求失败的回调函数。示例代码如下：

```
axios.get('server.php',{
    params:{     //传递的参数
        name:'jack',
        age:20
    }
}).then(function(response){
    console.log(response.data);
}).catch(function(error){
    console.log(error);
})
```

这两个回调函数都有各自独立的作用域，直接在函数内部使用 this 并不能访问到 Vue 实例。这时，只要在回调函数的后面添加.bind(this)就能解决这个问题。

【例 11-2】 在用户注册表单中，使用 axios 检测用户名是否被占用，关键代码如下：（实例位置：资源包\MR\源码\第 11 章\11-2）

```
<div id="box">
    <h2>检测用户名</h2>
    <form>
        <label for="type">用户名：</label>
        <input type="text" v-model="username" size="10">
        <span :style="{color:fcolor}">{{info}}</span>
    </form>
</div>
<script type="text/javascript">
```

```
var vm = new Vue({
    el: '#box',
    data: {
        username: '',
        info: '',
        fcolor: ''
    },
    watch: {
        username: function(val){
            axios({
                method: 'get',
                url:'user.json'
            }).then(function(response){
                var nameArr = response.data;//获取响应数据
                var result = true;//定义变量
                for(var i=0;i<nameArr.length;i++){
                    if(nameArr[i].name == val){//判断用户名是否已存在
                        result = false;//为变量重新赋值
                        break;//退出for循环
                    }
                }
                if(!result){      //用户名已存在
                    this.info = '该用户名已被他人使用！';
                    this.fcolor = 'red';
                }else{         //用户名不存在
                    this.info = '恭喜，该用户名未被使用！';
                    this.fcolor = 'green';
                }
            }.bind(this));
        }
    }
});
</script>
```

运行实例，在文本框中输入用户名，在文本框右侧会实时显示检测结果，如图 11-11 所示。

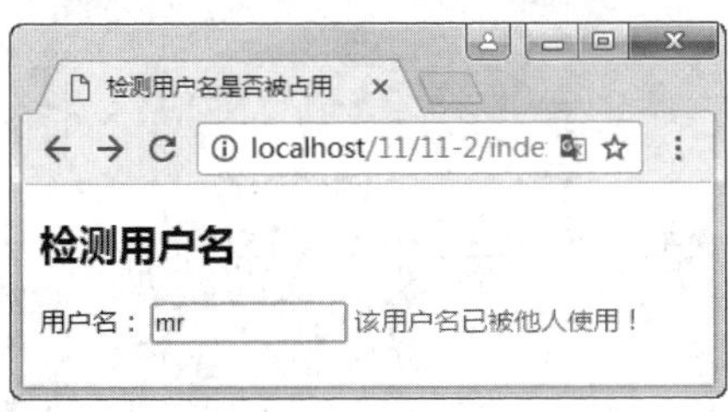

图 11-11　输出检测结果

说明

运行 axios 代码需要在服务器环境中，否则会抛出异常。推荐使用 Apache 作为 Web 服务器。安装服务器后，将本章实例文件夹“11”存储在网站根目录（通常为安装目录下的 htdocs 文件夹）下，在地址栏中输入“http://localhost/11/11-2/index.html”，然后单击<Enter>键运行该实例。

11.2.3 POST 请求

使用 axios 发送 POST 请求同样有两种格式，第 1 种格式如下：

```
axios(options)
```

采用这种格式需要将发送请求的所有配置选项写在 options 参数中。示例代码如下：

```
axios({
    method:'post',      //请求方式
    url:'/user',          //请求的URL
    data:'name=jack&age=20'     //发送的数据
})
```

第 2 种格式如下：

```
axios.post(url,data,[options])
```

参数说明如下。

- url：请求的服务器 URL。
- data：发送的数据。
- options：发送请求的配置选项。

示例代码如下：

```
axios.post('server.php','name=jack&age=20')
```

axios 采用 POST 方式发送数据时，数据传递的方式有多种，其中最简单的一种是将传递的参数写成 URL 查询字符串的方式，例如，“name=jack&age=20”。

【例 11-3】 在用户登录表单中，使用 axios 检测用户登录是否成功，关键代码如下：（实例位置：资源包\MR\源码\第 11 章\11-3）

```
<div id="box">
    <div class="title">用户登录</div>
    <form>
        <div class="one">
            <label for="type">用户名：</label>
            <input type="text" v-model="username">
        </div>
        <div class="one">
            <label for="type">密码：</label>
            <input type="password" v-model="pwd">
        </div>
        <div class="two">
            <input type="button" value="登录" @click="login">
            <input type="reset" value="重置">
        </div>
    </form>
</div>
<script type="text/javascript">
var vm = new Vue({
    el: '#box',
    data: {
```

```
            username: '',
            pwd: ''
        },
        methods: {
            login: function(){
                if (this.username == "" || this.pwd == "") {
                    alert("请输入用户名或密码");
            } else {
                    axios({
                        method: 'post',
                        url: 'searchrst.php',//请求服务器URL
                        //传递的数据
                        data: 'username='+this.username+'&pwd='+this.pwd
                    }).then(function(response){
                        if(response.data){//根据服务器返回的响应判断登录结果
                            alert("登录成功！");
                        }else{
                            alert("您输入的用户名或密码不正确！");
                        }
                    }).catch(function(error){
                        alert(error);
                    });
                }
            }
        }
    });
</script>
```

运行实例，在表单中输入用户名和密码，单击“登录”按钮后会显示登录结果，如图 11-12 所示。

图 11-12　输出登录结果

在运行该实例之前，需要将数据库文件夹 db_user 复制到 MySQL 安装目录的 data 文件夹下。

小 结

本章主要介绍了 Vue.js 中的路由和数据请求的功能。通过 vue-router 插件可以实现路由管理，通过 axios 可以方便地实现和服务端进行数据交互。

上机指导

视频位置：资源包\视频\第 11 章　常用插件\上机指导.mp4

应用嵌套路由实现文字选项卡和内容的切换。运行程序，页面中有“音乐”“电影”和“新闻”3 个类别选项卡，单击不同选项卡下的子栏目可以显示对应的内容，结果如图 11-13、图 11-14 所示。（实例位置：资源包\MR\上机指导\第 11 章\）

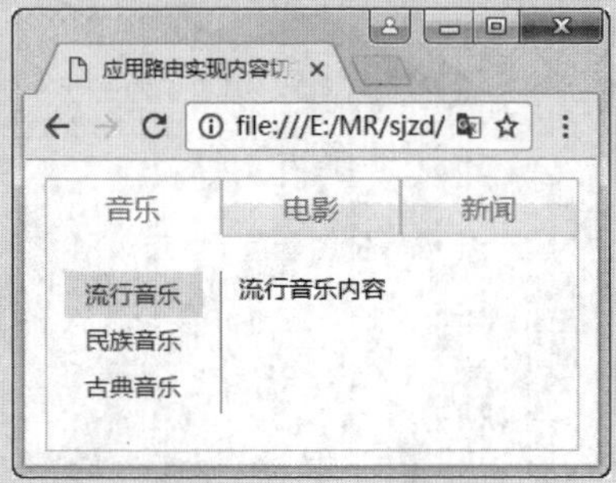

图 11-13　显示流行音乐内容

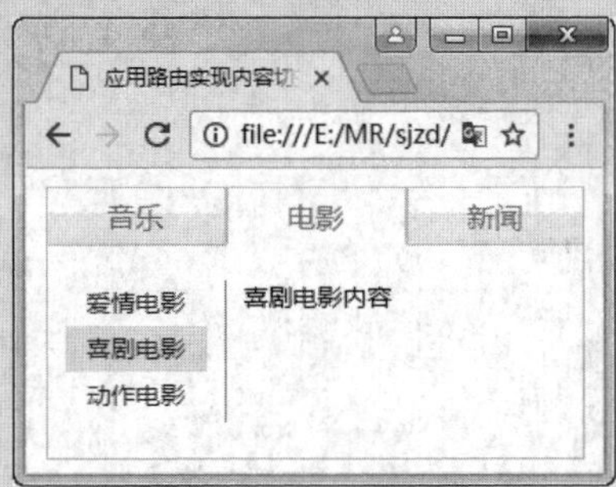

图 11-14　显示喜剧电影内容

开发步骤如下。

（1）创建 HTML 文件，在文件中引入 Vue.js 文件和 vue-router.js 文件，代码如下：

```
<script src="../JS/vue.js"></script>
<script src="../JS/vue-router.js"></script>
```

（2）编写 HTML 代码，首先定义<div>元素，并设置其 id 属性值为 example，在该元素中应用<router-link>组件定义 3 个选项卡，并应用<router-view>渲染 3 个选项卡对应的组件内容。然后定义 3 个选项卡对应的组件模板内容。代码如下：

```
<div id="example">
    <div class="box">
        <ul class="mainmenu" :class="current">
            <li class="music" v-on:click="current='music'">
                <router-link to="/music">音乐</router-link>
            </li>
            <li class="videos" v-on:click="current='videos'">
                <router-link to="/movie">电影</router-link>
            </li>
            <li class="news" v-on:click="current='news'">
                <router-link to="/news">新闻</router-link>
            </li>
        </ul>
        <router-view></router-view>
```

```
        </div>
    </div>
    <template id="music">
        <div class="sub">
            <div class="submenu">
                <ul :class="subcur">
                    <li class="first" v-on:click="subcur='first'">
                        <router-link to="/music/pop">流行音乐</router-link>
                    </li>
                    <li class="second" v-on:click="subcur='second'">
                        <router-link to="/music/nat">民族音乐</router-link>
                    </li>
                    <li class="third" v-on:click="subcur='third'">
                        <router-link to="/music/cla">古典音乐</router-link>
                    </li>
                </ul>
            </div>
            <router-view></router-view>
        </div>
    </template>
    <template id="movie">
        <div class="sub">
            <div class="submenu">
                <ul :class="subcur">
                    <li class="first" v-on:click="subcur='first'">
                        <router-link to="/movie/love">爱情电影</router-link>
                    </li>
                    <li class="second" v-on:click="subcur='second'">
                        <router-link to="/movie/comedy">喜剧电影</router-link>
                    </li>
                    <li class="third" v-on:click="subcur='third'">
                        <router-link to="/movie/action">动作电影</router-link>
                    </li>
                </ul>
            </div>
            <router-view></router-view>
        </div>
    </template>
    <template id="news">
        <div class="sub">
            <div class="submenu">
                <ul :class="subcur">
                    <li class="first" v-on:click="subcur='first'">
                        <router-link to="/news/ent">娱乐新闻</router-link>
                    </li>
                    <li class="second" v-on:click="subcur='second'">
                        <router-link to="/news/sport">体育新闻</router-link>
                    </li>
                    <li class="third" v-on:click="subcur='third'">
```

```
                    <router-link to="/news/social">社会新闻</router-link>
                </li>
            </ul>
        </div>
        <router-view></router-view>
    </div>
</template>
```

（3）编写 CSS 代码，为页面元素设置样式，具体代码请参考本书附带资源包。

（4）编写 JavaScript 代码，首先定义各个路由组件，然后定义嵌套路由，最后创建 VueRouter 实例和 Vue 实例。代码如下：

```
<script type="text/javascript">
var Music = {
    data : function(){
        return {
            subcur : 'first'//选择子栏目的类名
        }
    },
    template : '#music'//组件的模板
}
var Movie = {
    data : function(){
        return {
            subcur : 'first'//选择子栏目的类名
        }
    },
    template : '#movie'//组件的模板
}
var News = {
    data : function(){
        return {
            subcur : 'first'//选择子栏目的类名
        }
    },
    template : '#news'//组件的模板
}
var Popular = {
    template : '<div>流行音乐内容</div>'
}
var National = {
    template : '<div>民族音乐内容</div>'
}
var Classical = {
    template : '<div>古典音乐内容</div>'
}
var Love = {
    template : '<div>爱情电影内容</div>'
}
var Comedy = {
```

```
    template : '<div>喜剧电影内容</div>'
}
var Action = {
    template : '<div>动作电影内容</div>'
}
var Ent = {
    template : '<div>娱乐新闻内容</div>'
}
var Sport = {
    template : '<div>体育新闻内容</div>'
}
var Social = {
    template : '<div>社会新闻内容</div>'
}
var routes = [
   {
        path: '/music',
        component: Music,
        children:[
          {  //默认路由
              path:"",
              component:Popular
          },
              {
              path:"pop",
              component:Popular
          },
          {
              path:"nat",
              component:National
          },
          {
              path:"cla",
              component:Classical
          }
        ]
     },
     {
        path: '/movie',
        component: Movie,
        children:[
          {  //默认路由
             path:"",
             component:Love
          },
             {
             path:"love",
             component:Love
          },
```

```
                {
                    path:"comedy",
                    component:Comedy
                },
                {
                    path:"action",
                    component:Action
                }
            ]
        },
        {
            path: '/news',
            component: News,
            children:[
                {  //默认路由
                    path:"",
                    component:Ent
                },
                {
                    path:"ent",
                    component:Ent
                },
                {
                    path:"sport",
                    component:Sport
                },
                {
                    path:"social",
                    component:Social
                }
            ]
        },
        {      //没有找到路由进行重定向
            path: "*",
            redirect: '/music'
        }
    ]
    var router = new VueRouter({
        routes     //注入路由
    })
    var app = new Vue({
        el: '#example',
        data: {
            current : 'music'
        },
        router
    });
    </script>
```

习题

11-1 简述引入 vue-router 插件的几种方式。

11-2 在应用路由时如何在界面中同时展示多个视图?

11-3 在使用 axios 发送请求后的回调函数中，怎样访问当前 Vue 实例中的数据?

PART12

第12章

单页Web应用

本章要点

- webpack基本用法
- loader简介
- 单文件组件
- 项目目录结构

将多个组件写在同一个文件的方式适用于一些中小规模的项目。但是如果在更复杂的项目中，这种方式就会出现很多弊端。为此，Vue.js 提供了文件扩展名为.vue 的单文件组件。单文件组件是Vue.js 自定义的一种文件格式，一个.vue 文件就是一个单独的组件，而多个组件组合在一起就可以实现单页Web 应用。本章主要介绍如何使用Vue.js 实现实际SPA(单页Web应用) 项目的开发。

12.1 webpack 简介

webpack 是一个前端资源加载和打包工具。它可以将各种资源（例如，JS、CSS 样式、图片等）作为模块来使用，然后将这些模块按照一定规则进行打包处理，从而生成对应的静态资源。将模块进行打包处理的示意图如图 12-1 所示。

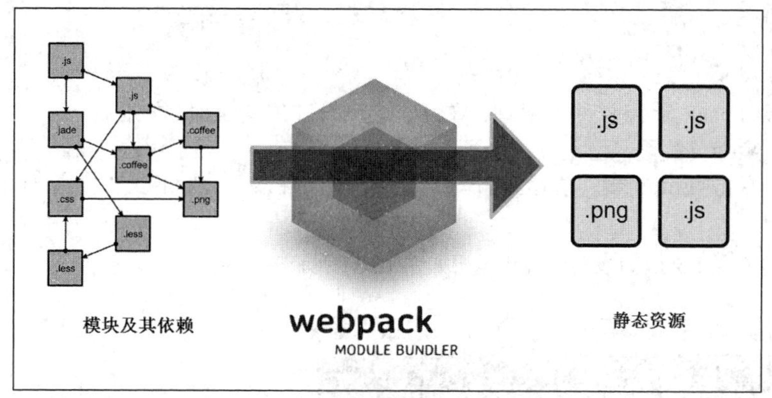

图 12-1　模块打包处理示意图

由图 12-1 可以看出，webpack 可以将多个模块转换成静态资源，减少了页面的请求。下面介绍 webpack 的安装与使用。

webpack 的安装

12.1.1 webpack 的安装

在安装 webpack 之前，首先需要在计算机中安装 node.js 的最新版本。node.js 可以在它的官方网站中下载。关于 node.js 的下载与安装这里不作描述。在安装 node.js 之后，下面开始实现 webpack 的安装。具体安装步骤如下。

（1）打开命令提示符窗口，对 webpack 和 webpack-cli 进行全局安装。输入命令如下：

```
npm install webpack webpack-cli -g
```

webpack-cli 工具用于在命令行中运行 webpack。

（2）在指定路径“E:\MR\ym\12”下创建项目文件夹 app，然后在命令提示符窗口中将当前路径切换到“E:\MR\ym\12\app”，接下来使用 npm 命令初始化项目，输入命令如下：

```
npm init
```

（3）对 webpack 进行本地安装，输入命令如下：

```
npm install webpack --save-dev
```

基本使用

12.1.2 基本使用

下面通过一个简单的应用了解通过 webpack 命令实现打包的过程。在 app 文件夹下创建 entry.js 文件和 index.html 文件。entry.js 文件为项目的入口文件，代码如下：

```
document.write("Hello webpack");
```

index.html 文件的代码如下：

```
<!DOCTYPE html>
<html lang="en">
  <head>
    <meta charset="UTF-8">
  </head>
  <body>
    <script type="text/javascript" src="bundle.js"></script>
  </body>
</html>
```

接下来使用 webpack 命令进行打包处理，在命令提示符窗口中输入命令如下：

```
webpack entry.js -o bundle.js --mode=development
```

输入命令后，单击<Enter>键，这时会编译 entry.js 文件并生成 bundle.js 文件。执行后的结果如图 12-2 所示。

在浏览器中打开 index.html 文件，输出结果如图 12-3 所示。

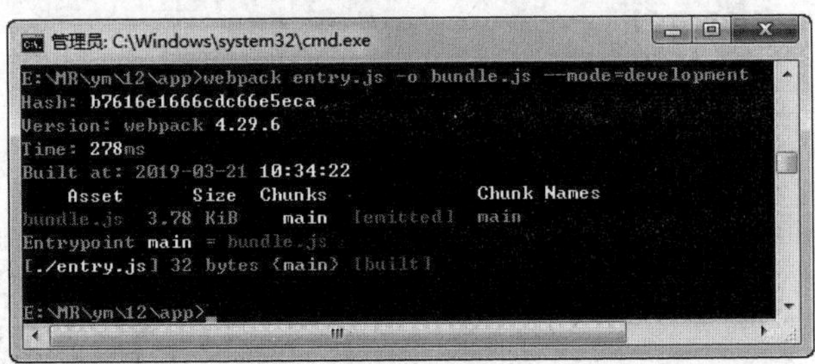

图 12-2　执行 webpack 命令

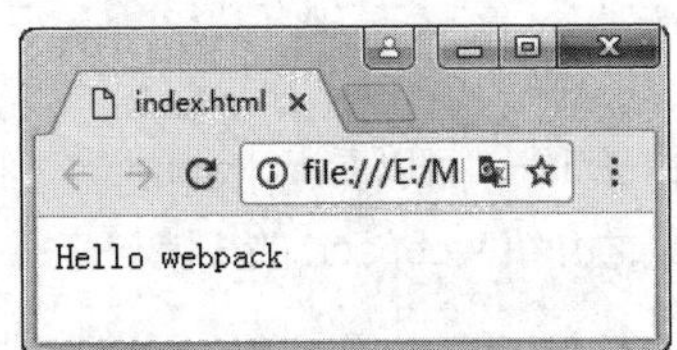

图 12-3　输出结果

下面在 app 文件夹下创建另一个 JavaScript 文件 module.js，代码如下：

```
module.exports = "欢迎访问本网站！";//指定对外接口
```

对 entry.js 文件进行修改，基于 CommonJS 规范引用 module.js 文件，代码如下：

```
var str = require("./module.js");//引入module.js文件
document.write(str);
```

这时，再次使用 webpack 命令进行打包处理，执行后的结果如图 12-4 所示。

在浏览器中重新访问 index.html 文件，输出结果如图 12-5 所示。

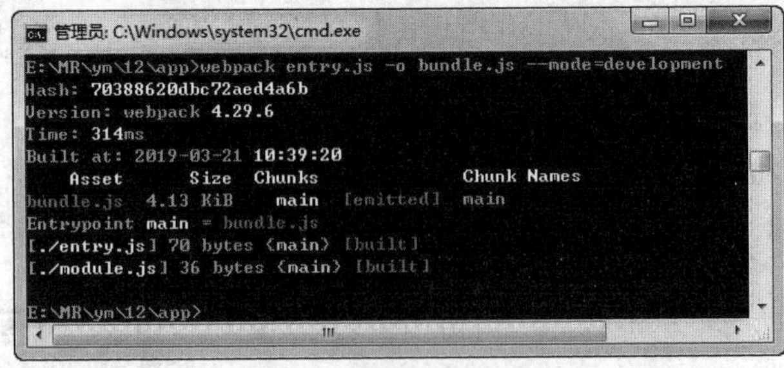

图 12-4　执行 webpack 命令

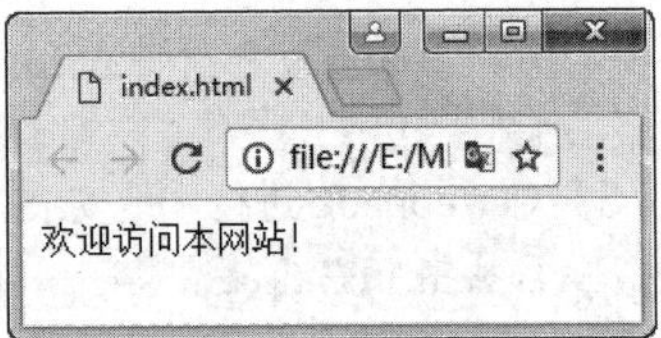

图 12-5　输出结果

通过上述应用可以看出，webpack 从入口文件开始对依赖文件（通过 import 或 require 引入的其他文件）进行打包，webpack 会解析依赖的文件，然后将内容输出到 bundle.js 文件中。

12.2 loader 简介

loader 是基于 webpack 的加载器。webpack 本身只能处理 JavaScript 模块，如果要处理其他类型的模块（文件），就需要使用 loader（加载器）进行转换。下面介绍如何通过 loader 引入 CSS 文件和图片文件。

12.2.1 加载 CSS

如果想要在应用中添加 CSS 文件（模块），就需要使用 css-loader 和 style-loader 加载器。css-loader 加载器用于加载 CSS 文件，而 style-loader 加载器会将原来的 CSS 代码插入页面中的一个<style>标签中。

在命令提示符窗口中对 css-loader 和 style-loader 进行安装，输入命令如下：

```
npm install css-loader style-loader --save-dev
```

安装完成后继续之前的应用。在 app 文件夹下创建一个 CSS 文件 style.css，在文件中编写 CSS 代码，为文字的大小和颜色进行设置，代码如下：

```
body{
    font-size:36px;/* 设置文字大小 */
    color:red;/* 设置文字颜色 */
}
```

对 entry.js 文件进行修改，修改后的代码如下：

```
require("!style-loader!css-loader!./style.css");//引入style.css文件
var str = require("./module.js");//引入module.js文件
document.write(str);
```

这时，再次使用 webpack 命令进行打包处理，执行后的结果如图 12-6 所示。

在浏览器中重新访问 index.html 文件，可以看到红色和放大的文本，输出结果如图 12-7 所示。

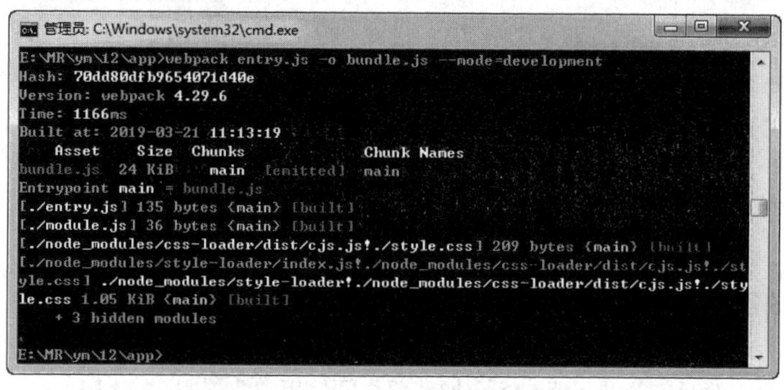

图 12-6　执行 webpack 命令

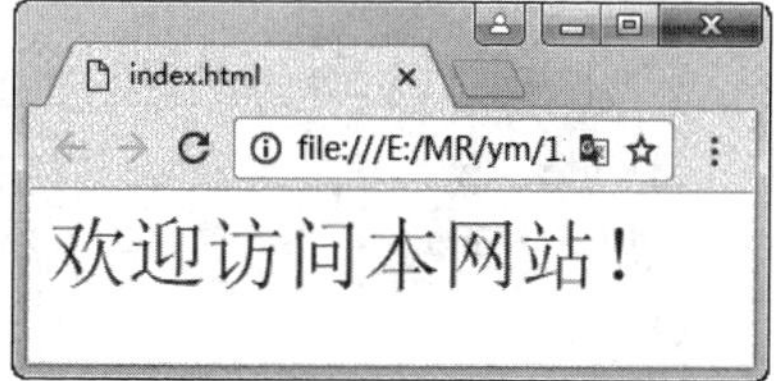

图 12-7　输出结果

12.2.2 webpack 配置文件

在应用 webpack 进行打包操作时，除了在命令行传入参数之外，还可以通过指定的配置文件来执行。将一些编译选项放在一个配置文件中，以便于集中管理。在项目根目录下不传入参数，直接调用 webpack 命令，webpack 会默认调用项目根目录下的配置文件 webpack.config.js，该文件中的配置选项需要通过 module.exports 导出，格式如下：

```
module.exports = {
    // 配置选项
}
```

下面介绍几个常用配置选项的含义及其使用方法。

1. mode

webpack 4 以上版本提供了 mode 配置选项，该选项用于配置开发项目使用的模式，根据指定的模式选择使用相应的内置优化。可能的值有 production（默认）、development 和 none。

- production

生产模式，使用该模式打包时，webpack 会自动启用 JS Tree Sharking 和文件压缩。

- development

开发模式，使用该模式打包时，webpack 会启用 NamedChunksPlugin 和 NamedModulesPlugin 插件。

- none

使用该模式打包时，webpack 不会使用任何内置优化。

示例代码如下：

```
mode : 'development',// 指定开发模式
```

2. entry

该选项用于配置要打包的入口文件。该选项指定的路径为相对于配置文件所在文件夹的路径。示例代码如下：

```
entry : './entry.js'
```

3. output

该选项用于配置输出信息。通过 output.path 指定打包后的文件路径，通过 output.filename 指定打包后的文件名。示例代码如下：

```
output : {
    path : __dirname + '/dist',// __dirname用于获取当前文件的绝对路径
    filename : 'bundle.js'
}
```

4. module

该选项用于对加载的模块进行配置。通过 module.rules 指定规则数组。这些规则可以对模块应用加载器。规则是一个对象，该对象有以下几个常用属性。

- test

该属性值是一个正则表达式。webpack 通过它去匹配相应的文件，通常用来匹配文件的后缀名。

- exclude

该属性用于指定不被加载器处理的文件。

- include

该属性值通常是一个路径数组，这些路径会被加载器处理。

- loader

该属性用于指定应用 test 属性匹配到的文件对应的加载器，多个加载器之间使用“!”分隔。

示例代码如下：

```
module : {
    rules : [
        {
            test : /\.css$/,// 匹配CSS文件
            loader : 'style-loader!css-loader'
        }
    ]
}
```

5. plugins

该选项用于配置使用的插件。使用插件可以实现一些 loader 不能完成的任务。webpack 自带了一些内置

插件。要使用某个插件，需要通过 npm 对其进行安装，然后在 webpack.config.js 的 plugins 选项中添加该插件的一个实例。下面以一个比较常用的插件 HtmlWebpackPlugin 为例介绍插件的使用方法。

通过 HtmlWebpackPlugin 插件可以帮助生成最终的 HTML 文件。在这个文件中自动引用了打包后的 JavaScript 文件，而不再需要向 HTML 中手动添加生成的文件。

首先安装这个插件。在命令提示符窗口中输入命令如下：

```
npm install html-webpack-plugin --save-dev
```

安装完成后，在配置文件中需要对该插件进行引入并使用。示例代码如下：

```
var HtmlWebpackPlugin = require('html-webpack-plugin');// 引入插件
module.exports = {
    // 其他配置选项
    plugins : [
            new HtmlWebpackPlugin() // 使用插件
    ]
};
```

下面通过之前的应用来了解配置文件的使用。对 entry.js 文件进行修改，修改后的代码如下：

```
require("./style.css");//引入style.css文件
var str = require("./module.js");//引入module.js文件
document.write(str);
```

在项目根目录下创建配置文件 webpack.config.js，在文件中对主要选项进行配置，代码如下：

```
var HtmlWebpackPlugin = require('html-webpack-plugin');// 引入插件
module.exports = {
   mode : 'development',// 指定开发模式
   // 入口文件配置
   entry : './entry.js',
   // 输出配置
   output : {
       path : __dirname + '/dist',// __dirname用于获取当前文件的绝对路径
       filename : 'bundle.js'// 设置输出文件名
   },
   // 加载器配置
   module : {
       rules : [
           {
               test : /\.css$/,// 匹配CSS文件
               loader : 'style-loader!css-loader'
           }
       ]
   },
   //插件配置
   plugins : [
       new HtmlWebpackPlugin() // 使用插件
   ]
};
```

这时，在命令提示符窗口中，不传入参数，直接调用 webpack 命令即可进行打包处理。打包完成后，在项目根目录下会自动生成 dist 文件夹，在该文件夹中会自动生成 bundle.js 文件和 index.html 文件。其中，index.html 文件的代码如下：

```
<!DOCTYPE html>
<html>
  <head>
```

```
        <meta charset="UTF-8">
        <title>Webpack App</title>
    </head>
    <body>
    <script type="text/javascript" src="bundle.js"></script></body>
</html>
```

由 index.html 文件的内容可知，在最终生成的 HTML 文件中自动引用了打包后的 JavaScript 文件。

12.2.3 加载图片文件

加载图片文件

在应用中加载图片文件需要使用 file-loader 加载器。在命令提示符窗口中对 file-loader 进行安装，输入命令如下：

```
npm install file-loader --save-dev
```

安装完成后继续之前的应用。在项目根目录下新建 images 文件夹，并存入一张图片 banner.jpg。然后对 style.css 文件进行修改，修改后的代码如下：

```
body{
    background:url(images/banner.jpg) no-repeat;
}
```

修改配置文件 webpack.config.js，修改后的代码如下：

```
var HtmlWebpackPlugin = require('html-webpack-plugin');// 引入插件
module.exports = {
    mode : 'development',// 指定开发模式
    // 入口文件配置
    entry : './entry.js',
    // 输出配置
    output : {
        path : __dirname + '/dist',// __dirname用于获取当前文件的绝对路径
        filename : 'bundle.js'// 设置输出文件名
    },
    // 加载器配置
    module : {
        rules : [
            {
                test : /\.css$/,// 匹配CSS文件
                loader : 'style-loader!css-loader'
            },
            {
                test : /\.(jpg|png|gif)$/,// 匹配指定格式的图片文件
                loader : 'file-loader',
                options : {
                    name : '[path][name].[ext]'// 生成的路径和文件名
                }
            }
        ]
    },
    //插件配置
    plugins : [
        new HtmlWebpackPlugin() // 使用插件
    ]
};
```

在命令提示符窗口中执行 webpack 命令进行打包处理。打包完成后，在 dist 文件夹中会自动生成图片文件夹 images。

在浏览器中重新访问 index.html 文件，输出结果如图 12-8 所示。

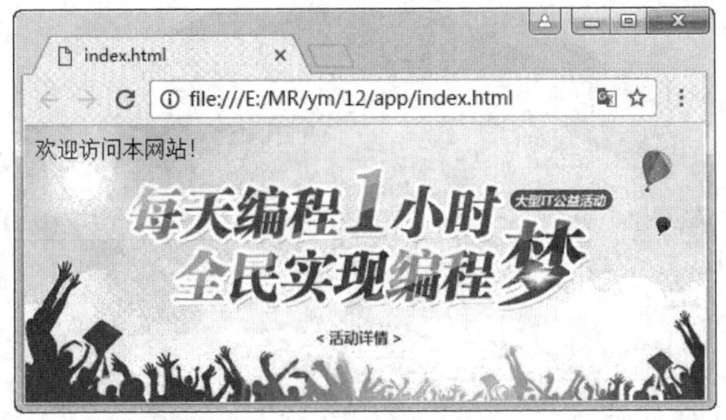

图 12-8　输出结果

在上面的应用中，webpack 会首先处理入口文件 entry.js，将其所包含的依赖文件进行编译，再合并成一个 JavaScript 文件输出到 output 选项设置的路径中，然后应用 HtmlWebpackPlugin 插件将该文件通过<script>标签插入到 HTML 文件中，最终生成静态文件 index.html 和 bundle.js 文件。

单文件组件

12.3　单文件组件

在早期编写一个组件时，通常会将一个组件的 HTML、JavaScript 和 CSS 放在 3 个不同的文件中，再应用编译工具整合到一起。这样非常不利于后期的维护。有了 webpack 和 loader 之后，可以将一个组件的 HTML、JavaScript 和 CSS 应用各自的标签写在一个文件中，文件的扩展名为.vue。这样的文件即为单文件组件。webpack 和 loader 会将单文件组件中的三部分代码分别编译成可执行的代码。

在应用中处理.vue 文件需要使用 vue-loader 加载器和 vue-template-compiler 工具。

下面通过一个简单的示例来说明如何在应用中使用单文件组件。具体实现步骤如下。

（1）创建项目文件夹 myapp，在命令提示符窗口中将当前路径切换到该文件夹所在路径，使用 npm 命令初始化项目，命令如下：

```
npm init
```

（2）安装 Vue.js，命令如下：

```
npm install vue
```

（3）对 webpack 进行本地安装，命令如下：

```
npm install webpack --save-dev
```

（4）安装所需要的加载器和工具，命令如下：

```
npm install vue-loader vue-template-compiler css-loader style-loader html-webpack-plugin --save-dev
```

（5）在项目根目录下创建一个 src 文件夹，在 src 文件夹中创建 Demo.vue 文件，代码如下：

```
<template>
```

```
    <p>{{ msg }}</p>
</template>
<script>
export default {
    data: function () {
    return {
            msg: '明日学院欢迎您'
    }
    }
}
</script>
<style scoped>
p {
    font-size: 36px;
    text-align: center;
    color: #0000FF
}
</style>
```

在默认情况下，单文件组件中的 CSS 样式是全局样式。如果需要使 CSS 样式仅在当前组件中生效，需要设置<style>标签的 scope 属性。

（6）在 src 文件夹中创建 main.js 文件，该文件作为入口文件。代码如下：

```
import Vue from 'vue'    //引入Vue.js
import Demo from './Demo.vue'    //引入Demo.vue组件
new Vue({
    el : '#app',
    render: h => h(Demo)    //渲染视图
})
```

（7）在项目根目录下创建配置文件 webpack.config.js，代码如下：

```
var HtmlWebpackPlugin = require('html-webpack-plugin');// 引入插件
var VueLoaderPlugin = require('vue-loader/lib/plugin');
module.exports = {
    mode : 'development',// 指定开发模式
    // 入口文件配置
    entry : './src/main.js',
    // 输出配置
    output : {
        path : __dirname + '/dist',// __dirname用于获取当前文件的绝对路径
        filename : 'bundle.js'// 设置输出文件名
    },
    // 加载器配置
    module : {
        rules : [
            {
                test : /\.css$/,// 匹配CSS文件
                loader : 'style-loader!css-loader'
            },
            {
```

```
                test : /\.vue$/,// 匹配.vue文件
                loader : 'vue-loader'
            }
        ]
    },
    //插件配置
    plugins : [
        new HtmlWebpackPlugin(), // 使用插件
        new VueLoaderPlugin()
    ]
};
```

（8）在项目根目录下创建 index.html 文件，代码如下：

```
<!DOCTYPE html>
<html lang="en">
<head>
<meta charset="UTF-8">
</head>
<body>
<div id="app"></div>
<script type="text/javascript" src="dist/bundle.js"></script>
</body>
</html>
```

（9）使用 webpack 命令进行打包处理。在浏览器中访问项目根目录下的 index.html 文件，输出结果如图 12-9 所示。

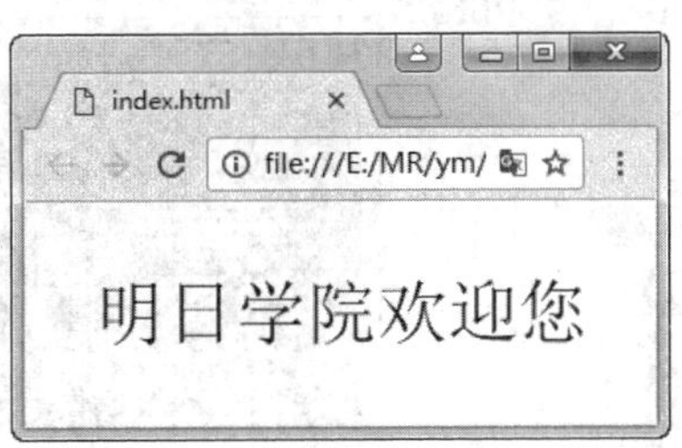

图 12-9　输出结果

12.4　项目目录结构

使用 Vue.js 开发较大的应用时，需要考虑项目的目录结构、配置文件和项目所需的各种依赖等方面。如果手动完成这些配置工作，工作效率会非常低。为此，官方提供了一款脚手架生成工具@vue/cli，通过该工具可以快速构建项目。

@vue/cli 的安装

12.4.1　@vue/cli 的安装

@vue/cli 是应用 node 编写的命令行工具，需要进行全局安装。打开命令提示符窗口，输入命令如下：

```
npm install -g @vue/cli
```

安装完成之后，可以在命令行中执行如下命令：

```
vue --version
```

如果在窗口中显示了@vue/cli 的版本号，则表示安装成功，如图 12-10 所示。

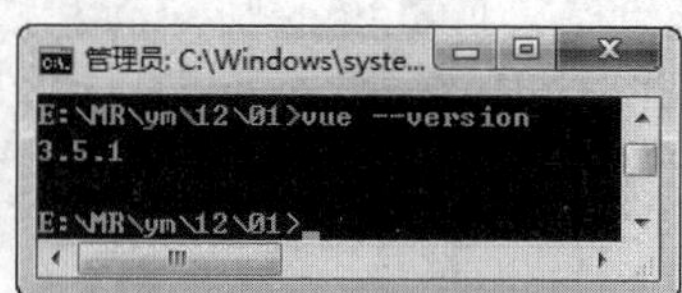

图 12-10　显示@vue/cli 的版本号

@vue/cli 需要 Node.js 8.9 或更高版本（推荐 8.11.0+）。

12.4.2　创建项目

创建项目

使用@vue/cli 可以快速生成一个基于 webpack 构建的项目。在命令提示符窗口中，输入命令如下：

```
vue create my-project
```

执行命令后，会提示选取一个 preset。可以选择默认的包含了基本的 Babel + ESLint 设置的 preset，也可以选择“Manually select features”手动选择特性。这里选择“Manually select features”选项，如图 12-11 所示。

单击<Enter>键，会显示自定义配置的一些特性。通过键盘中的方向键上下移动，应用空格键进行选择，如图 12-12 所示。

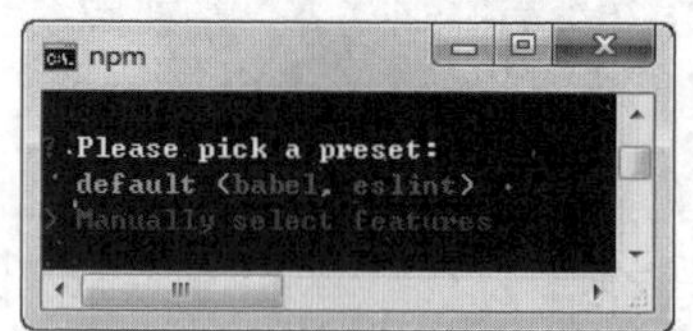

图 12-11　选取一个 preset

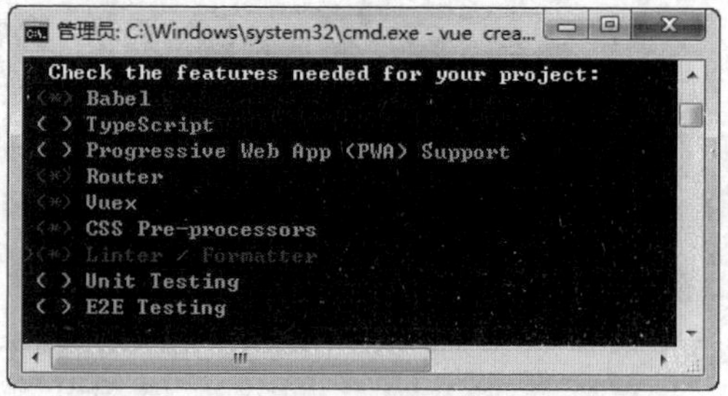

图 12-12　手动选择特性

单击<Enter>键，此时会询问路由是否使用 history 模式，输入 y 表示确定，如图 12-13 所示。

单击<Enter>键，选择一个 CSS 预处理工具，这里选择默认选项，如图 12-14 所示。

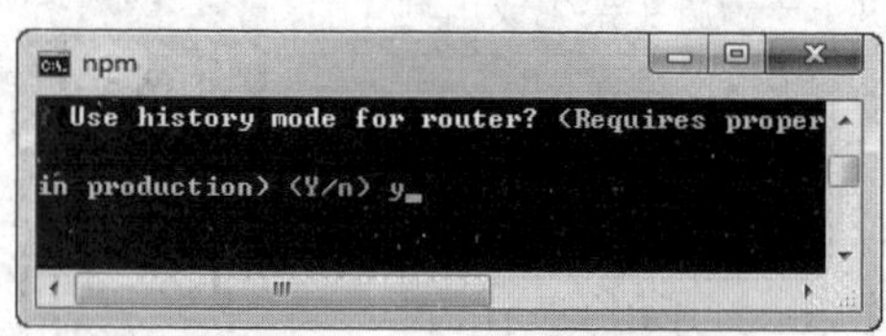

图 12-13　使用 history 模式

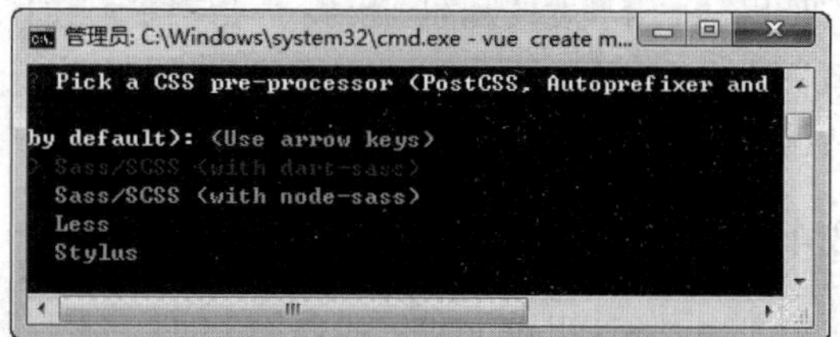

图 12-14　选择 CSS 预处理工具

单击<Enter>键，选择语法检查规范，这里选择默认选项，如图 12-15 所示。

单击<Enter>键，选择代码检查方式，这里选择 Lint on save，如图 12-16 所示。

单击<Enter>键，选择配置信息的存放位置，这里选择 In package.json，如图 12-17 所示。

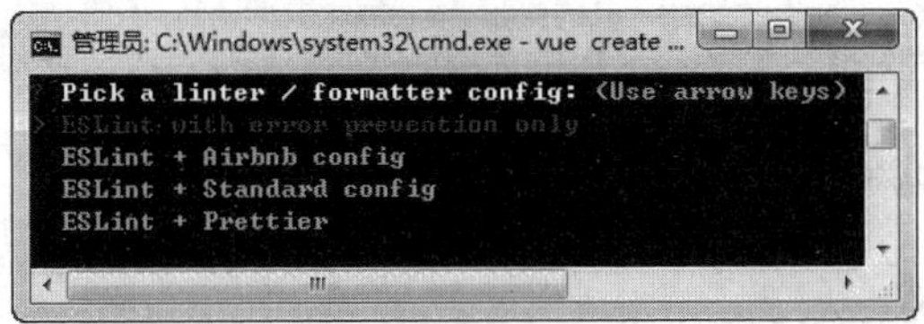

图 12-15　选择语法检查规范

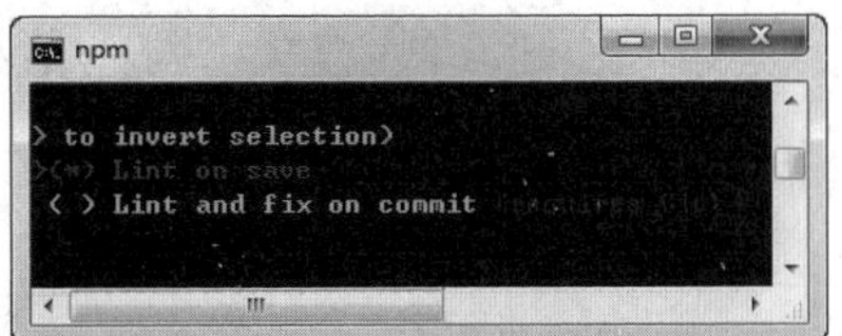

图 12-16　选择代码检查方式

单击<Enter>键，此时会询问是否保存当前的配置，以便下次构建项目时无须再次配置，输入 n 表示不保存，如图 12-18 所示。

图 12-17　选择配置信息的存放位置

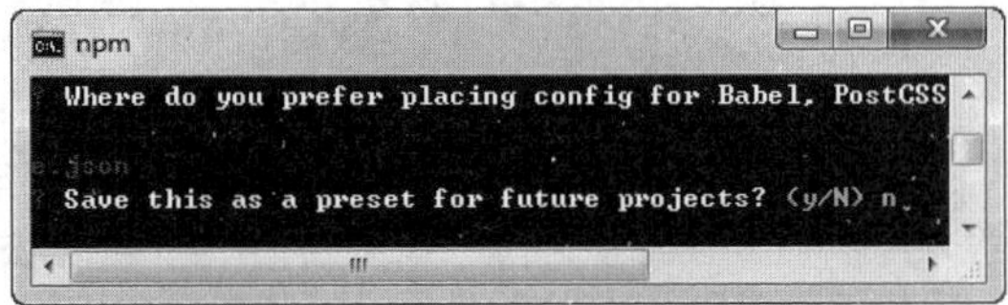

图 12-18　是否保存当前的配置

单击<Enter>键开始创建项目。创建完成后的效果如图 12-19 所示。

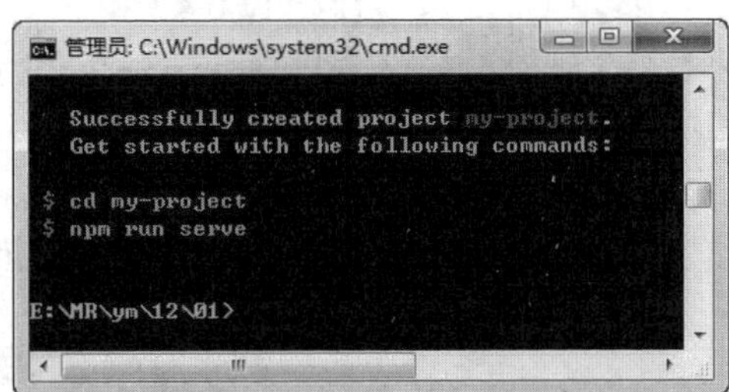

图 12-19　创建完成

项目创建完成后，会在当前目录下生成项目文件夹 my-project。项目目录结构如图 12-20 所示。

```
my-project  E:\MR\ym\12\01\my-project
  node_modules  library root ———— 项目依赖工具包存储目录
  public ———— 静态资源存储目录
    favicon.ico ———— 项目图标文件
    index.html ———— 项目入口 HTML 文件
  src ———— 开发目录
    assets ———— 资源存储目录，会被 webpack 构建
    components ———— 公共组件存储目录
    views ———— 页面组件存储目录
    App.vue ———— 根组件
    main.js ———— 项目入口 JS 文件
    router.js ———— 路由配置文件
    store.js ———— 状态管理配置文件
  .gitignore ———— git 提交需要忽略的文件配置
  babel.config.js ———— babel 配置文件
  package.json ———— 项目所需要的模块和配置信息
  package-lock.json ———— 记录当前安装的 package 的来源和版本号
  README.md ———— 项目说明文档
```

图 12-20　项目目录结构

输入命令 cd my-project 切换到项目目录，然后输入命令 npm run serve 启动项目。项目启动完成后，在浏览器中访问 http://localhost:8080/，生成的页面如图 12-21 所示。

图 12-21 项目生成的初始页面

接下来做一个简单的修改。打开 src/views/Home.vue 文件，将传递给组件的 msg 属性的值修改为 Hello @vue/cli，代码如下：

```
<template>
  <div class="home">
    <img alt="Vue logo" src="../assets/logo.png">
    <HelloWorld msg="Hello @vue/cli"/>
  </div>
</template>
```

保存文件后，浏览器会自动刷新页面，结果如图 12-22 所示。

图 12-22 修改后的页面

在应用@vue/cli 脚手架创建项目之后，可以根据实际的需求对项目中的文件进行任意修改，从而构建比较复杂的应用。

在下面的实例中，以生成的 my-project 项目为基础，对项目中的文件进行修改，实现电子商务网站中的购物车模块。

【例 12-1】 实现电子商务网站中的购物车功能，关键步骤如下。（实例位置：资源包\MR\源码\第 12 章\12-1）

（1）整理目录，删除无用的文件，然后在 assets 目录中创建 css 文件夹和 images 文件夹，在 css 文件夹中创建 style.css 文件作为模块的公共样式文件，在 images 文件夹中存储 3 张图片。

（2）在 components 目录中创建 ShoppingCart.vue 文件，代码如下：

```
<template>
    <div>
        <div class="main" v-if="list.length>0">
            <div class="goods" v-for="(item,index) in list">
                <span class="check"><input type="checkbox" @click="selectGoods(index)
" :checked="item.isSelect"> </span>
                <span class="name">
                    <img :src="item.img">
                    {{item.name}}
                </span>
                <span class="unitPrice">{{item.unitPrice}}元</span>
                <span class="num">
                    <span @click="reduce(index)" :class="{off:item.num==1}">-</span>
                        {{item.num}}
                    <span @click="add(index)">+</span>
                </span>
                <span class="unitTotalPrice">{{item.unitPrice * item.num}}元</span>
                <span class="operation">
                    <a @click="remove(index)">删除</a>
                </span>
            </div>
        </div>
        <div v-else>购物车为空</div>
        <div class="info">
            <span><input type="checkbox" @click="selectAll" :checked="isSelectAll">
全选</span>
            <span>已选商品<span class="totalNum">{{totalNum}}</span> 件</span>
            <span>合计:<span class="totalPrice">¥{{totalPrice}}</span>元</span>
            <span>去结算</span>
        </div>
    </div>
</template>

<script>
export default{
    data: function () {
    return {
            isSelectAll : false, //默认未全选
            list : [{
```

```
                img : require("@/assets/images/honor.jpg"),
                name : "华为 P20 4G手机 双卡双待",
                num : 1,
                unitPrice : 2399,
                isSelect : false
            },{
                img : require("@/assets/images/oppo.jpg"),
                name : "OPPO R15 智能手机 全网通",
                num : 2,
                unitPrice : 2699,
                isSelect : false
            },{
                img : require("@/assets/images/vivo.jpg"),
                name : "vivo X27 8GB+256GB大内存",
                num : 1,
                unitPrice : 3588,
                isSelect : false
            }]
    }
    },
    computed : {
        totalNum : function(){ //计算商品件数
            var totalNum = 0;
            this.list.forEach(function(item,index){
                if(item.isSelect){
                    totalNum+=1;
                }
            });
            return totalNum;
        },
        totalPrice : function(){ //计算商品总价
            var totalPrice = 0;
            this.list.forEach(function(item,index){
                if(item.isSelect){
                    totalPrice += item.num*item.unitPrice;
                }
            });
            return totalPrice;
        }
    },
    methods : {
        reduce : function(index){ //减少商品个数
            var goods = this.list[index];
            if(goods.num >= 2){
                goods.num--;
            }
        },
        add : function(index){ //增加商品个数
            var goods = this.list[index];
            goods.num++;
        },
```

```
        remove : function(index){ //移除商品
            this.list.splice(index,1);
        },
        selectGoods : function(index){ //选择商品
            var goods = this.list[index];
            goods.isSelect = !goods.isSelect;
            this.isSelectAll = true;
            for(var i = 0;i < this.list.length; i++){
                if(this.list[i].isSelect == false){
                    this.isSelectAll=false;
                }
            }
        },
        selectAll : function(){ //全选或全不选
            this.isSelectAll = !this.isSelectAll;
            for(var i = 0;i < this.list.length; i++){
                this.list[i].isSelect = this.isSelectAll;
            }
        }
    }
}
</script>
```

（3）修改 App.vue 文件，在<script>标签中引入 ShoppingCart 组件，在<style>标签中引入公共 CSS 文件 style.css。代码如下：

```
<template>
    <div class="box">
        <div class="title">
            <span class="check">选择</span>
            <span class="name">商品信息</span>
            <span class="unitPrice">单价</span>
            <span class="num">数量</span>
            <span class="unitTotalPrice">金额</span>
            <span class="operation">操作</span>
        </div>
        <ShoppingCart/>
    </div>
</template>
<script>
//引入组件
import ShoppingCart from './components/ShoppingCart'
export default {
    name : 'app',
    components : {
        ShoppingCart
    }
}
</script>
<style>
@import './assets/css/style.css'   /*引入公共CSS文件*/
</style>
```

（4）修改 main.js 文件，在文件中引入 Vue.js 和根组件，然后在创建的实例中渲染视图。代码如下：

```
import Vue from 'vue'  //引入Vue.js
import App from './App.vue'  //引入根组件
new Vue({
    el : '#app',
    render: h => h(App)//渲染视图
})
```

运行项目，结果如图 12-23 所示。

选择	商品信息	单价	数量	金额	操作
✔	华为 P20 4G手机 双卡双待	2399元	- 1 +	2399元	删除
✔	OPPO R15 智能手机 全网通	2699元	- 2 +	5398元	删除
✔	vivo X27 8GB+256GB大内存	3588元	- 3 +	10764元	删除
✔ 全选			已选商品 3 件	合计：¥18561元	去结算

图 12-23　购物车

小 结

本章主要介绍了 Vue.js 中 SPA（单页 Web 应用）项目的开发基础。包括使用 webpack 和 loader 进行代码编译和打包处理，以及通过@vue/cli 工具构建一个项目的目录结构。通过本章的学习，可以了解如何应用@vue/cli 快速构建一个项目。

上机指导

视频位置：资源包\视频\第 12 章　Vue.js 工程实例\上机指导.mp4

实现一个通过选项卡浏览新闻标题的模块。运行程序，页面中有“最新”、“热门”和“推荐”3 个新闻类别选项卡，当鼠标单击不同的选项卡时，页面下方会显示对应的新闻内容，结果如图 12-24、图 12-25 所示。（实例位置：资源包\MR\上机指导\第 12 章\）

开发步骤如下。

（1）创建项目 myapp。具体的创建过程请参考 12.4.2 节中的详细介绍。

（2）整理目录，删除无用的文件，然后在 assets 目录中创建 css 文件夹，在 css 文件夹中创建 style.css 文件作为模块的公共样式文件。

（3）在 views 目录中创建 3 个路由组件文件 New.vue、Hot.vue 和 Recommend.vue，代码分别如下：

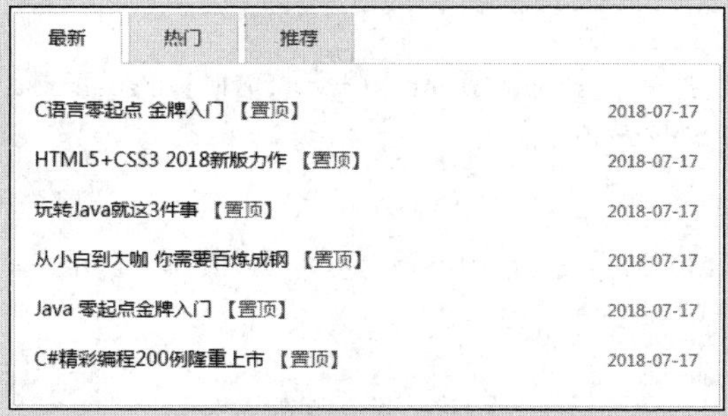

最新	热门	推荐

标题	日期
C语言零起点 金牌入门 【置顶】	2018-07-17
HTML5+CSS3 2018新版力作 【置顶】	2018-07-17
玩转Java就这3件事 【置顶】	2018-07-17
从小白到大咖 你需要百炼成钢 【置顶】	2018-07-17
Java 零起点金牌入门 【置顶】	2018-07-17
C#精彩编程200例隆重上市 【置顶】	2018-07-17

图 12-24 页面初始效果

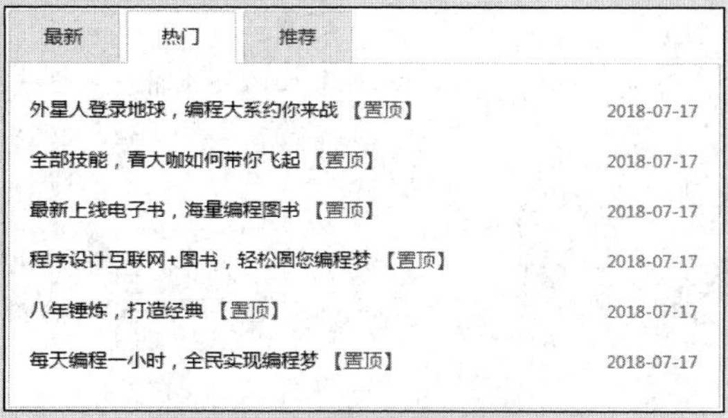

最新	热门	推荐

标题	日期
外星人登录地球，编程大系约你来战 【置顶】	2018-07-17
全部技能，看大咖如何带你飞起 【置顶】	2018-07-17
最新上线电子书，海量编程图书 【置顶】	2018-07-17
程序设计互联网+图书，轻松圆您编程梦 【置顶】	2018-07-17
八年锤炼，打造经典 【置顶】	2018-07-17
每天编程一小时，全民实现编程梦 【置顶】	2018-07-17

图 12-25 显示选项卡对应的新闻内容

views/New.vue

```
<template>
    <div class="option">
      <ul class="newslist">
          <li>
              <a href="#">C语言零起点 金牌入门<span class="top">【置顶】</span></a>
              <span class="time">2018-07-17</span>
          </li>
        <li>
              <a href="#">HTML5+CSS3 2018新版力作<span class="top">【置顶】</span></a>
              <span class="time">2018-07-17</span>
          </li>
        <li>
              <a href="#">玩转Java就这3件事<span class="top">【置顶】</span></a>
              <span class="time">2018-07-17</span>
          </li>
        <li>
              <a href="#">从小白到大咖 你需要百炼成钢<span class="top">【置顶】</span></a>
              <span class="time">2018-07-17</span>
          </li>
        <li>
              <a href="#">Java 零起点金牌入门<span class="top">【置顶】</span></a>
              <span class="time">2018-07-17</span>
          </li>
        <li>
              <a href="#">C#精彩编程200例隆重上市<span class="top">【置顶】</span></a>
              <span class="time">2018-07-17</span>
          </li>
      </ul>
    </div>
</template>
```

views/Hot.vue

```
<template>
    <div class="option">
      <ul class="newslist">
        <li>
              <a href="#">外星人登录地球，编程大系约你来战<span class="top">【置顶】</span></a>
              <span class="time">2018-07-17</span>
```

```
            </li>
        <li>
                <a href="#">全部技能，看大咖如何带你飞起<span class="top">【置顶】</span></a>
                <span class="time">2018-07-17</span>
            </li>
        <li>
                <a href="#">最新上线电子书，海量编程图书<span class="top">【置顶】</span></a>
                <span class="time">2018-07-17</span>
            </li>
        <li>
                <a href="#">程序设计互联网+图书，轻松圆您编程梦<span class="top">【置顶】</span></a>
                <span class="time">2018-07-17</span>
            </li>
        <li>
                <a href="#">八年锤炼，打造经典<span class="top">【置顶】</span></a>
                <span class="time">2018-07-17</span>
            </li>
        <li>
                <a href="#">每天编程一小时，全民实现编程梦<span class="top">【置顶】</span></a>
                <span class="time">2018-07-17</span>
            </li>
        </ul>
    </div>
</template>
```

views/Recommend.vue

```
<template>
    <div class="option">
        <ul class="newslist">
        <li>
                <a href="#">晒作品 赢学分 换豪礼<span class="top">【置顶】</span></a>
                <span class="time">2018-08-17</span>
            </li>
        <li>
                <a href="#">每月18日会员福利日 代金券 疯狂送<span class="top">【置顶】</span></a>
                <span class="time">2018-08-17</span>
            </li>
        <li>
                <a href="#">明日之星-明日科技 璀璨星途带你飞<span class="top">【置顶】</span></a>
                <span class="time">2018-08-17</span>
            </li>
        <li>
                <a href="#">写给初学前端工程师的一封信<span class="top">【置顶】</span></a>
                <span class="time">2018-08-17</span>
            </li>
        <li>
                <a href="#">专业讲师精心打造精品课程<span class="top">【置顶】</span></a>
                <span class="time">2018-08-17</span>
            </li>
        <li>
                <a href="#">让学习创造属于你的生活<span class="top">【置顶】</span></a>
```

```
                <span class="time">2018-08-17</span>
            </li>
        </ul>
    </div>
</template>
```

（4）修改 router.js 文件，应用 import 引入 3 个路由组件，并创建 router 实例，传入 routes 配置参数。代码如下：

```
import Vue from 'vue'//引入Vue.js
import Router from 'vue-router'//引入vue-router.js
import New from './views/New.vue'//引入New.vue组件
import Hot from './views/Hot.vue'//引入Hot.vue组件
import Recommend from './views/Recommend.vue'//引入Recommend.vue组件
Vue.use(Router)
export default new Router({
    mode: 'history', //使用history模式
    base: process.env.BASE_URL,
    routes: [
    {
            path: '/',
            name: 'new',
            component: New
    },
    {
            path: '/hot',
            name: 'hot',
            component: Hot
        },
        {
            path: '/recommend',
            name: 'recommend',
            component: Recommend
        }
    ]
})
```

（5）修改 App.vue 文件，在文件中创建根组件的模板、JavaScript 代码，在<style>标签中引入公共 CSS 文件 style.css。代码如下：

```
<template>
 <div class="tabBox">
  <ul class="tab">
     <li :class="{active : active == 'new'}" @click="showNew">最新</li>
     <li :class="{active : active == 'hot'}" @click="showHot">热门</li>
     <li :class="{active : active == 'recommend'}" @click="showRecommend">推荐</li>
  </ul>
  <router-view/>
 </div>
</template>
<script>
export default {
    name : 'app',
    data : function(){
```

```
        return {
            active : 'new'
        }
    },
    methods : {
        showNew : function(){
            this.active = 'new';
            this.$router.push({ name: 'new'});//跳转到最新新闻
        },
        showHot : function(){
            this.active = 'hot';
            this.$router.push({ name: 'hot'});//跳转到热门新闻
        },
        showRecommend : function(){
            this.active = 'recommend';
            this.$router.push({ name: 'recommend'});//跳转到推荐新闻
        }
    }
}
</script>
<style>
@import './assets/css/style.css';  /*引入公共CSS文件*/
</style>
```

（6）修改 main.js 文件，在文件中引入 Vue.js、根组件和路由配置文件，然后在创建的实例中渲染视图。代码如下：

```
import Vue from 'vue'//引入Vue.js
import App from './App.vue'//引入根组件
import router from './router'//引入router.js文件
new Vue({
  router,
  render: h => h(App)//渲染视图
}).$mount('#app')
```

习 题

12-1 简述 webpack 配置文件中的几个常用选项及它们的作用。

12-2 在应用中处理.vue 文件需要使用哪些依赖？

12-3 简述使用@vue/cli 工具创建项目的基本流程。

PART13

第13章 状态管理

在 Vue.js 的组件化开发中，经常会遇到需要将当前组件的状态传递给其他组件的情况。父子组件之间进行通信时，通常会采用 Props 的方式实现数据传递。在一些比较大型的应用中，单页面中可能会包含大量的组件，数据结构也会比较复杂。当通信双方不是父子组件甚至不存在任何联系时，需要将一个状态共享给多个组件就会变得非常麻烦。为了解决这种情况，就需要引入状态管理这种设计模式。而 Vuex 就是一个专门为 Vue.js 设计的状态管理模式。本章主要介绍如何在项目中使用 Vuex。

本章要点

- Vuex的核心概念
- 辅助函数的使用
- Vuex和sessionStorage的结合使用

13.1 Vuex 简介

Vuex 是一个专门为 Vue.js 应用程序开发的状态管理模式。它以插件的形式和 Vue.js 配合使用。在通常情况下，每个组件都拥有自己的状态。有时需要将某个组件的状态变化影响到其他组件，使它们也进行相应的修改。这时可以使用 Vuex 保存需要管理的状态值，值一旦被修改，所有引用该值的组件就会自动进行更新。应用 Vuex 实现状态管理的流程图如图 13-1 所示。

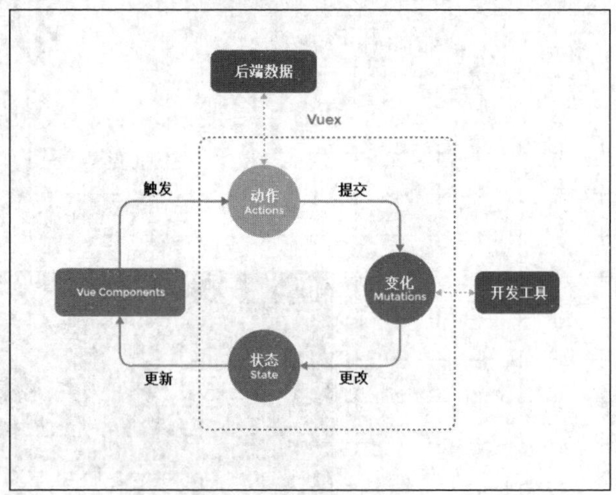

图 13-1　Vuex 的流程图

由图 13-1 可以看出，用户在 Vue 组件中通过 dispatch 方法触发一个 action，在 action 中通过 commit 方法提交一个 mutation，通过 mutation 对应的函数更改一个新的 state 值，Vuex 就会将新的 state 值渲染到组件中，从而使界面实现更新。

13.2 基础用法

本节将对 Vuex 中的核心概念进行说明，并通过一个简单的例子介绍 Vuex 的基本用法。

13.2.1 Vuex 的核心概念

Vuex 主要由五部分组成，分别为 state、getters、mutations、actions 和 modules。它们的含义如表 13-1 所示。

表 13-1　Vuex 的核心构成

核心概念	说明
state	存储项目中需要多组件共享的数据或状态
getters	从 state 中派生出状态，类似于 Vue 实例中的 computed 选项
mutations	存储更改 state 状态的方法，是 Vuex 中唯一修改 state 的方式，但不支持异步操作，类似于 Vue 实例中的 methods 选项
actions	可以通过提交 mutations 中的方法来改变状态，与 mutations 不同的是它可以进行异步操作
modules	store 的子模块，内容相当于 store 的一个实例

13.2.2 简单例子

简单例子

在 Vuex 中增加了 store（仓库）这个概念。每一个 Vuex 应用的核心就是 store，用于存储整个应用需要共享的数据或状态信息。下面通过一个简单的例子介绍如何在@vue/cli 脚手架工具中使用 Vuex。

1. 创建 store 并注入

首先应用@vue/cli 脚手架工具创建一个项目，在创建项目时需要选中项目特性列表中的 Vuex 选项，这样就可以在项目中自动安装 Vuex，而且在 src 文件夹下自动生成的 store.js 文件和 main.js 文件中实现了创建 store 并注入的基本工作。

store.js 文件实现了创建 store 的基本代码。在该文件中，首先引入了 Vue.js 和 Vuex，然后创建 store 实例并使用 export default 进行导出。代码如下：

```
import Vue from 'vue' //引入Vue.js
import Vuex from 'vuex'  //引入Vuex
Vue.use(Vuex) //使用Vuex
//创建Vuex.Store实例并导出
export default new Vuex.Store({
  state: {
    //定义状态信息
  },
  mutations: {
    //定义用于更改状态的mutation函数
  },
  actions: {
    //定义通过commit mutations中的方法来改变状态的action
  }
})
```

在 main.js 文件中，通过 import store from './store'引入创建的 store，并在 Vue 根实例中全局注入 store。代码如下：

```
import Vue from 'vue'//引入Vue.js
import App from './App.vue'//引入根组件
import store from './store'//引入创建的store
Vue.config.productionTip = false
new Vue({
  store,          //注入store
  render: h => h(App)
}).$mount('#app')
```

通过在 Vue 根实例中注入 store 选项，该 store 实例会注入根组件下的所有子组件，且子组件可以通过 this.$store 访问创建的 store 实例。

2. 定义 state

在 store 实例的 state 中可以定义需要共享的数据，在组件中通过 this.$store.state 获取定义的数据。由于 Vuex 的状态存储是响应式的，从 store 实例中读取状态最简单的方法就是在计算属性中返回某个状态。

修改 store.js 文件，在 state 中定义共享数据的初始状态。代码如下：

```
import Vue from 'vue' //引入Vue.js
import Vuex from 'vuex'  //引入Vuex
Vue.use(Vuex) //使用Vuex
//创建store实例并导出
export default new Vuex.Store({
```

```
  state: {
    count: 10
  }
})
```

在 components 文件夹下创建 Counter.vue 文件，在计算属性中应用 this.$store.state.count 获取定义的数据。代码如下：

```
<template>
   <div>
      <span>{{count}}</span>
   </div>
</template>
<script>
   export default {
      computed: {
         count: function () {//获取state中的count数据
            return this.$store.state.count;
         }
      }
   }
</script>
```

修改根组件 App.vue，在根组件中引入子组件 Counter。代码如下：

```
<template>
  <div id="app">
    <Counter/>
  </div>
</template>
<script>
import Counter from './components/Counter' //引入组件Counter
export default {
    components: {
        Counter
    }
}
</script>
<style lang="scss">
#app {
  text-align: center;
}
</style>
```

运行项目，在浏览器中会显示定义的 count 的值，输出结果如图 13-2 所示。

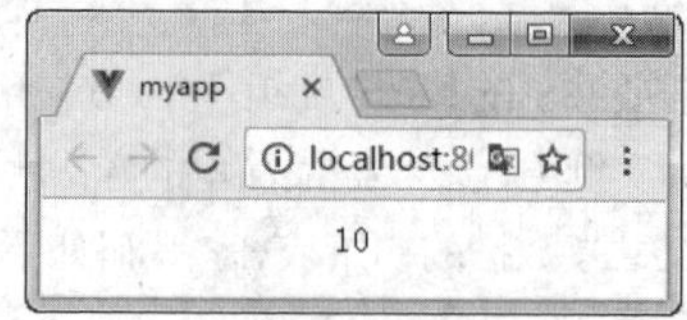

图 13-2　输出结果

当一个组件需要获取多个状态的时候，将这些状态都声明为计算属性会有些烦琐。为了解决这个问题，可以使用 mapState 辅助函数生成计算属性。使用 mapState 辅助函数的代码如下：

```
import { mapState } from 'vuex'//引入mapState
   export default {
      computed: mapState({
         count: state => state.count
      })
   }
```

当映射的计算属性的名称和对应的状态名称相同时，也可以为 mapState 传入一个字符串数组。因此，上述代码可以简写为：

```
computed: mapState([
          'count'        //this.count映射为this.$store.state.count
      ])
```

由于 mapState 函数返回的是一个对象，因此还可以将它与局部计算属性混合使用。使用对象展开运算符可以实现这种方式。上述代码可以修改为：

```
computed: {
          ...mapState([
             'count'    //this.count映射为this.$store.state.count
          ])
      }
```

在实际开发中，经常采用对象展开运算符这种方式来简化代码。

3. 定义 getter

有时候需要从 state 中派生出一些状态，例如，对某个数值进行计算、对数组进行过滤等操作，这时就需要使用 getter。getter 相当于 Vue 中的 computed 计算属性，getter 的返回值会根据它的依赖被缓存起来，且只有当它的依赖值发生了改变才会被重新计算。getter 会接收 state 作为第一个参数。

修改 store.js 文件，定义 getter，对状态值进行重新计算。代码如下：

```
import Vue from 'vue' //引入Vue.js
import Vuex from 'vuex'  //引入Vuex
Vue.use(Vuex) //使用Vuex
//创建Vuex实例并导出
export default new Vuex.Store({
    state: {
        count: 10  //定义初始状态
    },
    getters: {
       getCount: function (state) {
          return state.count + 10;//对状态重新计算
       }
    }
})
```

在 Counter.vue 文件的计算属性中应用 this.$store.getters.getCount 获取定义的 getter。代码如下：

```
<template>
   <div>
      <span>{{count}}</span>
   </div>
</template>
<script>
   export default {
      computed: {
         count: function () {
```

```
            return this.$store.getters.getCount;//访问getter
          }
        }
    }
</script>
```

重新运行项目，输出结果如图 13-3 所示。

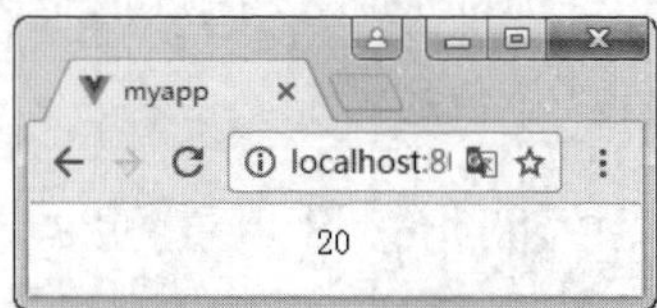

图 13-3　输出结果

在组件中访问定义的 getter 可以使用简化的写法，即通过 mapGetters 辅助函数将 store 中的 getter 映射到局部计算属性。示例代码如下：

```
<template>
    <div>
      <span>{{count}}</span>
    </div>
</template>
<script>
    import {mapGetters} from 'vuex'//引入mapGetters
    export default {
      computed: {
            ...mapGetters({ //使用对象展开运算符
            count: 'getCount'//this.count映射为this.$store.getters.getCount
          })
        }
    }
</script>
```

4. 定义 mutation

如果需要修改 Vuex 的 store 中的状态，唯一的方法就是提交 mutation。每个 mutation 都有一个字符串的事件类型（type）和一个回调函数（handler）。这个回调函数可以实现状态更改，并且它会接收 state 作为第一个参数。

在 store 实例的 mutations 中定义更改 state 状态的函数，然后在组件中应用 commit 方法提交到对应的 mutation，实现更改 state 状态的目的。修改 store.js 文件，在 mutations 中定义两个函数，实现更改 state 状态的操作。代码如下：

```
import Vue from 'vue' //引入Vue.js
import Vuex from 'vuex'  //引入Vuex
Vue.use(Vuex) //使用Vuex
//创建Vuex实例并导出
export default new Vuex.Store({
  state: {
    count: 10  //定义初始状态
  },
  mutations: {
    add: function(state){//state为参数
      state.count += 1;//状态值加1
```

```
        },
        reduce: function(state){//state为参数
            state.count -= 1;//状态值减1
        }
    }
})
```

修改 Counter.vue 文件，添加执行加 1 和减 1 操作的两个按钮，在 methods 选项中定义单击按钮执行的方法，在方法中通过 commit 方法提交到对应的 mutation 函数，实现更改状态的操作。代码如下：

```
<template>
   <div>
      <button @click="addFun">+</button>
      <span>{{count}}</span>
      <button @click="reduceFun">-</button>
   </div>
</template>
<script>
   import { mapState } from 'vuex'//引入mapState
   export default {
      computed: {
         ...mapState([
            'count'     //this.count映射为this.$store.state.count
         ])
      },
      methods: {
         addFun: function(){
            this.$store.commit('add');//提交到对应的mutation函数
         },
         reduceFun: function(){
            this.$store.commit('reduce');//提交到对应的mutation函数
         }
      }
   }
</script>
<style>
   span{
      margin: 5px;
   }
</style>
```

重新运行项目，单击浏览器中的“+”按钮或“-”按钮，可以对 count 的值实现加 1 或减 1 的操作，输出结果如图 13-4 所示。

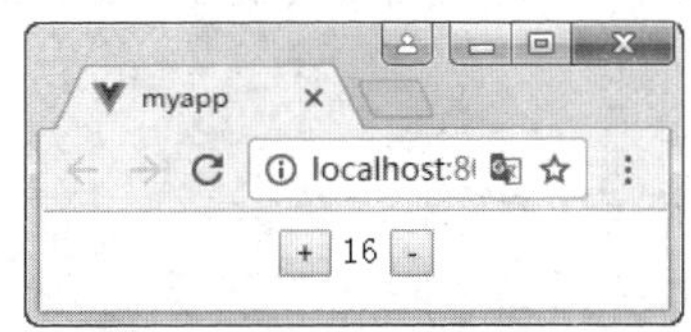

图 13-4　输出结果

在组件中可以使用 this.$store.commit 的方式提交 mutation。还可以使用简化的写法，即通过 mapMutations 辅助函数将组件中的 methods 映射为 store.commit 调用。示例代码如下：

```
import { mapState,mapMutations } from 'vuex'//引入mapState和mapMutations
   export default {
      computed: {
         ...mapState([
            'count'     //this.count映射为this.$store.state.count
         ])
      },
      methods: {
         ...mapMutations({
            addFun: 'add',//this.addFun()映射为this.$store.commit('add')
            reduceFun: 'reduce'//this.reduceFun()映射为this.$store.commit('reduce')
         })
      }
   }
```

在实际项目中常常需要在修改状态时传递值。这时只需要在 mutation 中加上一个参数，这个参数又称为 mutation 的载荷（payload），并在 commit 的时候传递值就可以了。

修改 store.js 文件，在 mutations 的两个函数中添加第 2 个参数。代码如下：

```
mutations: {
    add: function(state, n){//state为参数
        state.count += n;//状态值加n
    },
    reduce: function(state, n){//state为参数
        state.count -= n;//状态值减n
    }
  }
```

修改 Counter.vue 文件，在调用方法时传递一个参数 10。代码如下：

```
<button @click="addFun(10)">+</button>
<span>{{count}}</span>
<button @click="reduceFun(10)">-</button>
```

重新运行项目，单击浏览器中的“+”按钮或“-”按钮，可以对 count 的值实现加 10 或减 10 的操作，输出结果如图 13-5 所示。

图 13-5　输出结果

在大多数情况下，载荷（payload）应该是一个对象，这样可以使定义的 mutation 更具有可读性。将上述两个 mutation 的第 2 个参数，以及在组件中调用方法时传递的参数修改为对象，代码如下：

```
mutations: {
    add: function(state, payload){
        state.count += payload.value;
    },
    reduce: function(state, payload){
        state.count -= payload.value;
    }
  }
<button @click="addFun({value:10})">+</button>
```

```
<span>{{count}}</span>
<button @click="reduceFun({value:10})">-</button>
```

5. 定义 action

action 和 mutation 的功能类似。不同的是，action 提交的是 mutation，而不是直接更改状态，而且 action 是异步更改 state 状态。

修改 store.js 文件，在 actions 中定义两个方法，在方法中应用 commit 方法提交 mutation。代码如下：

```
actions: {
    addAction: function(context, payload){
        setTimeout(function(){
            context.commit('add', payload);
        },1000);
    },
    reduceAction: function(context, payload){
        context.commit('reduce', payload);
    }
}
```

上述代码中，action 函数接收一个与 store 实例具有相同方法和属性的上下文对象 context，因此可以调用 context.commit 提交一个 mutation。而在 Counter.vue 组件中，action 需要应用 dispatch 方法进行触发，并且同样支持载荷方式和对象方式。代码如下：

```
methods: {
          addFun: function(){
             this.$store.dispatch('addAction',{//触发对应的action
                value: 10
             });
          },
          reduceFun: function(){
             this.$store.dispatch('reduceAction',{//触发对应的action
                value: 10
             });
          }
      }
```

重新运行项目，单击浏览器中的“+”按钮或“-”按钮同样可以实现加 10 或减 10 的操作。不同的是，单击“+”按钮后，需要经过 1 秒才能更改 count 的值。

在组件中可以使用 this.$store.dispatch 的方式触发 action。还可以使用简化的写法，即通过 mapActions 辅助函数将组件中的 methods 映射为 store.dispatch 调用。示例代码如下：

```
import { mapState,mapActions } from 'vuex'//引入mapState和mapActions
   export default {
      computed: {
         ...mapState([
            'count'    //this.count映射为this.$store.state.count
         ])
      },
      methods: {
         ...mapActions({
               //this.addFun()映射为this.$store.dispatch('addAction')
            addFun: 'addAction',
               //this.reduceFun()映射为this.$store.dispatch('reduceAction')
            reduceFun: 'reduceAction'
```

```
            })
        }
    }
```

13.3 实例

实例

在实际开发中，实现多个组件之间的数据共享应用非常广泛。例如，在电子商务网站中，用户登录成功之后，在网站首页会显示对应的欢迎信息。要想实现该功能需要保存用户的登录状态。而在刷新页面的情况下，Vuex 中的状态信息会进行初始化，因此需要使用 sessionStorage 保存用户的登录信息。本节将通过一个实例实现保存用户的登录状态。

【例 13-1】 在电子商务网站中，使用 sessionStorage 和 Vuex 保存用户登录状态。关键步骤如下。（实例位置：资源包\MR\源码\第 13 章\13-1）

（1）创建项目，然后在 assets 目录中创建 css 文件夹、images 文件夹和 fonts 文件夹，分别用来存储 CSS 文件、图片文件和字体文件。

（2）在 components 目录中创建公共头部文件 Top.vue。在<template>标签中应用 v-show 指令实现登录前和登录后内容的切换，在<script>标签中引入 mapState 和 mapActions 辅助函数，实现组件中的计算属性、方法和 store 中的 state、action 之间的映射。代码如下：

```
<template>
  <div class="hmtop">
    <!--顶部导航条 -->
    <div class="mr-container header">
      <ul class="message-l">
        <div class="topMessage">
          <div class="menu-hd">
            <a @click="show('login')" target="_top" class="h" style="color: red" v-show="!isLogin">亲，请登录</a>
            <span v-show="isLogin" style="color: green">{{user}},欢迎您 <a @click="logout" style="color: red">退出登录</a></span>
            <a @click="show('register')" target="_top" style="color: red; margin-left: 20px;">免费注册</a>
          </div>
        </div>
      </ul>
      <ul class="message-r">
        <div class="topMessage home">
          <div class="menu-hd"><a href="javascript:void(0)" style="color:red">手机端</a></div>
        </div>
        <div class="topMessage home">
          <div class="menu-hd"><a @click="show('home')" target="_top" class="h" style="color:red">商城首页</a></div>
        </div>
        <div class="topMessage my-shangcheng">
          <div class="menu-hd MyShangcheng"><a href="#" target="_top"><i class="mr-icon-user mr-icon-fw"></i>个人中心</a>
          </div>
```

```
            </div>
            <div class="topMessage mini-cart">
              <div class="menu-hd"><a id="mc-menu-hd" @click="show('shopcart')" target="_top">
                <i class="mr-icon-shopping-cart  mr-icon-fw" ></i><span style="color:red">
购物车</span>
                <strong id="J_MiniCartNum" class="h" v-if="isLogin">{{length}}</strong>
              </a>
              </div>
            </div>
            <div class="topMessage favorite">
              <div class="menu-hd"><a href="#" target="_top"><i class="mr-icon-heart mr-
icon-fw"></i><span>收藏夹</span></a>
              </div></div>
          </ul>
        </div>
        <!--悬浮搜索框-->
        <div class="nav white">
          <div class="logo"><a @click="show('home')"><img src="@/assets/images/logo.png"/>
</a></div>
          <div class="logoBig">
            <li @click="show('home')"><img src="@/assets/images/logobig.png"/></li>
          </div>
          <div class="search-bar pr">
            <a name="index_none_header_sysc" href="#"></a>
            <form>
              <input id="searchInput" type="text" placeholder="搜索" autocomplete="off">
              <input id="ai-topsearch" class="submit mr-btn" value="搜索" index="1"type=
"submit">
            </form>
          </div>
        </div>
        <div class="clear"></div>
      </div>
    </template>
    <script>
    import {mapState,mapActions} from 'vuex'//引入mapState和mapActions
    export default {
      name: 'top',
      computed: {
        ...mapState([
              'user', //this.user映射为this.$store.state.user
              'isLogin'//this.isLogin映射为this.$store.state.isLogin
        ])
      },
      methods: {
        show: function (value) {
          if(value == 'shopcart'){
            if(this.user == null){
              alert('亲，请登录！');
              this.$router.push({name:'login'});//跳转到登录页
              return false;
```

```
          }
        }
        this.$router.push({name:value});
      },
      ...mapActions([
            'logoutAction'//this.logoutAction()映射为this.$store.dispatch('logoutAction')
      ]),
      logout: function () {
        if(confirm('确定退出登录吗？')){
          this.logoutAction();//触发action
          this.$router.push({name:'home'});//跳转到首页
        }else{
          return false;
        }
      }
    }
  }
</script>
```

（3）在 views 目录中创建主页文件夹 index 和登录页面文件夹 login。在 index 文件夹中创建 Home.vue 文件和 Main.vue 文件，在 login 文件夹中创建 Home.vue 文件和 Bottom.vue 文件。index/Home.vue 文件的代码如下：

```
<template>
  <div>
    <Main/>
    <Footer/>
  </div>
</template>
<script>
// @是/src的别名
import Main from '@/views/index/Main'//引入组件
import Footer from '@/components/Footer'//引入组件
export default {
  name: 'home',
  components: {//注册组件
    Main,
    Footer
  }
}
</script>
```

login/Home.vue 文件的代码如下：

```
<template>
  <div>
  <div class="login-banner">
    <div class="login-main">
      <div class="login-banner-bg"><span></span><img src="@/assets/images/big.png"/></div>
      <div class="login-box">
        <h3 class="title">登录</h3>
        <div class="clear"></div>
        <div class="login-form">
          <form>
            <div class="user-name">
```

```
                <label for="user"><i class="mr-icon-user"></i></label>
                <input type="text" v-model="user" id="user" placeholder="邮箱/手机/用户名">
              </div>
              <div class="user-pass">
                <label for="password"><i class="mr-icon-lock"></i></label>
                <input type="password" v-model="password" id="password" placeholder=
"请输入密码">
              </div>
            </form>
          </div>
          <div class="login-links">
            <label for="remember-me"><input id="remember-me" type="checkbox">记住密码</label>
            <a href="javascript:void(0)" class="mr-fr">注册</a>
            <br/>
          </div>
          <div class="mr-cf">
            <input type="submit" name="" value="登 录" @click="login" class="mr-btn mr-
btn-primary mr-btn-sm">
          </div>
          <div class="partner">
            <h3>合作账号</h3>
            <div class="mr-btn-group">
              <li><a href="javascript:void(0)"><i class="mr-icon-qq mr-icon-sm"></i>
<span>QQ登录</span></a></li>
              <li><a href="javascript:void(0)"><i class="mr-icon-weibo mr-icon-sm"></i>
<span>微博登录</span> </a></li>
              <li><a href="javascript:void(0)"><i class="mr-icon-weixin mr-icon-sm"></i>
<span>微信登录</span> </a></li>
            </div>
          </div>
        </div>
      </div>
    </div>
    <Bottom/>
    </div>
  </template>
  <script>
    import {mapActions} from 'vuex'//引入mapActions
    import Bottom from '@/views/login/Bottom'//引入组件
    export default {
      name : 'home',
      components : {
        Bottom          //注册组件
      },
      data: function(){
        return {
          user:null,//用户名
          password:null//密码
        }
      },
      methods: {
```

```
        ...mapActions([
            'loginAction'//this.loginAction()映射为this.$store.dispatch('loginAction')
        ]),
        login: function () {
          var user=this.user;           //获取用户名
          var password=this.password;  //获取密码
          if(user == null){
            alert('请输入用户名！');
            return false;
          }
          if(password == null){
            alert('请输入密码！');
            return false;
          }
          if(user!=='mr' || password!=='mrsoft' ){
            alert('您输入的账户或密码错误！');
            return false;
          }else{
            alert('登录成功！');
            this.loginAction(user);//触发action并传递用户名
            this.$router.push({name:'home'});//跳转到首页
          }
        }
      }
    }
</script>
<style src="@/assets/css/login.css" scoped></style>
```

（4）修改 App.vue 文件，在<script>标签中引入 Top 组件，在<style>标签中引入公共 CSS 文件。代码如下：

```
<template>
  <div id="app">
    <Top/>
    <router-view/>
  </div>
</template>
<script>
  import Top from '@/components/Top'//引入组件
  export default {
    name: 'app',
    components: {
      Top   //注册组件
    }
  }
</script>
<style lang="scss">
@import "./assets/css/basic.css";//引入CSS文件
@import "./assets/css/demo.css";//引入CSS文件
</style>
```

（5）修改 store.js 文件，在 store 实例中分别定义 state、mutation 和 action。当用户登录成功后，应用 sessionStorage.setItem 存储用户名和登录状态，当用户退出登录后，应用 sessionStorage.removeItem 删除用户名和登录状态。代码如下：

```
import Vue from 'vue' //引入Vue.js
import Vuex from 'vuex'  //引入Vuex
Vue.use(Vuex) //使用Vuex
//创建Vuex实例并导出
export default new Vuex.Store({
  state: {
    user: sessionStorage.getItem('user'),  //定义用户名
    isLogin: sessionStorage.getItem('isLogin'),  //定义用户是否登录
  },
  mutations: {
    login: function(state, user){
      state.user = user;//修改状态
      state.isLogin = true;//修改状态
      sessionStorage.setItem('user',user);//保存用户名
      sessionStorage.setItem('isLogin',true);//保存用户登录状态
    },
    logout: function(state){
      state.user = null;//修改状态
      state.isLogin = false;//修改状态
      sessionStorage.removeItem('user');//删除用户名
      sessionStorage.removeItem('isLogin');//删除用户登录状态
    }
  },
  actions: {
    loginAction: function(context, user){
      context.commit('login', user);//提交mutation
    },
    logoutAction: function(context){
      context.commit('logout');//提交mutation
    }
  }
})
```

运行项目，首页的效果如图 13-6 所示。

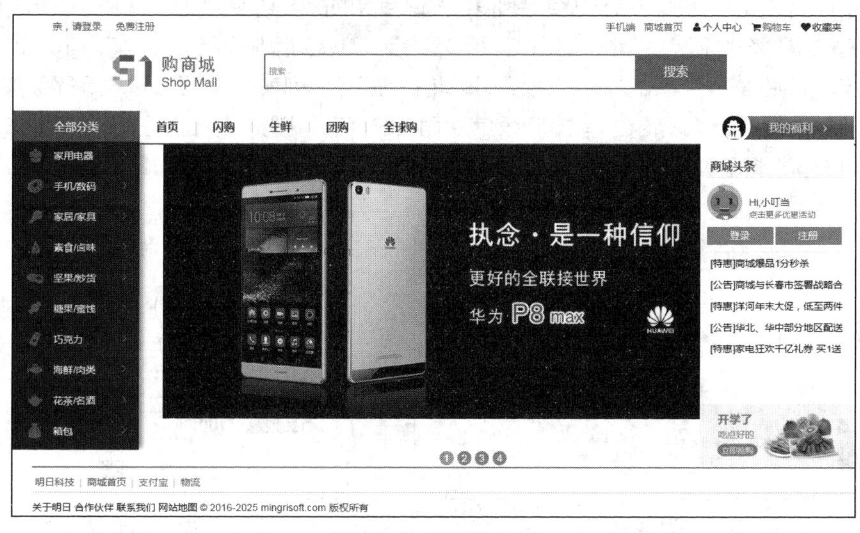

图 13-6　首页的效果

用户登录页面的效果如图 13-7 所示。在登录表单中输入用户名 mr、密码 mrsoft，单击“登录”按钮后会提示用户登录成功。用户登录成功后会跳转到首页，在首页中会显示登录用户的欢迎信息，如图 13-8 所示。

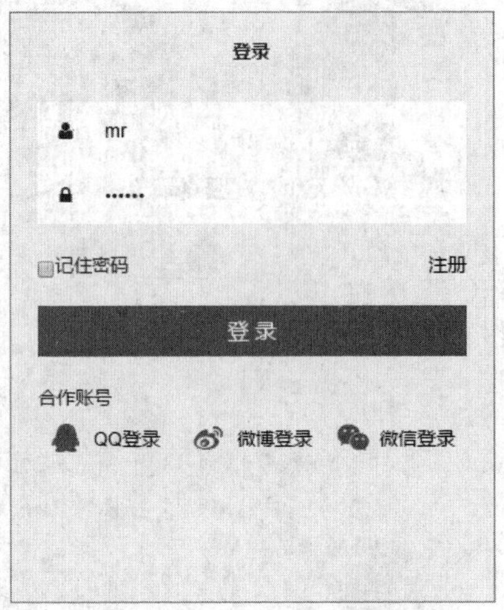

图 13-7　登录页面

图 13-8　显示登录用户欢迎信息

小 结

本章主要介绍了 Vue.js 中的状态管理。通过状态管理可以帮助用户把公用的数据或状态提取出来放在 Vuex 的实例中，然后根据一定的规则来进行管理。通过本章的学习，可以使读者了解如何在项目中共享数据。

上机指导

视频位置：资源包\视频\第 13 章　状态管理\上机指导.mp4

实现向商品列表中添加商品及从商品列表中删除商品的操作。运行程序，页面中输出一个商品信息列表，如图 13-9 所示。单击“添加商品”超链接，跳转到添加商品页面，如图 13-10 所示。在表单中输入商品信息，单击“添加”按钮，跳转到商品信息列表页面，页面中显示了添加后的商品列表，结果如图 13-11 所示。单击商品列表页面中的某个“删除”超链接可以删除指定的商品信息。（实例位置：资源包\MR\上机指导\第 13 章\）

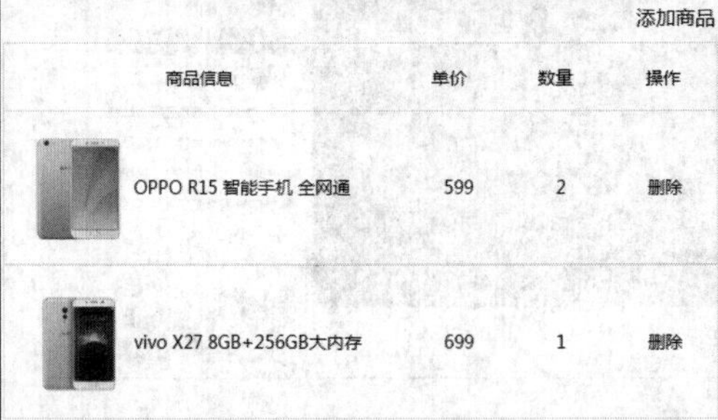

图 13-9　页面初始效果

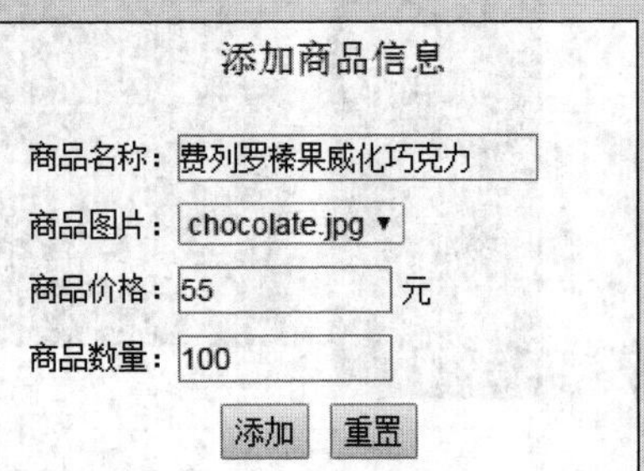

图 13-10　输入商品信息

添加商品

商品信息	单价	数量	操作
OPPO R15 智能手机 全网通	599	2	删除
vivo X27 8GB+256GB大内存	699	1	删除
费列罗榛果威化巧克力	55	100	删除

图 13-11　添加商品

开发步骤如下。

（1）创建项目，然后在 assets 目录中创建 css 文件夹和 images 文件夹，分别用来存储 CSS 文件和图片文件。

（2）在 views 目录中创建商品列表文件 Shop.vue。在<template>标签中应用 v-for 指令循环输出商品列表中的商品信息，在<script>标签中引入 mapState 和 mapActions 辅助函数，实现组件中的计算属性、方法和 store 中的 state、action 之间的映射。代码如下：

```
<template>
  <div class="main">
    <a href="javascript:void(0)" @click="show">添加商品</a>
    <div class="title">
      <span class="name">商品信息</span>
      <span class="price">单价</span>
      <span class="num">数量</span>
      <span class="action">操作</span>
    </div>
    <div class="goods" v-for="(item,index) in list">
      <span class="name">
                <img :src="item.img">
                {{item.name}}
            </span>
      <span class="price">{{item.price}}</span>
      <span class="num">
            {{item.num}}
            </span>
      <span class="action">
          <a href="javascript:void(0)" @click="del(index)">删除</a>
      </span>
    </div>
  </div>
</template>
<script>
  import {mapState,mapActions} from 'vuex'
```

```
  export default {
    computed: {
      ...mapState([
            'list'//this.list映射为this.$store.state.list
      ])
    },
    methods: {
      ...mapActions([
          'delAction'//this.delAction()映射为this.$store.dispatch('delAction')
      ]),
      show: function () {
        this.$router.push({name:'add'});//跳转到添加商品页面
      },
      del: function (index) {
          this.delAction(index);//执行方法
      }
    }
  }
</script>
<style src="@/assets/css/style.css" scoped></style>
```

（3）在 views 目录中创建添加商品文件 Add.vue。在<template>标签中创建添加商品信息的表单元素，应用 v-model 指令对表单元素进行数据绑定。在<script>标签中引入 mapActions 辅助函数，实现组件中的方法和 store 中的 action 之间的映射。代码如下：

```
<template>
  <div class="container">
      <div class="title">添加商品信息</div>
      <div class="one">
        <label>商品名称：</label>
        <input type="text" v-model="name">
      </div>
      <div class="one">
        <label>商品图片：</label>
        <select v-model="url">
          <option value="">请选择图片</option>
          <option v-for="item in imgArr">{{item}}</option>
        </select>
      </div>
      <div class="one">
        <label>商品价格：</label>
        <input type="text" v-model="price" size="10">元
      </div>
      <div class="one">
        <label>商品数量：</label>
        <input type="text" v-model="num" size="10">
      </div>
      <div class="two">
        <input type="button" value="添加" @click="add">
        <input type="reset" value="重置">
      </div>
  </div>
```

```
</template>
<script>
  import {mapActions} from 'vuex'
  export default {
    data: function () {
      return {
        name: '',//商品名称
        url: '',//商品图片URL
        price: '',//商品价格
        num: '',//商品数量
        imgArr: ['chocolate.jpg','honor.jpg','js.png']//商品图片URL数组
      }
    },
    methods: {
      ...mapActions([
        'addAction'//this.addAction()映射为this.$store.dispatch('addAction')
      ]),
      add: function () {
        var newShop = {//新增商品对象
          img: require('@/assets/images/'+this.url),
          name: this.name,
          price: this.price,
          num: this.num
        };
        this.addAction(newShop);//执行方法
        this.$router.push({name: 'shop'});//跳转到浏览商品页面
      }
    },
  }
</script>
<style src="@/assets/css/add.css" scoped></style>
```

（4）修改 store.js 文件，在 store 实例中分别定义 state、mutation 和 action。当添加商品或删除商品后，应用 localStorage.setItem 存储商品列表信息，代码如下：

```
import Vue from 'vue'//引入Vue.js
import Vuex from 'vuex'//引入Vuex
Vue.use(Vuex)//使用Vuex
export default new Vuex.Store({
  state: {
    list : localStorage.getItem('list')?JSON.parse(localStorage.getItem('list')):[{
      img : require("@/assets/images/oppo.jpg"),
      name : "OPPO R15 智能手机 全网通",
      num : 2,
      price : 599
    },{
      img : require("@/assets/images/vivo.jpg"),
      name : "vivo X27 8GB+256GB大内存",
      num : 1,
      price : 699
    }]
  },
```

```
  mutations: {
    add: function (state, newShop) {
      state.list.push(newShop);//添加到商品数组
      localStorage.setItem('list',JSON.stringify(state.list));//存储商品列表
    },
    del: function (state, index) {
      state.list.splice(index, 1);//删除商品
      localStorage.setItem('list',JSON.stringify(state.list));//存储商品列表
    }
  },
  actions: {
    addAction: function (context,newShop) {
      context.commit('add', newShop);//提交mutation并传递参数
    },
    delAction: function (context,index) {
      context.commit('del', index);//提交mutation并传递参数
    }
  }
})
```

（5）修改 router.js 文件，应用 import 引入路由组件，并创建 router 实例，传入 routes 配置参数。代码如下：

```
import Vue from 'vue'//引入Vue.js
import Router from 'vue-router'//引入路由
import Shop from './views/Shop.vue'//引入组件
import Add from './views/Add.vue'//引入组件
Vue.use(Router)//使用路由
export default new Router({
  mode: 'history',//使用历史模式
  base: process.env.BASE_URL,
  routes: [//定义路由
    {
      path: '/',
      name: 'shop',
      component: Shop
    },
    {
      path: '/add',
      name: 'add',
      component: Add
    }
  ]
})
```

习 题

13-1 简述 Vuex 的组成部分及它们的含义。

13-2 Vuex 中的 action 和 mutation 有什么区别?

PART14

第14章

综合开发实例——51购商城

本章要点

- 了解网上商城购物流程
- 掌握网上商城常用功能页面的布局
- 掌握使用路由实现页面跳转的方法
- 应用Vuex实现数据共享

网络购物已经不再是什么新鲜事物，当今无论是企业，还是个人，都可以很方便地在网上交易商品，批发零售。比如，在淘宝上开网店，在微信上做微店等。本章将设计并制作一个综合的电子商城项目——51 购商城。循序渐进，由浅入深，使网站的界面布局和购物功能具有更好的用户体验。

14.1 项目的设计思路

项目概述

14.1.1 项目概述

51 购商城，从整体设计上看，具有通用电子商城的购物功能流程。比如，商品的推荐、商品详情的展示、购物车等功能。网站的功能具体划分如下。

- 商城主页，是用户访问网站的入口页面。介绍重点的推荐商品和促销商品等信息，具有分类导航功能，方便用户继续搜索商品。
- 商品详情页面，全面详细地展示具体某一种商品信息，包括商品本身的介绍，比如，商品产地等；购买商品后的评价；相似商品的推荐等内容。
- 购物车页面，对某种商品产生消费意愿后，则可以将商品添加到购物车页面。购物车页面详细记录了已添加商品的价格和数量等内容。
- 付款页面，真实模拟付款流程。包含用户常用收货地址、付款方式的选择和物流的挑选等内容。
- 登录注册页面，含有用户登录或注册时，表单信息提交的验证，比如，账户密码不能为空、数字验证和邮箱验证等内容信息。

图 14-1　51 购商城主页界面

14.1.2 界面预览

界面预览

下面展示几个主要的页面效果。

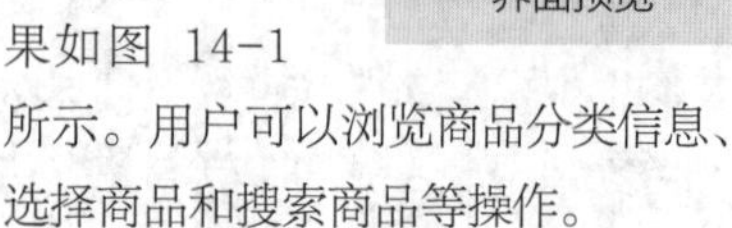

- 主页界面效果如图 14-1 所示。用户可以浏览商品分类信息、选择商品和搜索商品等操作。
- 付款页面的效果如图 14-2 所示。用户选择完商品，加入购物车后，则进入付款页面。付款页面包含收货地址、物流方式和支付方式等内容，符合通用电商网站的付款流程。

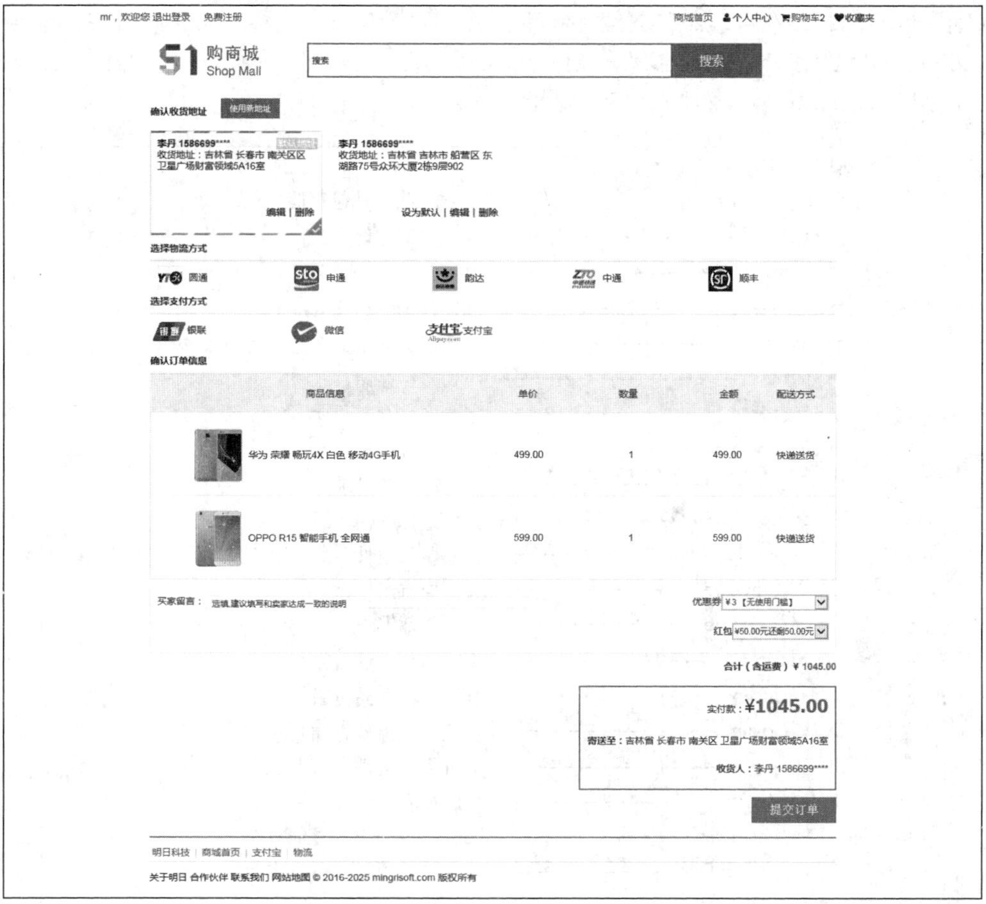

图 14-2　付款页面效果

14.1.3　功能结构

功能结构

51 购商城从功能上划分，由主页、商品、购物车、付款、登录和注册 6 个功能组成。其中，登录和注册的页面布局基本相似，可以当作一个功能。详细的功能结构如图 14-3 所示。

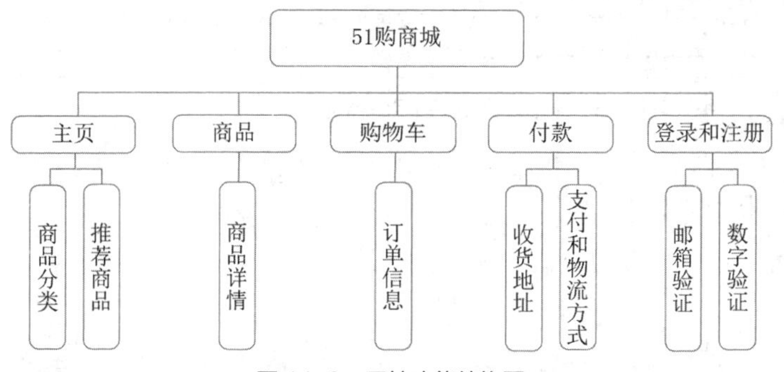

图 14-3　网站功能结构图

14.1.4　文件夹组织结构

文件夹组织结构

设计规范合理的文件夹组织结构，可以方便日后的维护和管理。51 购商城，首先新建 shop 作为项目根目录文件夹，然后在资源存储目录 assets 中新建 css 文件夹、fonts 文件夹、images 文件夹和 js 文件夹，分别保存 CSS 样式类文件、字体资源文件、图片资源文件和 JavaScript 文件，最后新建各个功能页面的组件存储目录。具体文件夹组织结构如图 14-4 所示。

```
shop E:\MR\ym\14\shop
    node_modules library root ———— 项目依赖工具包存储目录
    public ———— 静态资源存储目录
        index.html ———— 项目入口 HTML 文件
    src ———— 开发目录
        assets ———— 资源存储目录，会被 webpack 构建
            css ———— 样式文件存储目录
            fonts ———— 字体文件存储目录
            images ———— 图片文件存储目录
            js ———— js 文件存储目录
        components ———— 公共组件存储目录
            Footer.vue ———— 页面尾部组件
            Nav.vue ———— 页面导航组件
            Top.vue ———— 页面头部组件
        views ———— 页面组件存储目录
            index ———— 首页组件存储目录
            login ———— 登录页面组件存储目录
            pay ———— 支付页面组件存储目录
            register ———— 注册页面组件存储目录
            shopcart ———— 购物车页面组件存储目录
            shopinfo ———— 商品详情页面组件存储目录
        App.vue ———— 根组件
        main.js ———— 项目入口 JS 文件
        router.js ———— 路由配置文件
        store.js ———— 状态管理文件
    .gitignore ———— git 提交需要忽略的文件配置
    babel.config.js ———— babel 配置文件
    package.json ———— 项目所需要的模块和配置信息
    package-lock.json ———— 记录当前安装的 package 的来源和版本号
    README.md ———— 项目说明文档
```

图 14-4　51 购商城的文件夹组织结构

14.2　主页的设计与实现

14.2.1　主页的设计

在越来越重视用户体验的今天，主页的设计非常重要和关键。视觉效果优秀的界面设计和方便个性化的使用体验，会让用户印象深刻，流连忘返。因此，51 购商城的主页特别设计了推荐商品和促销活动两个功能，为用户推荐最新最好的商品和活动。主页的界面效果如图 14-5 和图 14-6 所示。

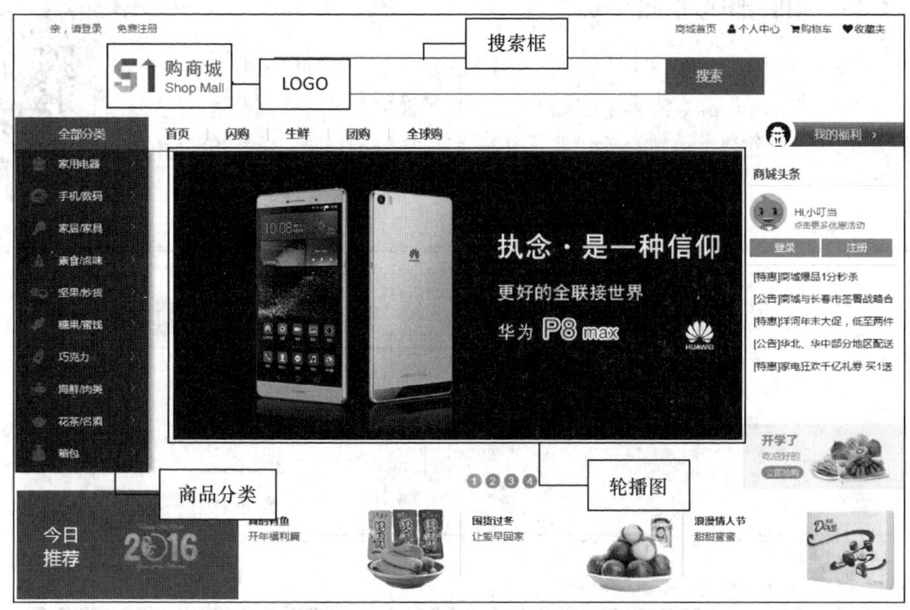

图 14-5 主页顶部区域的各个功能

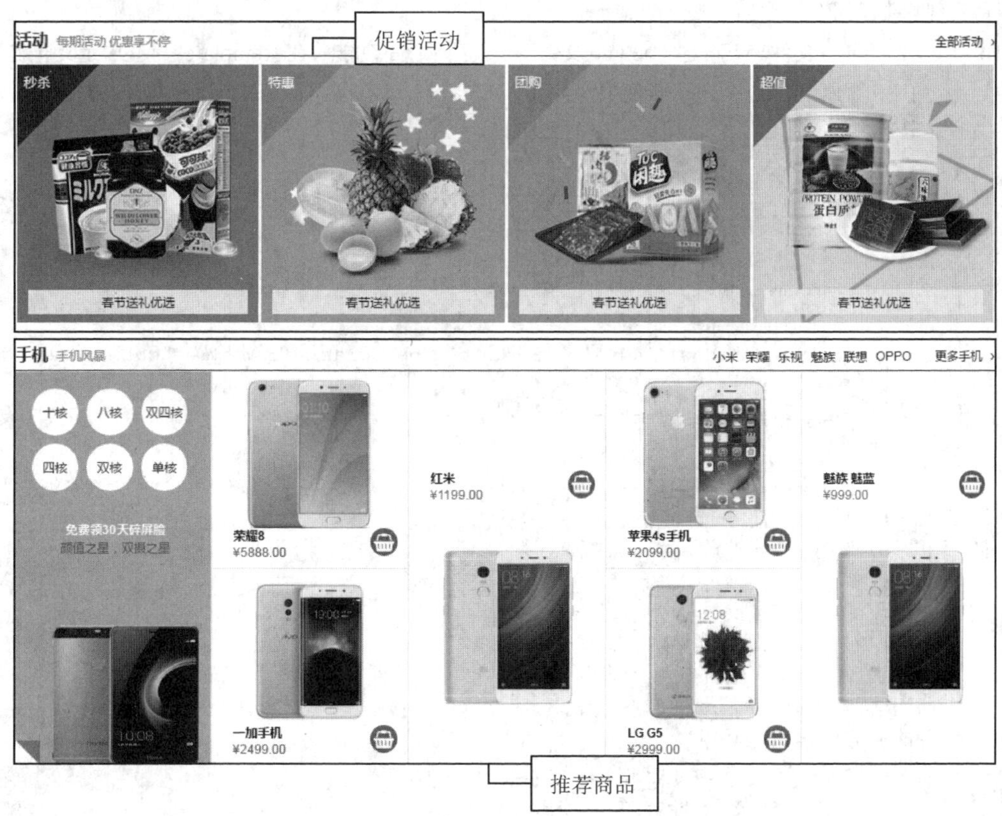

图 14-6 主页的促销活动区域和推荐商品区域

14.2.2 顶部区和底部区功能的实现

根据由简到繁的原则，首先实现网站顶部区和底部区的功能。顶部区主要由网站的Logo 图片、搜索框和导航菜单（登录、注册和商城首页等链接）组成，方便用户跳转到其他页面。底部区由制作公司和导航栏组成，链接到技术支持的官网。功能实现后的界面如图 14-7 所示。

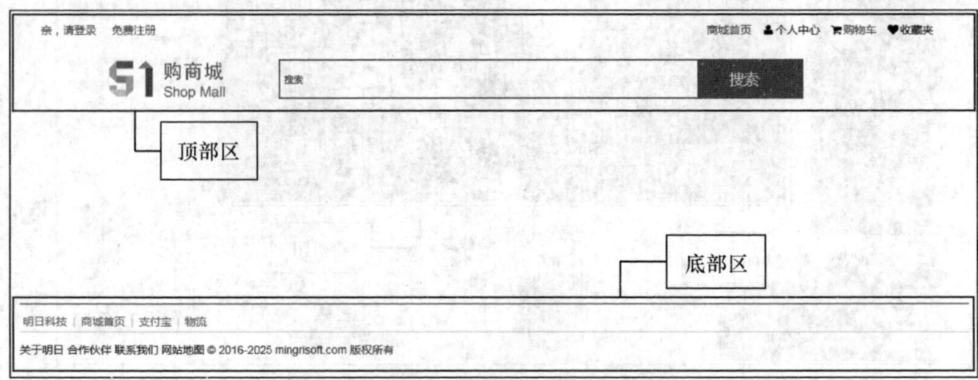

图 14-7 主页的顶部区和底部区

具体实现的步骤如下。

（1）在 components 文件夹下新建 Top.vue 文件，实现顶部区的功能。在<template>标签中定义导航菜单、网站的 Logo 图片和搜索框。在<script>标签中判断用户登录状态，实现不同状态下页面的跳转。关键代码如下：

```
<template>
  <div class="hmtop">
    <!--顶部导航条 -->
    <div class="mr-container header">
      <ul class="message-l">
        <div class="topMessage">
          <div class="menu-hd">
            <a @click="show('login')" target="_top" class="h" style="color: red" v-if=
"!isLogin">亲，请登录</a>
            <span v-else style="color: green">{{user}},欢迎您 <a @click="logout" style=
"color: red">退出登录</a></span>
            <a @click="show('register')" target="_top" style="color: red; margin-left:
 20px;">免费注册</a>
          </div>
        </div>
      </ul>
      <ul class="message-r">
        <div class="topMessage home">
          <div class="menu-hd"><a @click="show('home')" target="_top" class="h" style=
"color:red">商城首页</a></div>
        </div>
        <div class="topMessage my-shangcheng">
          <div class="menu-hd MyShangcheng"><a href="#" target="_top"><i class="mr-icon
-user mr-icon-fw"></i>个人中心</a>
          </div>
```

```
        </div>
        <div class="topMessage mini-cart">
          <div class="menu-hd"><a id="mc-menu-hd" @click="show('shopcart')" target="_top">
            <i class="mr-icon-shopping-cart  mr-icon-fw" ></i><span style="color:red">
购物车</span>
            <strong id="J_MiniCartNum" class="h" v-if="isLogin">{{length}}</strong>
          </a>
          </div>
        </div>
        <div class="topMessage favorite">
          <div class="menu-hd"><a href="#" target="_top"><i class="mr-icon-heart mr-
icon-fw"></i><span>收藏夹</span></a>
          </div></div>
      </ul>
    </div>
    <!--悬浮搜索框-->
    <div class="nav white">
      <div class="logo"><a @click="show('home')"><img src="@/assets/images/logo.png"/>
</a></div>
      <div class="logoBig">
        <li @click="show('home')"><img src="@/assets/images/logobig.png"/></li>
      </div>
      <div class="search-bar pr">
        <form>
          <input id="searchInput" name="index_none_header_sysc" type="text" placeholder
="搜索" autocomplete="off">
          <input id="ai-topsearch" class="submit mr-btn" value="搜索" index="1" type=
"submit">
        </form>
      </div>
    </div>
    <div class="clear"></div>
  </div>
</template>
<script>
  import {mapState,mapGetters,mapActions} from 'vuex'//引入辅助函数
export default {
  name: 'top',
  computed: {
    ...mapState([
          'user',//this.user映射为this.$store.state.user
          'isLogin'//this.isLogin映射为this.$store.state.isLogin
    ]),
    ...mapGetters([
          'length'//this.length映射为this.$store.getters.length
    ])
  },
  methods: {
    show: function (value) {
      if(value == 'shopcart'){
        if(this.user == null){//用户未登录
          alert('亲，请登录！');
```

```
            this.$router.push({name:'login'});//跳转到登录页面
            return false;
          }
        }
        this.$router.push({name:value});
      },
      ...mapActions([
          'logoutAction'//this.logoutAction()映射为this.$store.dispatch('logoutAction')
      ]),
      logout: function () {
        if(confirm('确定退出登录吗？')){
          this.logoutAction();//执行退出登录操作
          this.$router.push({name:'home'});//跳转到主页
        }else{
          return false;
        }
      }
    }
  }
  </script>
  <style scoped lang="scss">
  .logoBig li{
    cursor: pointer;//定义鼠标指针形状
  }
  a{
    cursor: pointer;//定义鼠标指针形状
  }
  </style>
```

（2）在 components 文件夹下新建 Footer.vue 文件，实现底部区的功能。在<template>标签中，首先通过<p>标签和<a>标签，实现底部的导航栏。然后使用<p>段落标签，显示关于明日科技、合作伙伴和联系我们等网站制作团队相关信息。在<script>标签中定义实现页面跳转的方法。代码如下：

```
  <template>
    <div class="footer ">
      <div class="footer-hd ">
        <p>
          <a href="http://www.mingrisoft.com/" target="_blank">明日科技</a>
          <b>|</b>
          <a href="javascript:void(0)" @click="show">商城首页</a>
          <b>|</b>
          <a href="javascript:void(0)">支付宝</a>
          <b>|</b>
          <a href="javascript:void(0)">物流</a>
        </p>
      </div>
      <div class="footer-bd ">
        <p>
          <a href="http://www.mingrisoft.com/Index/ServiceCenter/aboutus.html" target="_
blank">关于明日 </a>
          <a href="javascript:void(0)">合作伙伴 </a>
          <a href="javascript:void(0)">联系我们 </a>
```

```
          <a href="javascript:void(0)">网站地图 </a>
          <em>© 2016-2025 mingrisoft.com 版权所有</em>
        </p>
      </div>
    </div>
  </template>
  <script>
    export default {
      methods: {
        show: function () {
          this.$router.push({name:'home'}); //跳转到主页
        }
      }
    }
  </script>
```

14.2.3 商品分类导航功能的实现

商品分类导航功能的实现

主页商品分类导航功能，将商品分门别类，便于用户检索查找。用户使用鼠标移到某一商品分类时，界面会继续弹出商品的子类别内容，鼠标移出时，子类别内容消失。因此，商品分类导航功能可以使商品信息更清晰易查，井井有条。实现后的界面效果如图 14-8 所示。

图 14-8 商品分类导航功能的界面效果

具体实现的步骤如下。

（1）在 views/index 文件夹下新建 Menu.vue 文件。在<template>标签中，通过<li>标签显示商品分类信息。在<li>标签中，通过触发 mouseover 事件和 mouseout 事件执行相应的方法。关键代码如下：

```
<template>
  <div>
      <!--侧边导航 -->
      <div id="nav" class="navfull">
        <div class="area clearfix">
          <div class="category-content" id="guide_2">
            <div class="category">
              <ul class="category-list" id="js_climit_li">
```

```
                <li class="appliance js_toggle relative" v-for="(v,i) in data" @mouseover=
"mouseOver(i)" @mouseout="mouseOut(i)">
                    <div class="category-info">
                      <h3 class="category-name b-category-name"><i><img :src="v.url">
</i><a class="ml-22" :title="v.bigtype">{{v.bigtype}}</a></h3>
                      <em>&gt;</em></div>
                    <div class="menu-item menu-in top" >
                      <div class="area-in">
                        <div class="area-bg">
                          <div class="menu-srot">
                            <div class="sort-side">
                              <dl class="dl-sort" v-for="v in v.smalltype">
                                <dt><span >{{v.name}}</span></dt>
                                <dd v-for="v in v.goods"><a href="javascript:void(0)">
<span>{{v}}</span></a></dd>
                              </dl>
                            </div>
                          </div>
                        </div>
                      </div>
                    </div>
                    <b class="arrow"></b>
                  </li>
                </ul>
              </div>
            </div>
          </div>
        </div>
      </div>
    </template>
```

（2）在<script>标签中，编写鼠标移入移出事件执行的方法。mouseOver()方法和 mouseOut()方法分别为鼠标移入和移出事件的方法，二者实现逻辑相似。以 mouseOver()方法为例，当鼠标移入<li>标签节点时，获取事件对象 obj，设置 obj 对象的样式，找到 obj 对象的子节点（子分类信息），将子节点内容显示到页面中。代码如下：

```
<script>
import data from '@/assets/js/data.js';//导入数据
export default {
    name: 'menu',
    data: function(){
        return {
            data: data
        }
    },
    methods: {
        mouseOver: function (i){
            var obj=document.getElementsByClassName('appliance')[i];
            obj.className="appliance js_toggle relative hover";   //设置当前事件对象样式
            var menu=obj.childNodes;                  //寻找该事件子节点（商品子类别）
            menu[1].style.display='block';              //设置子节点显示
        },
        mouseOut: function (i){
            var obj=document.getElementsByClassName('appliance')[i];
```

```
            obj.className="appliance js_toggle relative";   //设置当前事件对象样式
            var menu=obj.childNodes;            //寻找该事件子节点（商品子类别）
            menu[1].style.display='none';        //设置子节点隐藏
        },
        show: function (value) {
          this.$router.push({name:value})
        }
    }
}
</script>
```

14.2.4 轮播图功能的实现

轮播图功能的实现

轮播图功能，根据固定的时间间隔，动态地显示或隐藏轮播图片，引起用户的关注和注意。轮播图片一般都是系统推荐的最新商品内容。在主页中，实现图片的轮播应用了过渡效果。界面的效果如图 14-9 所示。

图 14-9 主页轮播图的界面效果

具体实现步骤如下。

（1）在 views/index 文件夹下新建 Banner.vue 文件。在<template>标签中应用 v-for 和<transition-group>组件实现列表过渡。在<li>标签中应用 v-for 指令定义 4 个数字轮播顺序节点。关键代码如下：

```
<template>
  <div class="banner">
    <div class="mr-slider mr-slider-default scoll" data-mr-flexslider id="demo-slider-0">
      <div id="box">
        <ul id="imagesUI" class="list">
          <transition-group name="fade" tag="div">
          <li v-for="(v,i) in banners" :key="i" v-if="(i+1)==index?true:false"><img :
src="v"></li>
          </transition-group>
        </ul>
        <ul id="btnUI" class="count">
```

```
            <li v-for="num in 4" :key="num" @mouseover='change(num)' :class='{current:num=
=index}'>
                {{num}}
            </li>
          </ul>
        </div>
      </div>
      <div class="clear"></div>
    </div>
  </template>
```

（2）在<script>标签中编写实现图片轮播的代码。在 mounted 钩子函数中定义每经过 3 秒实现图片的轮换。在 change()方法中实现当鼠标移入数字按钮时切换到对应的图片。关键代码如下：

```
  <script>
  export default {
    name: 'banner',
    data : function(){
      return {
        banners : [//广告图片数组
            require('@/assets/images/ad1.png'),
            require('@/assets/images/ad2.png'),
            require('@/assets/images/ad3.png'),
            require('@/assets/images/ad4.png')
        ],
        index : 1,              // 图片的索引
        flag : true,
        timer : '',        // 定时器ID
      }
    },
    methods : {
      next : function(){
        // 下一张图片，图片索引为4时返回第一张
        this.index = this.index + 1 == 5 ? 1 : this.index + 1;
      },
      change : function(num){
        // 鼠标移入按钮切换到对应图片
        if(this.flag){
          this.flag = false;
          // 过1秒后可以再次移入按钮切换图片
          setTimeout(()=>{
            this.flag = true;
          },1000);
          this.index = num;  // 切换为选中的图片
          clearTimeout(this.timer);// 取消定时器
          // 过3秒图片轮换
          this.timer = setInterval(this.next,3000);
        }
      }
    },
    mounted : function(){
      // 过3秒图片轮换
      this.timer = setInterval(this.next,3000);
    }
```

```
    }
</script>
```

（3）在<style>标签中编写实现图片显示与隐藏的过渡效果使用的类名。关键代码如下：

```
<style lang="scss" scoped>
  /* 设置过渡属性 */
  .fade-enter-active, .fade-leave-active{
    transition: all 1s;
  }
  .fade-enter, .fade-leave-to{
    opacity: 0;
  }
</style>
```

14.2.5 商品推荐功能的实现

商品推荐功能的实现

商品推荐功能是 51 购商城主要的商品促销形式，此功能可以动态显示推荐的商品信息，包括商品的缩略图、价格和打折信息等内容。通过商品推荐功能，还能将众多商品信息精挑细选，提高商品的销售率。其中，“手机”商品的界面效果如图 14-10 所示。

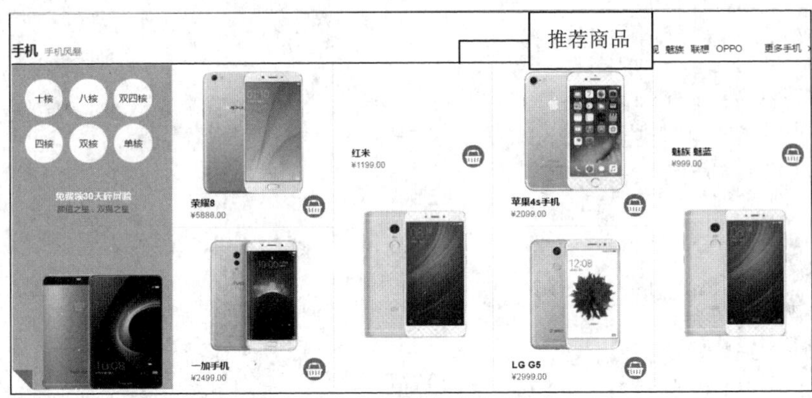

图 14-10 商品推荐功能的界面效果

具体实现步骤如下。

（1）在 views/index 文件夹下新建 Phone.vue 文件。在<template>标签中编写 HTML 的布局代码，应用 v-for 指令循环输出手机的品牌和核数。再通过<div>标签显示具体的商品内容，包括商品图片、名称和价格信息等。关键代码如下：

```
<template>
  <!--手机-->
  <div id="f1">
    <div class="mr-container ">
      <div class="shopTitle ">
        <h4>手机</h4>
        <h3>手机风暴</h3>
        <div class="today-brands ">
          <a href="javascript:void(0)" v-for="item in brands">{{item}}</a>
        </div>
        <span class="more ">
          <a href="javascript:void(0)">更多手机<i class="mr-icon-angle-right" style=
"padding-left:10px ;"></i></a>
```

```
          </span>
        </div>
      </div>
      <div class="mr-g mr-g-fixed floodFive ">
        <div class="mr-u-sm-5 mr-u-md-3 text-one list">
          <div class="word">
            <a class="outer" href="javascript:void(0)" v-for="item in cores">
              <span class="inner"><b class="text">{{item}}</b></span>
            </a>
          </div>
          <a href="javascript:void(0)">
            <img src="@/assets/images/tel.png" width="100px" height="170px"/>
            <div class="outer-con ">
              <div class="title ">
                免费领30天碎屏险
              </div>
              <div class="sub-title ">
                颜值之星，双摄之星
              </div>
            </div>
          </a>
          <div class="triangle-topright"></div>
        </div>
        <div class="mr-u-sm-7 mr-u-md-5 mr-u-lg-2 text-two">
          <div class="outer-con ">
            <div class="title ">
              荣耀8
            </div>
            <div class="sub-title ">
              ¥5888.00
            </div>
            <i class="mr-icon-shopping-basket mr-icon-md  seprate"></i>
          </div>
          <a href="javascript:void(0)" @click="show"><img src="@/assets/images/phone1.jpg"/>
</a>
        </div>
  <!-- 省略部分代码 -->
  </div>
      <div class="clear "></div>
    </div>
  </template>
```

（2）在<script>标签中定义手机品牌数组和手机核数数组，定义当单击商品图片时执行的方法 show()，实现跳转到商品详情页面的功能。关键代码如下：

```
  <script>
    export default {
      name: 'phone',
      data: function(){
        return {
          //手机品牌数组
          brands: ['小米','荣耀','乐视','魅族','联想','OPPO'],
```

```
        //手机核数数组
        cores: ['十核','八核','双四核','四核','双核','单核']
      }
    },
    methods: {
      show: function () {
        this.$router.push({name:'shopinfo'});//跳转到商品详情页面
      }
    }
  }
</script>
```

鼠标移入某具体的商品图片时，图片会呈现偏移效果，可以引起用户的注意和兴趣。

14.3 商品详情页面的设计与实现

14.3.1 商品详情页面的设计

商品详情页面的设计

商品详情页面是商城主页的子页面。用户单击主页中的某一商品图片后，则进入商品详情页面。商品详情页面对用户而言，是至关重要的功能页面。商品详情页面的界面和功能直接影响用户的购买意愿。为此，51 购商城设计并实现了一系列的功能，包括商品图片放大镜效果、商品概要信息、宝贝详情和评价等功能模块，以方便用户消费决策，增加商品销售量。商品详情的界面效果如图 14-11、图 14-12 所示。

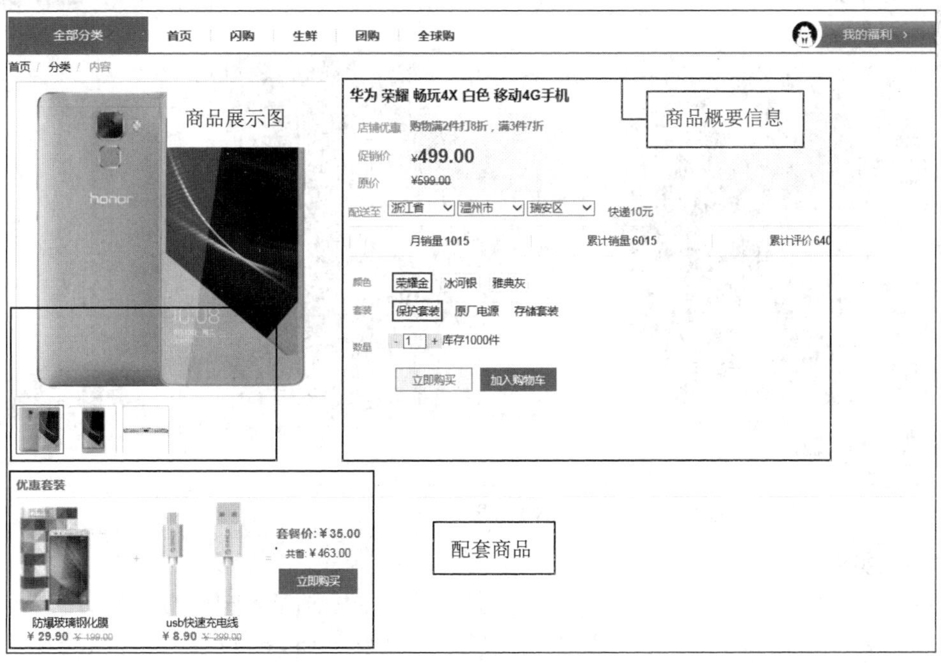

图 14-11　商品图片和概要信息

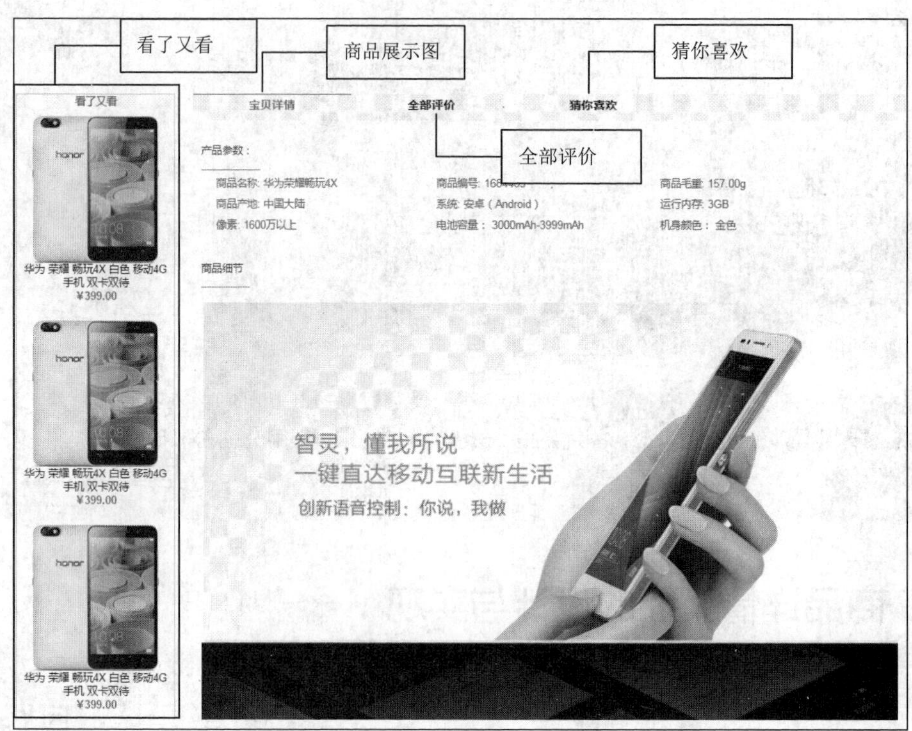

图 14-12　商品详情页面的效果

14.3.2　图片放大镜效果的实现

在商品展示图区域底部有一个缩略图列表，当鼠标指向某个缩略图时，上方会显示对应的商品图片，当鼠标移入图片时，右侧会显示该图片对应区域的放大效果。界面的效果如图 14-13 所示。

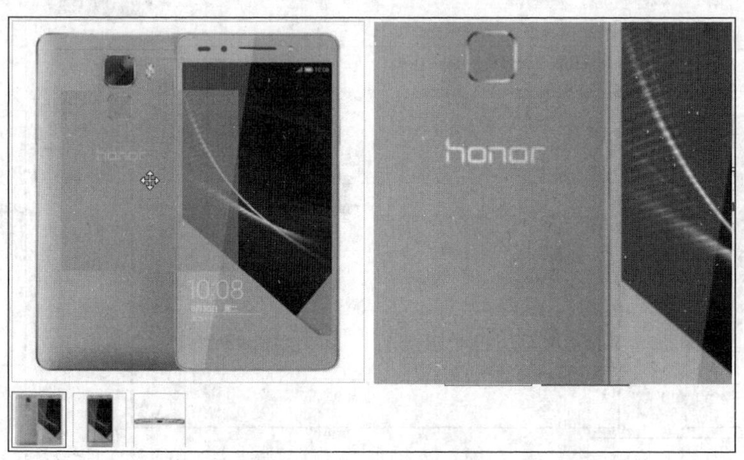

图 14-13　图片放大镜效果

具体实现步骤如下。

（1）在 views/shopinfo 文件夹下新建 Enlarge.vue 文件。在<template>标签中分别定义商品图片、图片放大工具、放大的图片和商品缩略图，通过在商品图片上触发 mouseenter 事件、mouseleave 事件和 mousemove 事件执行相应的方法。关键代码如下：

```
<template>
      <div class="clearfixLeft" id="clearcontent">
        <div class="box">
          <div class="enlarge" @mouseenter="mouseEnter" @mouseleave="mouseLeave"
@mousemove="mouseMove">
            <img :src="bigImgUrl[n]" title="细节展示放大镜特效">
            <span class="tool"></span>
            <div class="bigbox">
              <img :src="bigImgUrl[n]" class="bigimg">
            </div>
          </div>
          <ul class="tb-thumb" id="thumblist">
            <li :class="{selected:n == index}" v-for="(item,index) in smallImgUrl"
@mouseover="setIndex(index)">
              <div class="tb-pic tb-s40">
                <a href="javascript:void(0)"><img :src="item"></a>
              </div>
            </li>
          </ul>
        </div>
        <div class="clear"></div>
      </div>
</template>
```

（2）在<script>标签中编写鼠标在商品图片上移入、移出和移动时执行的方法。在 mouseEnter()方法中，设置图片放大工具和放大的图片显示；在 mouseLeave()方法中，设置图片放大工具和放大的图片隐藏；在 mouseMove()方法中，通过元素的定位属性设置图片放大工具和放大的图片的位置，实现图片的放大效果。关键代码如下：

```
<script>
  export default {
    data: function(){
      return {
        n: 0,//缩略图索引
        smallImgUrl: [//缩略图数组
          require('@/assets/images/01_small.jpg'),
          require('@/assets/images/02_small.jpg'),
          require('@/assets/images/03_small.jpg')
        ],
        bigImgUrl: [//商品图片数组
          require('@/assets/images/01.jpg'),
          require('@/assets/images/02.jpg'),
          require('@/assets/images/03.jpg')
        ]
      }
    },
    methods: {
      mouseEnter: function () {//鼠标进入图片的效果
        document.querySelector('.tool').style.display='block';
        document.querySelector('.bigbox').style.display='block';
      },
      mouseLeave: function () {//鼠标移出图片的效果
        document.querySelector('.tool').style.display='none';
        document.querySelector('.bigbox').style.display='none';
```

```
        },
        mouseMove: function (e) {
          var enlarge=document.querySelector('.enlarge');
          var tool=document.querySelector('.tool');
          var bigimg=document.querySelector('.bigimg');
          var ev=window.event || e;//获取事件对象
          //获取图片放大工具到商品图片左端距离
          var x=ev.clientX-enlarge.offsetLeft-tool.offsetWidth/2+document.body.scrollLeft;
          //获取图片放大工具到商品图片顶端距离
          var y=ev.clientY-enlarge.offsetTop-tool.offsetHeight/2+document.body.scrollTop;
          if(x<0) x=0;
          if(y<0) y=0;
          if(x>enlarge.offsetWidth-tool.offsetWidth){
            x=enlarge.offsetWidth-tool.offsetWidth;//图片放大工具到商品图片左端最大距离
          }
          if(y>enlarge.offsetHeight-tool.offsetHeight){
            y=enlarge.offsetHeight-tool.offsetHeight;//图片放大工具到商品图片顶端最大距离
          }
          //设置图片放大工具定位
          tool.style.left = x+'px';
          tool.style.top = y+'px';
          //设置放大图片定位
          bigimg.style.left = -x * 2+'px';
          bigimg.style.top = -y * 2+'px';
        },
        setIndex: function (index) {
          this.n=index;//设置缩略图索引
        }
      }
    }
  </script>
```

14.3.3 商品概要功能的实现

商品概要功能的实现

商品概要功能，包含商品的名称、价格和配送地址等信息。用户快速浏览商品概要信息，可以了解商品的销量、可配送地址和库存等内容，方便用户快速决策，节省浏览时间。界面的效果如图 14-14 所示。

图 14-14 商品概要信息

具体实现步骤如下。

（1）在 views/shopinfo 文件夹下新建 Info.vue 文件。在<template>标签中，使用<h1>标签显示商品名称，使用<li>标签显示价格信息。然后通过<select>标签和<option>标签，显示配送地址信息。关键代码如下：

```
<template>
<div class="clearfixRight">
       <!--规格属性-->
       <!--名称-->
       <div class="tb-detail-hd">
         <h1>
           {{goodsInfo.name}}
         </h1>
       </div>
       <div class="tb-detail-list">
         <!--价格-->
         <div class="tb-detail-price">
           <li class="price iteminfo_price">
             <dt>促销价</dt>
             <dd><em>¥</em><b class="sys_item_price">{{goodsInfo.unitPrice | formatPrice}}<
/b></dd>
           </li>
           <li class="price iteminfo_mktprice">
             <dt>原价</dt>
             <dd><em>¥</em><b class="sys_item_mktprice">599.00</b></dd>
           </li>
           <div class="clear"></div>
         </div>
<!-- 省略部分代码 -->
</template>
```

（2）在<script>标签中引入 mapState 和 mapActions 辅助函数，实现组件中的计算属性、方法和 store 中的 state、action 之间的映射，根据判断用户是否登录跳转到相应的页面。关键代码如下：

```
<script>
  import Enlarge from '@/views/shopinfo/Enlarge'
  import {mapState,mapActions} from 'vuex'//引入mapState和mapActions
  export default {
    components: {
      Enlarge
    },
    data: function(){
      return {
        number: 1,//商品数量
        goodsInfo: {//商品基本信息
          img : require("@/assets/images/honor.jpg"),
          name : "华为 荣耀 畅玩4X 白色 移动4G手机",
          num : 0,
          unitPrice : 499,
          isSelect : true
        }
      }
    },
    computed: {
```

```
        ...mapState([
            'user'//this.user映射为this.$store.state.user
        ])
      },
        watch: {
          number: function (newVal,oldVal) {
            if(isNaN(newVal) || newVal == 0){//输入的是非数字或0
              this.number = oldVal;//数量为原来的值
            }
          }
        },
      filters: {
        formatPrice : function(value){
          return value.toFixed(2);//保留两位小数
        }
      },
      methods: {
        ...mapActions([
            'getListAction'//this.getListAction()映射为this.$store.dispatch
('getListAction')
        ]),
        show: function () {
          if(this.user == null){
            alert('亲，请登录！');
            this.$router.push({name:'login'});//跳转到登录页面
          }else{
           this.getListAction({//执行方法并传递参数
             goodsInfo: this.goodsInfo,
             number: parseInt(this.number)
           });
             this.$router.push({name:'shopcart'});//跳转到购物车页面
          }
        },
        reduce: function () {
          if(this.number >= 2){
            this.number--;//商品数量减1
          }
        },
        add: function () {
          this.number++;//商品数量加1
        }
      }
    }
</script>
```

14.3.4 猜你喜欢功能的实现

猜你喜欢功能的实现

猜你喜欢功能为用户推荐最佳相似商品，不仅方便用户立即挑选商品，也增加商品详情页面内容的丰富性，用户体验良好。界面效果如图 14-15 所示。

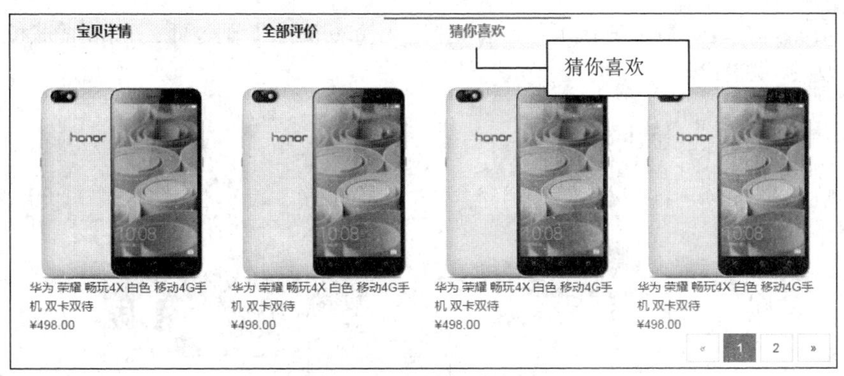

图 14-15　猜你喜欢的页面效果

具体实现步骤如下。

（1）在 views/shopinfo 文件夹下新建 Like.vue 文件。在<template>标签中编写商品列表区域的 HTML 布局代码。首先使用<li>标签显示商品基本信息，包括商品缩略图、商品价格和商品名称等内容，然后使用<li>标签对商品信息进行分页处理。关键代码如下：

```
<template>
  <div id="youLike" class="mr-tab-panel">
    <div class="like">
      <ul class="mr-avg-sm-2 mr-avg-md-3 mr-avg-lg-4 boxes">
        <li>
          <div class="i-pic limit">
            <img src="@/assets/images/shopcartImg.jpg">
            <p>华为 荣耀 畅玩4X 白色 移动4G手机 双卡双待</p>
            <p class="price fl">
              <b>¥</b>
              <strong>498.00</strong>
            </p>
          </div>
        </li>
        <!-- 省略部分代码 -->
      </ul>
    </div>
    <div class="clear"></div>
    <!-- 分页 -->
    <ul class="mr-pagination mr-pagination-right">
      <li :class="{'mr-disabled':curentPage==1}" @click="jump(curentPage-1)"><a href=
"javascript:void(0)">&laquo;</a></li>
      <li :class="{'mr-active':curentPage==n}" v-for="n in pages" @click="jump(n)">
        <a href="javascript:void(0)">{{n}}</a>
      </li>
      <li :class="{'mr-disabled':curentPage==pages}" @click="jump(curentPage+1)"><a href=
"javascript:void(0)">&raquo;</a></li>
    </ul>
    <div class="clear"></div>
  </div>
</template>
```

（2）在<script>标签中编写实现商品信息分页的逻辑代码。在 data 选项中定义每页显示的元素个数，通过计算属性获取元素总数和总页数，在 methods 选项中定义 jump()方法，通过页面元素的隐藏和显示，实现商品信息分页的效果。关键代码如下：

```
<script>
  export default {
    data: function () {
      return {
        items: [],
        eachNum: 4,//每页显示个数
        curentPage: 1//当前页数
      }
    },
    mounted: function(){
      this.items = document.querySelectorAll('.like li');//获取所有元素
      for(var i = 0; i < this.items.length; i++){
        if(i < this.eachNum){
          this.items[i].style.display = 'block';//显示第一页内容
        }else{
          this.items[i].style.display = 'none';//隐藏其他页内容
        }
      }
    },
    computed: {
      count: function () {
        return this.items.length;//元素总数
      },
      pages: function () {
        return Math.ceil(this.count/this.eachNum);//总页数
      }
    },
    methods: {
      jump: function (n) {
        this.curentPage = n;
        if(this.curentPage < 1){
          this.curentPage = 1;//页数最小值
        }
        if(this.curentPage > this.pages){
          this.curentPage = this.pages;//页数最大值
        }
        for(var i = 0; i < this.items.length; i++){
          this.items[i].style.display = 'none';//隐藏所有元素
        }
        var start = (this.curentPage - 1) * this.eachNum;//每页第一个元素索引
        var end = start + this.eachNum;//每页最后一个元素索引
        end = end > this.count ? this.count : end;//尾页最后一个元素索引
        for(var i = start; i < end; i++){
          this.items[i].style.display = 'block';//当前页元素显示
        }
      }
    }
  }
</script>
```

14.3.5 选项卡切换效果的实现

在商品详情页面有“宝贝详情”、“全部评价”和“猜你喜欢”3 个选项卡，当单击某个选项卡时，下方会切换为该选项卡对应的内容。界面效果如图 14-16 所示。

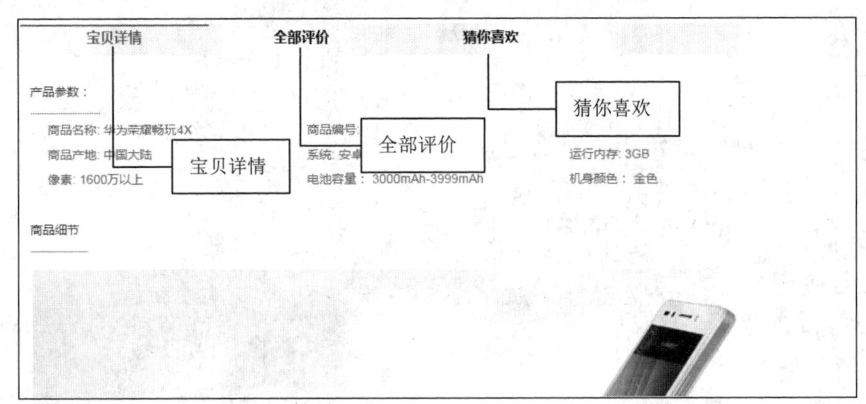

图 14-16　选项卡的切换

具体实现步骤如下。

（1）在 views/shopinfo 文件夹下新建 Introduce.vue 文件。在<template>标签中首先定义“宝贝详情”“全部评价”和“猜你喜欢”3 个选项卡，然后使用动态组件，应用<component>元素将 data 数据 current 动态绑定到它的 is 属性。代码如下：

```
<template>
  <div class="introduceMain">
    <div class="mr-tabs" data-mr-tabs>
      <ul class="mr-avg-sm-3 mr-tabs-nav mr-nav mr-nav-tabs">
        <li id="infoTitle" :class="{'mr-active':current=='Details'}">
          <a @click="current='Details'">
            <span class="index-needs-dt-txt">宝贝详情</span></a>
        </li>
        <li id="commentTitle" :class="{'mr-active':current=='Comment'}">
          <a @click="current='Comment'">
            <span class="index-needs-dt-txt">全部评价</span></a>
        </li>
        <li id="youLikeTitle" :class="{'mr-active':current=='Like'}">
          <a @click="current='Like'">
            <span class="index-needs-dt-txt">猜你喜欢</span></a>
        </li>
      </ul>
      <div class="mr-tabs-bd">
        <component :is="current"></component>
      </div>
    </div>
    <div class="clear"></div>
    <div class="footer ">
      <div class="footer-hd ">
        <p>
          <a href="http://www.mingrisoft.com/" target="_blank">明日科技</a>
          <b>|</b>
```

```
            <a href="javascript:void(0)" @click="show">商城首页</a>
            <b>|</b>
            <a href="javascript:void(0)">支付宝</a>
            <b>|</b>
            <a href="javascript:void(0)">物流</a>
          </p>
        </div>
        <div class="footer-bd ">
          <p>
            <a href="http://www.mingrisoft.com/Index/ServiceCenter/aboutus.html" target="
_blank">关于明日</a>
            <a href="javascript:void(0)">合作伙伴</a>
            <a href="javascript:void(0)">联系我们</a>
            <a href="javascript:void(0)">网站地图</a>
            <em>&copy; 2016-2025 mingrisoft.com 版权所有</em> </p>
        </div>
      </div>
    </div>
  </template>
```

（2）在<script>标签中引入 3 个选项卡内容对应的组件，并应用 components 选项注册 3 个组件。关键代码如下：

```
  <script>
    import Details from '@/views/shopinfo/Details'//引入组件
    import Comment from '@/views/shopinfo/Comment'//引入组件
    import Like from '@/views/shopinfo/Like'//引入组件
    export default {
      name: 'introduce',
      data: function(){
        return {
          current: 'Details'     //当前显示组件
        }
      },
      components: {
        Details,
        Comment,
        Like
      },
      methods: {
        show: function () {
          this.$router.push({name:'home'});//跳转到主页
        }
      }
    }
  </script>
```

14.4 购物车页面的设计与实现

14.4.1 购物车页面的设计

购物车页面的设计

电商网站都具有购物车的功能。用户一般先将自己挑选好的商品放到购物车中，然后统一付款，交易结束。在 51 购商城中，用户只有先进行登录之后才可以进入购物车页面。购物车的页面要求包含订单商品的型号、数量和价格等信息内容，方便用户统一确认购买。购物车的界面效果如图 14-17 所示。

图 14-17 购物车的界面效果

14.4.2 购物车页面的实现

购物车页面分为顶部、主显示区和底部 3 个部分。这里重点讲解购物车页面中主显示区的实现方法。具体实现步骤如下。

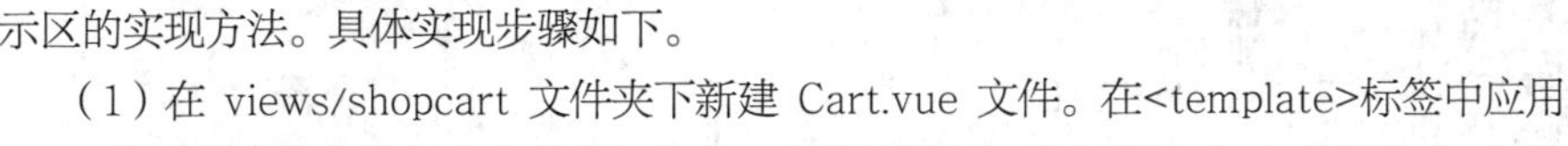

（1）在 views/shopcart 文件夹下新建 Cart.vue 文件。在<template>标签中应用 v-for 指令循环输出购物车中的商品信息，在商品数量一栏中添加“-”按钮和“+”按钮，当单击按钮时执行相应的方法实现商品数量减 1 或加 1 的操作。在操作中添加“删除”超链接，当单击某个超链接时会执行 remove()方法，实现删除指定商品的操作。关键代码如下：

```
<template>
  <div>
      <div v-if="list.length>0">
    <div class="main">
      <div class="goods" v-for="(item,index) in list">
        <span class="check"><input type="checkbox" @click="selectGoods(index)" :checked
="item.isSelect"> </span>
        <span class="name">
              <img :src="item.img">
              {{item.name}}
        </span>
        <span class="unitPrice">{{item.unitPrice | formatPrice}}</span>
        <span class="num">
           <span @click="reduce(index)" :class="{off:item.num==1}">-</span>
           {{item.num}}
           <span @click="add(index)">+</span>
```

```
          </span>
          <span class="unitTotalPrice">{{item.unitPrice * item.num | formatPrice}}</span>
          <span class="operation">
             <a @click="remove(index)">删除</a>
          </span>
        </div>
      </div>
      <div class="info">
        <span><input type="checkbox" @click="selectAll" :checked="isSelectAll"> 全选</span>
          <a @click="emptyCar">清空购物车</a>
        <span>已选商品<span class="totalNum">{{totalNum}}</span> 件</span>
        <span>合计:<span class="totalPrice">¥{{totalPrice | formatPrice}}</span></span>
        <span @click="show('pay')">去结算</span>
      </div>
        </div>
        <div class="empty" v-else>
            <img src="@/assets/images/shopcar.png">
            购物车内暂时没有商品，<a @click="show('home')">去购物</a>
        </div>
    </div>
</template>
```

（2）在<script>标签中引入 mapState 和 mapActions 辅助函数，实现组件中的计算属性、方法和 store 中的 state、action 之间的映射。通过计算属性统计选择的商品件数和商品总价，在 methods 选项中通过不同的方法实现选择某个商品、全选商品和跳转到指定页面的操作。关键代码如下：

```
<script>
  import { mapState,mapActions } from 'vuex'//引入mapState和mapActions
  export default{
    data: function () {
      return {
        isSelectAll : false //默认未全选
      }
    },
    mounted: function(){
        this.isSelectAll = true;//全选
        for(var i = 0;i < this.list.length; i++){
            //有一个商品未选中即取消全选
            if(this.list[i].isSelect == false){
               this.isSelectAll=false;
            }
        }
    },
    filters: {
      formatPrice : function(value){
        return value.toFixed(2);//保留两位小数
      }
    },
    computed : {
        ...mapState([
           'list'     //this.list映射为this.$store.state.list
        ]),
```

```
    totalNum : function(){ //计算商品件数
      var totalNum = 0;
      this.list.forEach(function(item,index){
        if(item.isSelect){
          totalNum+=1;
        }
      });
      return totalNum;
    },
    totalPrice : function(){ //计算商品总价
      var totalPrice = 0;
      this.list.forEach(function(item,index){
        if(item.isSelect){
          totalPrice += item.num*item.unitPrice;
        }
      });
      return totalPrice;
    }
  },
  methods : {
      ...mapActions({
         reduce: 'reduceAction',//减少商品个数
         add: 'addAction',//增加商品个数
         remove: 'removeGoodsAction',//移除商品
         selectGoodsAction: 'selectGoodsAction',//选择商品
         selectAllAction: 'selectAllAction',//全选商品
         emptyCarAction: 'emptyCarAction'//清空购物车
      }),
    selectGoods : function(index){ //选择商品
       var goods = this.list[index];
       goods.isSelect = !goods.isSelect;
       this.isSelectAll = true;
       for(var i = 0;i < this.list.length; i++){
          if(this.list[i].isSelect == false){
             this.isSelectAll=false;
          }
       }
       this.selectGoodsAction({
          index: index,
          bool: goods.isSelect
       });
    },
    selectAll : function(){ //全选或全不选
      this.isSelectAll = !this.isSelectAll;
      this.selectAllAction(this.isSelectAll);
    },
      emptyCar: function(){//清空购物车
        if(confirm('确定要清空购物车吗？')){
           this.emptyCarAction();
        }
      },
```

```
        show: function (value) {
            if(value == 'home'){
               this.$router.push({name:'home'});//跳转到主页
            }else{
               if(this.totalNum==0){
                  alert('请至少选择一件商品！');
                  return false;
               }
               this.$router.push({name:'pay'});//跳转到支付页面
            }
         }
      }
   }
</script>
```

14.5 付款页面的设计与实现

14.5.1 付款页面的设计

付款页面的设计

用户在购物车页面单击“去结算”按钮后，进入付款页面。付款页面包括收货人姓名、手机号、收货地址、物流方式和支付方式等内容。用户需要再次确认上述内容后，单击“提交订单”按钮，完成交易。付款页面的效果如图 14-18 所示。

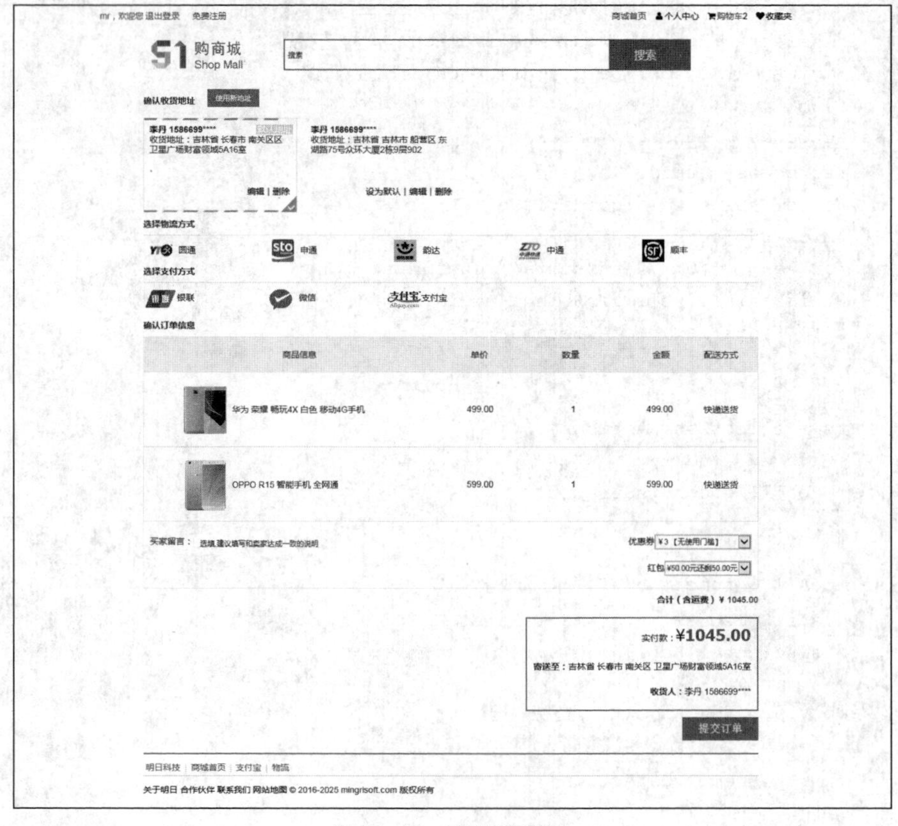

图 14-18　付款页面效果

14.5.2 付款页面的实现

付款页面的实现

付款页面包括多个组件。这里重点讲解付款页面中确认订单信息组件 Order.vue 和执行订单提交的组件 Info.vue。确认订单信息的界面效果如图 14-19 所示。

确认订单信息

商品信息	单价	数量	金额	配送方式
华为 荣耀 畅玩4X 白色 移动4G手机	499.00	1	499.00	快递送货
OPPO R15 智能手机 全网通	599.00	1	599.00	快递送货

图 14-19　确认订单信息的界面效果

执行订单提交的界面效果如图 14-20 所示。

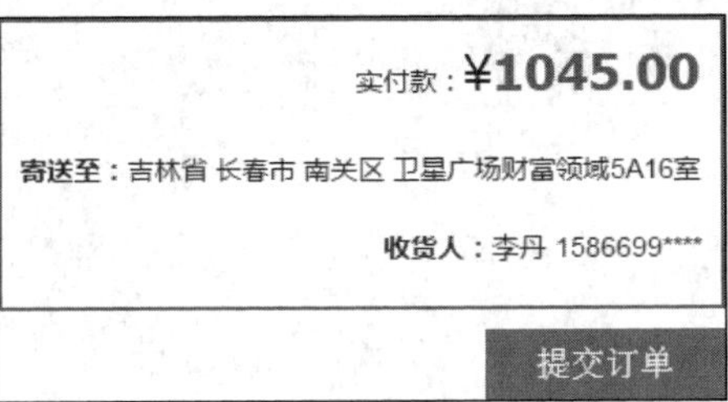

图 14-20　执行订单提交的界面效果

Order.vue 组件的具体实现步骤如下。

（1）在 views/pay 文件夹下新建 Order.vue 文件。在<template>标签中应用 v-for 指令循环输出购物车中选中的商品信息，包括商品名称、单价、数量和金额等。关键代码如下：

```
<template>
  <!--订单 -->
    <div>
  <div class="concent">
    <div id="payTable">
      <h3>确认订单信息</h3>
      <div class="cart-table-th">
        <div class="wp">
          <div class="th th-item">
            <div class="td-inner">商品信息</div>
          </div>
          <div class="th th-price">
            <div class="td-inner">单价</div>
          </div>
          <div class="th th-amount">
            <div class="td-inner">数量</div>
```

```
            </div>
            <div class="th th-sum">
              <div class="td-inner">金额</div>
            </div>
            <div class="th th-oplist">
              <div class="td-inner">配送方式</div>
            </div>
          </div>
        </div>
        <div class="clear"></div>
        <div class="main">
          <div class="goods" v-for="(item,index) in list">
            <span class="name">
                <img :src="item.img">
                {{item.name}}
            </span>
            <span class="unitPrice">{{item.unitPrice | formatPrice}}</span>
            <span class="num">
                {{item.num}}
            </span>
            <span class="unitTotalPrice">{{item.unitPrice * item.num | formatPrice}}</span>
              <span class="pay-logis">
                  快递送货
              </span>
          </div>
        </div>
      </div>
    </div>
      <Message :totalPrice="totalPrice"/>
      </div>
  </template>
```

（2）在<script>标签中引入 mapGetters 辅助函数，实现组件中的计算属性和 store 中的 getter 之间的映射。通过计算属性获取购物车中选中的商品，以及统计单个商品的总价。关键代码如下：

```
  <script>
    import {mapGetters} from 'vuex'//引入mapGetters
    import Message from '@/views/pay/Message'//引入组件
    export default {
      components:{
        Message//注册组件
      },
      computed: {
        ...mapGetters([
              'list'//this.list映射为this.$store.getters.list
        ]),
        totalPrice : function(){ //计算商品总价
          var totalPrice = 0;
          this.list.forEach(function(item,index){
            if(item.isSelect){
              totalPrice += item.num*item.unitPrice;
            }
          });
```

```
          return totalPrice;
        }
      },
      filters: {
        formatPrice : function(value){
          return value.toFixed(2);//保留两位小数
        }
      }
    }
</script>
```

Info.vue 组件的具体实现步骤如下。

（1）在 views/pay 文件夹下新建 Info.vue 文件。在<template>标签中定义实付款、收货地址，以及收货人信息，并设置当单击“提交订单”按钮时执行 show()方法。关键代码如下：

```
<template>
  <!--信息 -->
  <div class="order-go clearfix">
    <div class="pay-confirm clearfix">
      <div class="box">
        <div tabindex="0" id="holyshit267" class="realPay"><em class="t">实付款：</em>
          <span class="price g_price ">
            <span>¥</span>
            <em class="style-large-bold-red " id="J_ActualFee">{{lastPrice | formatPrice}}</em>
          </span>
        </div>
        <div id="holyshit268" class="pay-address">
          <p class="buy-footer-address">
            <span class="buy-line-title buy-line-title-type">寄送至：</span>
            <span class="buy--address-detail">
              <span class="province">吉林</span>省
              <span class="city">长春</span>市
                <span class="dist">南关</span>区
              <span class="street">卫星广场财富领域5A16室</span>
            </span>
          </p>
          <p class="buy-footer-address">
            <span class="buy-line-title">收货人：</span>
            <span class="buy-address-detail">
              <span class="buy-user">李丹 </span>
              <span class="buy-phone">1586699****</span>
            </span>
          </p>
        </div>
      </div>
      <div id="holyshit269" class="submitOrder">
        <div class="go-btn-wrap">
          <a id="J_Go" class="btn-go" tabindex="0" title="点击此按钮，提交订单" @click=
"show">提交订单</a>
        </div>
      </div>
      <div class="clear"></div>
```

```
        </div>
      </div>
    </template>
```

（2）在<script>标签中引入 mapActions 辅助函数，实现组件中的方法和 store 中的 action 之间的映射。在 methods 选项中定义 show()方法，在方法中执行清空购物车的操作，并通过路由跳转到商城主页。关键代码如下：

```
    <script>
      import {mapActions} from 'vuex'//引入mapActions
      export default {
        props:['lastPrice'],//父组件传递的数据
        methods: {
            ...mapActions({
              emptyCar: 'emptyCarAction'//this.emptyCar()映射为this.$store.dispatch
('emptyCarAction')
            }),
          show: function () {
             this.emptyCar();//执行清空购物车操作
            this.$router.push({name:'home'});//跳转到主页
          }
        },
        filters: {
          formatPrice : function(value){
            return value.toFixed(2);//保留两位小数
          }
        }
      }
    </script>
```

14.6 登录和注册页面的设计与实现

登录和注册页面的设计

14.6.1 登录和注册页面的设计

登录和注册页面是通用的功能页面。51 购商城在设计登录和注册页面时，使用简单的 JavaScript 方法验证邮箱和数字的格式。登录注册的页面效果分别如图 14-21 和图 14-22 所示。

图 14-21 登录页面效果

图 14-22　注册页面效果

14.6.2　登录页面的实现

登录页面分为顶部、主显示区和底部 3 个部分。这里重点讲解主显示区中登录界面的布局和用户登录的验证。登录界面效果如图 14-23 所示。

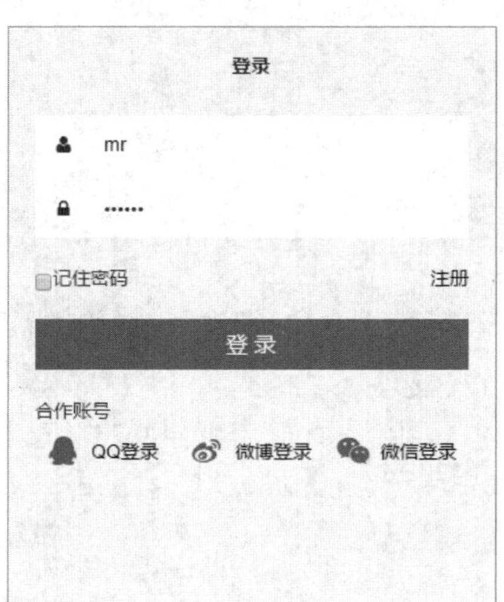

图 14-23　登录界面效果

具体实现步骤如下。

（1）在 views/login 文件夹下新建 Home.vue 文件。在<template>标签中编写登录页面的 HTML 代码。首先定义用于显示用户名和密码的表单，并应用 v-model 指令对表单元素进行数据绑定，然后通过<input>标签设置一个“登录”按钮，当单击该按钮时会执行 login()方法。关键代码如下：

```
<template>
  <div>
  <div class="login-banner">
    <div class="login-main">
      <div class="login-banner-bg"><span></span><img src="@/assets/images/big.png"/></div>
      <div class="login-box">
        <h3 class="title">登录</h3>
```

```
            <div class="clear"></div>
            <div class="login-form">
              <form>
                <div class="user-name">
                  <label for="user"><i class="mr-icon-user"></i></label>
                  <input type="text" v-model="user" id="user" placeholder="邮箱/手机/用户名">
                </div>
                <div class="user-pass">
                  <label for="password"><i class="mr-icon-lock"></i></label>
                  <input type="password" v-model="password" id="password" placeholder="请
输入密码">
                </div>
              </form>
            </div>
            <div class="login-links">
              <label for="remember-me"><input id="remember-me" type="checkbox">记住密码</label>
              <a href="javascript:void(0)" @click="show" class="mr-fr">注册</a>
              <br/>
            </div>
            <div class="mr-cf">
              <input type="submit" name="" value="登  录" @click="login" class="mr-btn mr-
btn-primary mr-btn-sm">
            </div>
            <div class="partner">
              <h3>合作账号</h3>
              <div class="mr-btn-group">
                <li><a href="javascript:void(0)"><i class="mr-icon-qq mr-icon-sm"></i>
<span>QQ登录</span></a></li>
                <li><a href="javascript:void(0)"><i class="mr-icon-weibo mr-icon-sm"></i>
<span>微博登录</span> </a></li>
                <li><a href="javascript:void(0)"><i class="mr-icon-weixin mr-icon-sm">
</i><span>微信登录</span> </a></li>
              </div>
            </div>
          </div>
        </div>
      </div>
      <Bottom/>
      </div>
    </template>
```

（2）在<script>标签中编写验证用户登录的代码。首先引入 mapActions 辅助函数，实现组件中的方法和 store 中的 action 之间的映射。在 methods 选项中定义 login()方法，在方法中分别获取用户输入的用户名和密码信息，并验证用户输入是否正确。如果输入正确，则弹出相应的提示信息，接着执行 loginAction()方法对用户名进行存储，并跳转到商城主页。代码如下：

```
    <script>
      import {mapActions} from 'vuex'//引入mapActions
      import Bottom from '@/views/login/Bottom'//引入组件
      export default {
        name : 'home',
        components : {
```

```
        Bottom//注册组件
      },
      data: function(){
        return {
          user:null,//用户名
          password:null//密码
        }
      },
      methods: {
        ...mapActions([
          'loginAction'//this.loginAction()映射为this.$store.dispatch('loginAction')
        ]),
        login: function () {
          var user=this.user;              //获取用户名
          var password=this.password;   //获取密码
          if(user == null){
            alert('请输入用户名! ');
            return false;
          }
          if(password == null){
            alert('请输入密码! ');
            return false;
          }
          if(user!=='mr' || password!=='mrsoft' ){
            alert('您输入的账户或密码错误! ');
            return false;
          }else{
            alert('登录成功! ');
            this.loginAction(user);//触发action并传递用户名
            this.$router.push({name:'home'});//跳转到主页
          }
        },
        show: function () {
          this.$router.push({name:'register'});//跳转到注册页面
        }
      }
    }
</script>
```

默认正确用户名为 mr，密码为 mrsoft。若输入错误，则提示“您输入的账户或密码错误”，否则提示“登录成功”。

14.6.3 注册页面的实现

注册页面的实现

注册页面的实现过程与登录页面相似，在验证用户输入的表单信息时，需要验证邮箱格式是否正确，验证手机格式是否正确等。注册界面效果如图 14-24 所示。

具体实现步骤如下。

（1）在 views/register 文件夹下新建 Home.vue 文件。在<template>标签中编写注册页面的 HTML 代码。

首先定义用户注册的表单信息，并应用 v-model 指令对表单元素进行数据绑定，然后通过<input>标签设置一个“注册”按钮，当单击该按钮时会执行 mr_verify()方法。关键代码如下：

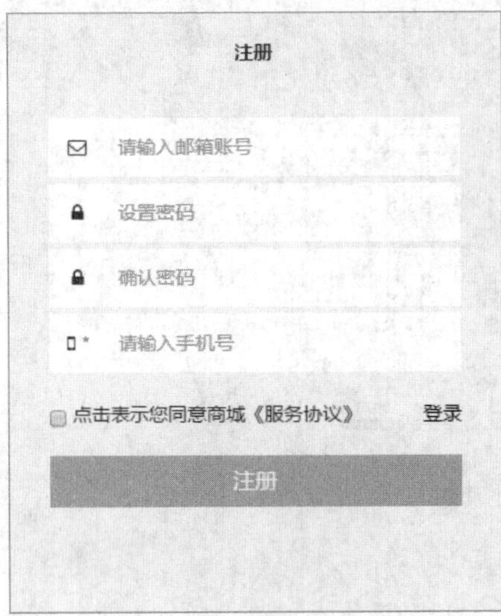

图 14-24　注册界面效果

```
<template>
  <div>
    <div class="res-banner">
      <div class="res-main">
        <div class="login-banner-bg"><span></span><img src="@/assets/images/big.png"/></div>
        <div class="login-box">
          <div class="mr-tabs" id="doc-my-tabs">
            <h3 class="title">注册</h3>
            <div class="mr-tabs-bd">
              <div class="mr-tab-panel mr-active">
                <form method="post">
                  <div class="user-email">
                    <label for="email"><i class="mr-icon-envelope-o"></i></label>
                    <input type="email" v-model="email" id="email" placeholder="请输入邮箱账号">
                  </div>
                  <div class="user-pass">
                    <label for="password"><i class="mr-icon-lock"></i></label>
                    <input type="password" v-model="password" id="password" placeholder=
"设置密码">
                  </div>
                  <div class="user-pass">
                    <label for="passwordRepeat"><i class="mr-icon-lock"></i></label>
                    <input type="password" v-model="passwordRepeat" id="passwordRepeat"
placeholder="确认密码">
                  </div>
                  <div class="user-pass">
                    <label for="passwordRepeat"><i class="mr-icon-mobile"></i><span
style="color:red;margin-left:5px">*</span></label>
                    <input type="text" v-model="tel" id="tel" placeholder="请输入手机号">
```

```
                  </div>
                </form>
                <div class="login-links">
                  <label for="reader-me">
                    <input id="reader-me" type="checkbox" v-model="checked"> 点击表示您
同意商城《服务协议》
                  </label>
                  <a href="javascript:void(0)" @click="show" class="mr-fr">登录</a>
                </div>
                <div class="mr-cf">
                  <input type="submit" name="" :disabled="!checked" @click="mr_verify"
 value="注册" class="mr-btn mr-btn-primary mr-btn-sm mr-fl">
                </div>
              </div>
            </div>
          </div>
        </div>
      </div>
    </div>
    <Bottom/>
  </div>
</template>
```

（2）在<script>标签中编写验证用户注册信息的代码。在 data 选项中定义注册表单元素绑定的数据，然后在 methods 选项中定义 mr_verify()方法，在方法中分别获取用户输入的邮箱、密码、确认密码和手机号码信息，并验证用户输入是否正确。如果输入正确，则弹出相应的提示信息，并跳转到商城主页。代码如下：

```
<script>
  import Bottom from '@/views/register/Bottom'//引入组件
  export default {
    name : 'home',
    components : {
      Bottom//注册组件
    },
    data: function(){
      return {
        checked:false,//是否同意注册协议复选框
        email:'',//电子邮箱
        password:'',//密码
        passwordRepeat:'',//确认密码
        tel:''//手机号
      }
    },
    methods: {
      mr_verify: function () {
        //获取表单对象
        var email=this.email;
        var password=this.password;
        var passwordRepeat=this.passwordRepeat;
        var tel=this.tel;
        //验证表单元素是否为空
        if(email==='' || email===null){
```

```
          alert("邮箱不能为空！");
          return;
        }
        if(password==='' || password===null){
          alert("密码不能为空！");
          return;
        }
        if(passwordRepeat==='' || passwordRepeat===null){
          alert("确认密码不能为空！");
          return;
        }
        if(tel==='' || tel===null){
          alert("手机号码不能为空！");
          return;
        }
        if(password!==passwordRepeat){
          alert("密码设置前后不一致！");
          return;
        }
        //验证邮件格式
        var apos = email.indexOf("@")
        var dotpos = email.lastIndexOf(".")
        if (apos < 1 || dotpos - apos < 2) {
          alert("邮箱格式错误！");
          return;
        }
        //验证手机号格式
        if(isNaN(tel)){
          alert("手机号请输入数字！");
          return;
        }
        if(tel.length!==11){
          alert("手机号是11个数字！");
          return;
        }
        alert('注册成功！');
        this.$router.push({name:'home'});//跳转到主页
      },
      show: function () {
        this.$router.push({name:'login'});//跳转到登录页面
      }
    }
  }
</script>
```

注意

JavaScript 验证手机号格式是否正确的原理，是通过 isNaN()方法验证数字格式，通过 length 属性值验证数字长度是否等于 11。

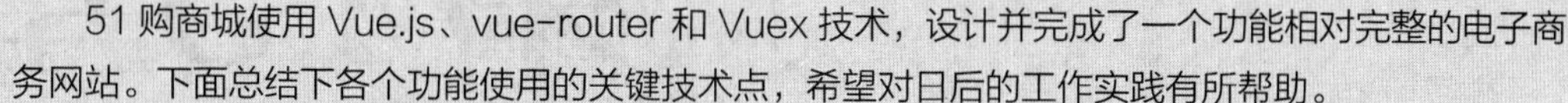

小 结

51 购商城使用 Vue.js、vue-router 和 Vuex 技术，设计并完成了一个功能相对完整的电子商务网站。下面总结下各个功能使用的关键技术点，希望对日后的工作实践有所帮助。

- 主页。轮播图使用了 Vue.js 的过渡效果。
- 商品详情页面。设计并实现商品概览功能、宝贝详情功能、评价功能和猜你喜欢功能。使用动态组件的方式，控制各功能内容的动态显示和隐藏。
- 购物车和付款页面。实现了购物车中商品数量的加减，商品总价的计算等功能。
- 登录注册页面。使用 JavaScript 验证表单内容的格式，比如，邮箱、手机号码和数字等。

PART15

第15章 课程设计——仿豆瓣电影评分网

本章要点

- 在Vue项目中使用jQuery
- 应用单文件组件实现网站主页
- 应用单文件组件实现电影信息页面
- 应用单文件组件实现电影评价功能
- 应用路由实现页面跳转

在互联网中，有一类网站可以提供最新的电影介绍及电影评论，还可以记录想看或看过的电影，并提供打分的功能，例如，豆瓣电影网。该网站是国内最权威的电影评分和精彩评论的网站。本课程设计将以电影资讯和电影评分为类型主题，设计并制作一个仿豆瓣电影评分的网站。

15.1 课程设计目的

本课程设计制作一个电影资讯和电影评分网站——仿豆瓣电影评分网。通过该网站的设计制作过程，可以帮助网站开发人员熟悉网站前台页面的制作流程，并在开发过程中熟练应用 Vue.js 框架、@vue/cli 脚手架工具，以及在@vue/cli 工具中使用 jQuery 技术，通过 jQuery 技术实现在网站前台页面中丰富的动态效果。

15.2 系统设计

系统功能结构

15.2.1 系统功能结构

从功能上划分，仿豆瓣电影评分网分为网站主页、查看电影信息和电影评价 3 个功能。仿豆瓣电影网的功能结构图如图 15-1 所示。

仿豆瓣电影网
主页：正在热映、最新热门的电影、一周口碑榜
电影信息页面：基本信息和评分、剧情简介、类似电影推荐
电影评价：记录想看的电影、评价看过的电影、删除记录

图 15-1 仿豆瓣电影网功能结构图

文件夹组织结构

15.2.2 文件夹组织结构

系统的目录结构图如图 15-2 所示。

图 15-2 项目目录结构图

15.2.3 系统预览

系统预览

在设计仿豆瓣电影网的页面时，通过在单文件组件中应用<div>标签、CSS 样式和 jQuery 技术，实现了简洁大方的页面效果。其页面效果如下所示。

❑ 主页

网站主页主要包括“正在热映”“最近热门的电影”和“一周口碑榜”等组件，为用户推荐与介绍热门和最新的电影资讯。网站主页的效果如图 15-3 所示。

图 15-3 仿豆瓣电影网主页效果

❑ 查看电影信息页面

单击网站主页中的电影图片或电影名称可以进入查看电影信息页面。查看电影信息页面主要包括电影基本信息及评分、剧情简介，以及类似电影推荐等组件。查看电影信息页面的效果如图 15-4 所示。

❑ 电影评价界面

电影评价功能主要用来记录想看或看过的电影，并为看过的电影打分。为电影做出评价的效果如图 15-5 所示。

豆瓣电影

影讯 & 购票　选电影　电视剧　排行榜　分类　影评　2018年度榜单

头号玩家 Ready Player One(2018)

导演: 史蒂文·斯皮尔伯格
编剧: 扎克·佩恩 / 恩斯特·克莱恩
主演: 泰伊·谢里丹 / 奥利维亚·库克 / 本·门德尔森 / 马克·里朗斯 / 丽娜·维特 / 森崎温
类型: 动作 / 科幻 / 冒险
制片国家/地区: 美国
语言: 英语 / 日语 / 汉语普通话
上映日期: 2018-03-30(中国大陆) / 2018-03-11(西南偏南电影节) / 2018-03-29(美国)
片长: 140分钟
又名: 玩家一号 / 挑战者1号(港) / 一级玩家(台) / 一号玩家
IMDb链接: tt1677720

豆瓣评分
8.7
549342人评价
5星 50.2%
4星 36.9%
3星 11.4%
2星 1.2%
1星 0.4%
好于 98% 科幻片
好于 97% 冒险片

豆瓣成员常用的标签 · · · · · ·
科幻　虚拟现实　VR　奇幻　游戏　2018　动作　冒险

以下豆列推荐 · · · · · ·
★豆瓣高分电影榜★（上）9.7-8.6分(影志)
[北美电影票房总排行](荔枝超人)
豆瓣电影【口碑榜】2018-02-24更新(影志)
关于新闻传播(将名)
2018—2025值得关注的美国影片(closer)

想看　看过　评价:

头号玩家的剧情简介 · · · · · ·

故事发生在2045年，虚拟现实技术已经渗透到了人类生活的每一个角落。詹姆斯哈利迪（马克·里朗斯 Mark Rylance 饰）一手建造了名为“绿洲”的虚拟现实游戏世界，临终前，他宣布自己在游戏中设置了一个彩蛋，找到这枚彩蛋的人即可成为绿洲的继承人。要找到这枚彩蛋，必须先获得三把钥匙，而寻找钥匙的线索就隐藏在詹姆斯的过往之中。

韦德（泰尔·谢里丹 Tye Sheridan 饰）、艾奇（丽娜·维特 Lena Waithe 饰）、大东（森崎温 饰）和修（赵家正 饰）是游戏中的好友，和之后遇见的阿尔忒弥斯（奥利维亚·库克 Olivia Cooke 饰）一起，五人踏上了寻找彩蛋的征程。他们所要对抗的，是名为诺兰索伦托（本·门德尔森 Ben Mendelsohn 饰）的大资本家。

谁在看这部电影 · · · · · ·
592117人看过 / 60555人想看

喜欢这部电影的人也喜欢 · · · · · ·
美女与野兽　飞屋环游记　摩天营救　银河护卫队　复仇者联盟

@ 2001 - 2025 mingrisoft.com all rights reserved 吉林省明日科技有限公司　关于明日　联系我们　免责声明　帮助中心　移动应用　明日广告　合作共赢

图 15-4　查看电影信息页面效果

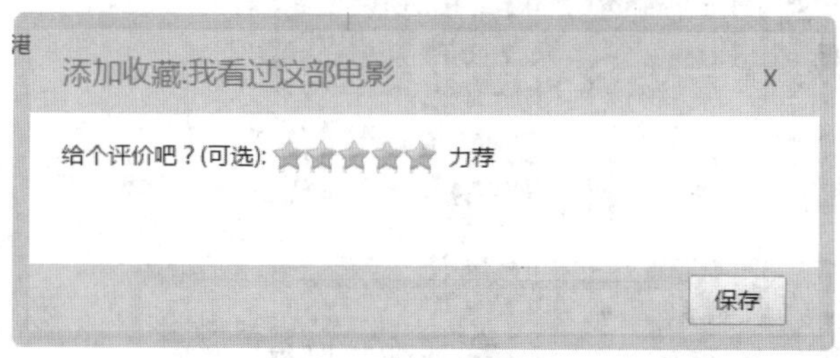

图 15-5　电影评价界面效果

15.2.4　在项目中使用 jQuery

在项目中使用 jQuery

在该项目中，实现电影的评分功能和一些动态效果使用了 jQuery 技术。在@vue/cli 脚手架工具生成的项目中使用 jQuery 技术，首先需要对 jQuery 进行安装和配置。具体步骤如下。

（1）在命令提示符窗口中，将当前路径切换到项目目录所在的路径，应用 npm 命令对 jQuery 进行安装，输入命令如下：

```
npm install jquery --save
```

（2）在项目根目录下创建 vue.config.js 文件，在文件中输入代码如下：

```
const webpack = require("webpack");
module.exports = {
    configureWebpack: {
        plugins: [
            new webpack.ProvidePlugin({
                $: 'jquery',
                jQuery: 'jquery',
                'window.jQuery': 'jquery'
            })
        ]
    }
}
```

经过上述设置之后，在项目中即可应用 jQuery 实现动态效果。

15.3 主页的设计与实现

主页的设计

15.3.1 主页的设计

仿豆瓣电影网的主页分为顶部区域、主体区域和底部区域三部分。将每部分内容分别定义为一个组件。在主页中，页面主体区域又可以分为“正在热映”“最近热门的电影”和“一周口碑榜”等几个版块，每个版块都是页面主体区域父组件中的子组件。主页的区域分布效果如图 15-6 所示。

图 15-6　主页的区域分布

15.3.2 “正在热映”版块的实现

“正在热映”版块的
实现

“正在热映”版块主要展示目前正在影院中上映的电影，在展示过程中采用了电影图片轮播的动态效果。实现界面如图 15-7 所示。

图 15-7 “正在热映”版块的电影图片轮播效果

将该版块的内容定义为一个单文件组件 Rotate.vue，具体实现的方法如下。

（1）将“正在热映”版块中的电影数据定义在一个单独的 JavaScript 文件中。代码如下：

```
var data = [{
  shorthand : 'mnyys',
  imgurl : require('@/assets/images/1.jpg'),
  name : '美女与野兽',
  star : 'star40',
  score : 7.2
},{
  shorthand : 'thwj',
  imgurl : require('@/assets/images/2.jpg'),
  name : '头号玩家',
  star : 'star45',
  score : 8.7
},{
  shorthand : 'fwhyj',
  imgurl : require('@/assets/images/3.jpg'),
  name : '飞屋环游记',
  star : 'star45',
  score : 8.9
},{
  shorthand : 'mtyj',
  imgurl : require('@/assets/images/4.jpg'),
  name : '摩天营救',
  star : 'star35',
  score : 6.4
},{
  shorthand : 'yhhwd',
  imgurl : require('@/assets/images/5.jpg'),
  name : '银河护卫队',
```

```
    star : 'star40',
    score : 8.0
  },{
    shorthand : 'crzdy2',
    imgurl : require('@/assets/images/6.jpg'),
    name : '超人总动员2',
    star : 'star40',
    score : 8.1
  },{
    shorthand : 'jqrzdy',
    imgurl : require('@/assets/images/7.jpg'),
    name : '机器人总动员',
    star : 'star45',
    score : 9.3
  },{
    shorthand : 'jtmdt',
    imgurl : require('@/assets/images/8.jpg'),
    name : '惊天魔盗团',
    star : 'star40',
    score : 7.5
  },{
    shorthand : 'cmdsj',
    imgurl : require('@/assets/images/9.jpg'),
    name : '楚门的世界',
    star : 'star45',
    score : 9.2
  },{
    shorthand : 'dmkj',
    imgurl : require('@/assets/images/10.jpg'),
    name : '盗梦空间',
    star : 'star45',
    score : 9.3
  },{
    shorthand : 'fkdwc',
    imgurl : require('@/assets/images/11.jpg'),
    name : '疯狂动物城',
    star : 'star45',
    score : 9.1
  },{
    shorthand : 'fczlm',
    imgurl : require('@/assets/images/12.jpg'),
    name : '复仇者联盟',
    star : 'star40',
    score : 8.1
  },{
    shorthand : 'hxjy',
    imgurl : require('@/assets/images/13.jpg'),
    name : '火星救援',
    star : 'star45',
    score : 8.4
  },{
```

```
    shorthand : 'jcs',
    imgurl : require('@/assets/images/14.jpg'),
    name : '巨齿鲨',
    star : 'star30',
    score : 5.9
  },{
    shorthand : 'tqyj',
    imgurl : require('@/assets/images/15.jpg'),
    name : '通勤营救',
    star : 'star35',
    score : 6.6
  }]
  export default data
```

（2）编写单文件组件 Rotate.vue 的 HTML 代码。在<template>标签中首先定义一个 class 属性值为 is-on 的<div>标签，在该标签中添加两个<div>标签，在第 1 个<div>标签中定义标题及控制电影图片轮播的按钮，在第 2 个<div>标签中应用 v-for 指令定义电影图片、电影名称，以及电影评分。代码如下：

```
<template>
  <div class="is-on">
        <div class="hd">
            <h2>正在热映</h2>
            <div class="right">
                <span>1/3</span>
                <a class="leftBtn" href="javascript:;" @click="turnLeft"></a>
                <a class="rightBtn" href="javascript:;" @click="turnRight"></a>
            </div>
        </div>
        <div class="bd" @mouseenter="stopMove" @mouseleave="continueMove">
            <div class="container">
                <ul>
                    <li v-for="item in data">
                        <a @click="show(item.shorthand)"><img :src="item.imgurl" :title=
"item.name" /></a>
                        <p><a @click="show(item.shorthand)">{{item.name}}</a></p>
                        <div class="rating">
                            <span class="starrating"><span :class="item.star"></span>
</span>
                            <span class="score">{{item.score}}</span>
                        </div>
                        <a href="javascript:;" class="goupiao">选座购票</a>
                    </li>
                </ul>
            </div>
        </div>
    </div>
</template>
```

（3）编写单文件组件 Rotate.vue 的 JavaScript 代码。在 mounted 钩子函数中设置每一屏显示 5 张电影图片，在 methods 选项中定义单击左方向按钮和右方向按钮时执行的方法，在方法中应用 jQuery 中的 animate() 方法实现分屏图片轮换的动画效果。代码如下：

```
<script>
import data from '@/assets/js/data' //引入电影数据
```

```
export default {
    name: 'rotate',
    data: function(){
        return {
            data: data,
            nowScreen : 0,     //屏幕号
            screenAmount : 0,
            timer: 0
        }
    },
    mounted: function(){
        this.screenAmount = $(".container ul li").length / 5;//计算屏幕数量
    $(".container ul li:lt(5)").clone().appendTo(".container ul");//复制前5个元素
        //每隔5秒自动触发元素的click事件
        this.timer = setInterval(function(){
            var ele = document.getElementsByClassName("rightBtn")[0];
            var myEvent = document.createEvent("HTMLEvents");//创建事件类型
        myEvent.initEvent("click", true, true);  //初始化事件
            ele.dispatchEvent(myEvent);//触发事件
        }, 5000);
    },
    destroyed: function(){
        clearInterval(this.timer);//销毁组件时停止移动
    },
    methods: {
        turnLeft: function(){
            this.stopMove();
            this.continueMove();
            if(this.nowScreen > 0){
            this.nowScreen-- ;//屏幕号减1
            $(".container").animate({"left" : -775 * this.nowScreen} , 800);//定义动画
        }else{
            this.nowScreen = this.screenAmount - 1;
            $(".container").css("left" , -775 * this.screenAmount).animate({"left" :
-775 * (this.screenAmount - 1)},800);//移动到复制的5个元素并执行动画
        }
        $(".hd .right span").html(this.nowScreen + 1 + "/" + this.screenAmount);//显示屏幕号
        },
        turnRight: function(){
            this.stopMove();
            this.continueMove();
            if(this.nowScreen < this.screenAmount - 1){
            this.nowScreen++ ;//屏幕号加1
            $(".container").animate({"left" : -775 * this.nowScreen} , 800);//定义动画
        }else{
            this.nowScreen = 0;
            $(".container").animate({"left" : -775 * this.screenAmount} , 800 , function(){
                $(this).css("left",0);//元素回到初始位置
            });
        }
        $(".hd .right span").html(this.nowScreen + 1 + "/" + this.screenAmount);//显示屏幕号
```

```
        },
        stopMove: function(){
            clearInterval(this.timer);//鼠标进入元素停止移动
        },
        continueMove: function(){
            //鼠标离开元素恢复移动
            this.timer = setInterval(function(){
                var ele = document.getElementsByClassName("rightBtn")[0];
                var myEvent = document.createEvent("HTMLEvents");//创建事件类型
            myEvent.initEvent("click", true, true);  //初始化事件
                ele.dispatchEvent(myEvent);//触发事件
            }, 5000);
        },
        show: function(value){
            this.$router.push({name : value});
        }
    }
}
</script>
```

15.3.3 “最近热门的电影”版块的实现

“最近热门的电影”版块的实现

“最近热门的电影”版块主要展示最近热门的电影和最新电影，在进行展示时使用了动态组件的效果，将热门电影定义为一个组件，将最新电影定义为一个组件，单击不同的选项卡会在两个组件之间进行切换。在默认情况下，选项卡下方展示的是热门电影，效果如图 15-8 所示。当单击“最新”选项卡时，下方将会展示最新电影，效果如图 15-9 所示。此时单击“热门”选项卡又会切换到热门电影。

图 15-8 展示热门电影的效果

图 15-9 展示最新电影的效果

具体实现的方法如下。

（1）编写热门电影组件 Hot.vue。在<template>标签中应用 v-for 指令定义电影图片、电影名称，以及电影评分。在<script>标签中定义热门电影数据，并应用路由实现页面跳转。代码如下：

```
<template>
    <div class="hot-film-main">
        <div class="hot-film-list">
            <ul>
                <li v-for="item in data">
                    <a @click="show(item.shorthand)">
                        <img :src="item.imgurl" :title="item.name">
                    </a>
                    <p>
                        <a @click="show(item.shorthand)">{{item.name}}</a>
                        <span class="score">{{item.score}}</span>
                    </p>
                </li>
            </ul>
        </div>
    </div>
</template>
<script>
    export default {
        name: 'hot',
        data:function(){
            return {
                data : [{
                    shorthand : 'thwj',
                    imgurl : require('@/assets/images/2.jpg'),
                    name : '头号玩家',
                    score : 8.7
                },{
                    shorthand : 'fwhyj',
                    imgurl : require('@/assets/images/3.jpg'),
                    name : '飞屋环游记',
                    score : 8.9
                },{
                    shorthand : 'yhhwd',
                    imgurl : require('@/assets/images/5.jpg'),
                    name : '银河护卫队',
                    score : 8.0
                },{
                    shorthand : 'crzdy2',
                    imgurl : require('@/assets/images/6.jpg'),
                    name : '超人总动员2',
                    score : 8.1
                },{
                    shorthand : 'jtmdt',
                    imgurl : require('@/assets/images/8.jpg'),
                    name : '惊天魔盗团',
                    score : 7.5
```

```
                }]
            }
        },
        methods: {
            show: function (value) {
                this.$router.push({name: value});//页面跳转
            }
        }
    }
</script>
```

（2）编写最新电影组件 New.vue。在<template>标签中应用 v-for 指令定义电影图片、电影名称，以及电影评分。在<script>标签中定义最新电影数据，并应用路由实现页面跳转。代码如下：

```
<template>
    <div class="hot-film-main">
        <div class="new-film-list">
            <ul>
                <li v-for="item in data">
                    <a @click="show(item.shorthand)">
                        <img :src="item.imgurl" :title="item.name">
                    </a>
                    <p>
                        <a @click="show(item.shorthand)">{{item.name}}</a>
                        <span class="score">{{item.score}}</span>
                    </p>
                </li>
            </ul>
        </div>
    </div>
</template>
<script>
    export default {
        name: 'new',
        data:function(){
            return {
                data : [{
                    shorthand : 'cmdsj',
                    imgurl : require('@/assets/images/9.jpg'),
                    name : '楚门的世界',
                    score : 9.2
                },{
                    shorthand : 'dmkj',
                    imgurl : require('@/assets/images/10.jpg'),
                    name : '盗梦空间',
                    score : 9.3
                },{
                    shorthand : 'fkdwc',
                    imgurl : require('@/assets/images/11.jpg'),
                    name : '疯狂动物城',
                    score : 9.1
                },{
```

```
                    shorthand : 'fczlm',
                    imgurl : require('@/assets/images/12.jpg'),
                    name : '复仇者联盟',
                    score : 8.1
                },{
                    shorthand : 'hxjy',
                    imgurl : require('@/assets/images/13.jpg'),
                    name : '火星救援',
                    score : 8.4
                }]
            }
        },
        methods: {
            show: function (value) {
                this.$router.push({name: value});//页面跳转
            }
        }
    }
</script>
```

（3）编写热门电影组件和最新电影组件的父组件 Tab.vue。在<template>标签中定义“热门”选项卡和“最新”选项卡，并应用动态组件实现两组电影之间的切换。代码如下：

```
<template>
    <div class="hot-film">
        <div class="hot-film-top">
            <h2>最近热门的电影</h2>
            <ul>
                <li><a :class="{active : current=='Hot'}" @click="current='Hot'">热门
</a></li>
                <li><a :class="{active : current=='New'}" @click="current='New'">最新
</a></li>
            </ul>
        </div>
        <component :is="current"></component>
    </div>
</template>
<script>
import Hot from '@/views/index/Hot'//引入热门电影组件
import New from '@/views/index/New'//引入最新电影组件
export default {
  name: 'tab',
  data: function(){
         return {
             current: 'Hot' //默认显示热门电影
         }
     },
  components: {
     Hot,
     New
  }
}
</script>
```

15.4 电影信息页面的设计与实现

在网站主页中，单击电影图片或电影名称可以进入查看电影信息页面。这里以电影《头号玩家》为例，介绍电影信息页面的实现方法。

"基本信息和评分"版块的设计

15.4.1 "基本信息和评分"版块的设计

在"基本信息和评分"版块中主要包括电影图片、电影基本信息和电影评分几个部分。在电影基本信息中包括电影的导演、编剧、主演和类型等信息，在电影评分中包括分数、评价人数，以及各星级评价人数占总评价人数的百分比等信息。电影基本信息和评分的页面效果如图 15-10 所示。

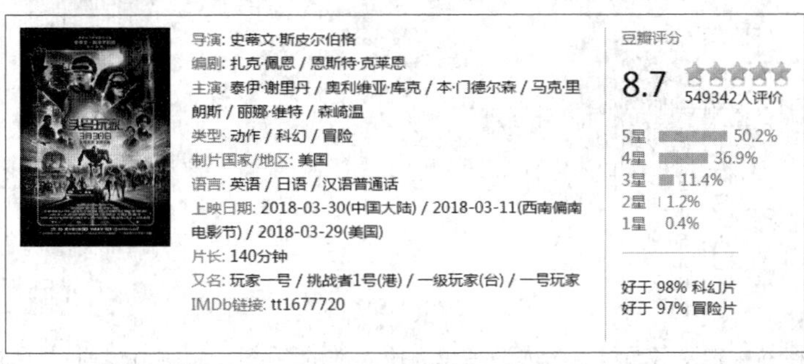

图 15-10 电影基本信息和评分的页面效果

将该版块的内容定义为一个单文件组件 Subject.vue，具体实现的方法如下。

（1）在<template>标签中定义一个 class 属性值为 subject 的<div>标签，在标签中添加 3 个<div>标签，在第 1 个<div>标签中定义电影图片，在第 2 个<div>标签中定义电影的基本信息，在第 3 个<div>标签中定义电影的评分信息。代码如下：

```
<template>
    <div class="subject">
        <div class="mainpic">
            <img src="@/assets/images/2.jpg" />
        </div>
        <div class="info">
        <span class='item'>导演</span>: 史蒂文·斯皮尔伯格<br/>
        <span class='item'>编剧</span>: 扎克·佩恩 / 恩斯特·克莱恩<br/>
        <span class="actor"><span class='item'>主演</span>: 泰伊·谢里丹 / 奥利维亚·库克 / 本·门德尔森 / 马克·里朗斯 / 丽娜·维特 / 森崎温</span><br/>
        <span class="item">类型:</span> 动作 / 科幻 / 冒险<br/>
        <span class="item">制片国家/地区:</span> 美国<br/>
        <span class="item">语言:</span> 英语 / 日语 / 汉语普通话<br/>
        <span class="item">上映日期:</span> 2018-03-30(中国) / 2018-03-11(西南偏南电影节) / 2018-03-29(美国)<br/>
        <span class="item">片长:</span> 140分钟<br/>
        <span class="item">又名:</span> 玩家一号 / 挑战者1号(港) / 一级玩家(台) / 一号玩家<br/>
        <span class="item">IMDb链接:</span> tt1677720<br>
        </div>
        <div class="rating">
```

```
            <div class="rating-logo">豆瓣评分</div>
            <div class="rating-level">
                <span class="rating-score">8.7</span>
                <div class="rating-right">
                    <div><span class="starrating"><span class="star45"></span></span></div>
                    <div class="rating-sum">549342人评价</div>
                </div>
            </div>
            <div class="star-count">
                <div class="star-item" v-for="(item,index) in data">
                    <span class="stars" :title="item.words">{{5-index}}星</span>
                    <span class="bar" :style="{width:item.width}"></span>
                    <span class="star-per">{{item.per}}</span>
                </div>
            </div>
            <div class="compare">
                好于 98% 科幻片<br />
                好于 97% 冒险片
            </div>
        </div>
    </div>
</template>
```

（2）在<script>标签中定义各星级评价人数占总评价人数的百分比等信息的数据。代码如下：

```
<script>
    export default {
        data : function () {
            return {
                data : [
                    { words : '力荐', width : '64px', per : '50.2%'},
                    { words : '推荐', width : '46px', per : '36.9%'},
                    { words : '还行', width : '14px', per : '11.4%'},
                    { words : '较差', width : '1px', per : '1.2%'},
                    { words : '很差', width : '0px', per : '0.4%'}
                ]
            }
        }
    }
</script>
```

15.4.2 “剧情简介”版块的实现

“剧情简介”版块主要包括电影剧情简介的标题和电影内容的简介。剧情简介的页面效果如图 15-11 所示。

“剧情简介”版块的实现

头号玩家的剧情简介······

故事发生在2045年，虚拟现实技术已经渗透到了人类生活的每一个角落。詹姆斯哈利迪（马克·里朗斯 Mark Rylance 饰）一手建造了名为“绿洲”的虚拟现实游戏世界，临终前，他宣布自己在游戏中设置了一个彩蛋，找到这枚彩蛋的人即可成为绿洲的继承人。要找到这枚彩蛋，必须先获得三把钥匙，而寻找钥匙的线索就隐藏在詹姆斯的过往之中。

韦德（泰尔·谢里丹 Tye Sheridan 饰）、艾奇（丽娜·维特 Lena Waithe 饰）、大东（森崎温 饰）和修（赵家正 饰）是游戏中的好友，和之后遇见的阿尔忒弥斯（奥利维亚·库克 Olivia Cooke 饰）一起，五人踏上了寻找彩蛋的征程。他们所要对抗的，是名为诺兰索伦托（本·门德尔森 Ben Mendelsohn 饰）的大资本家。

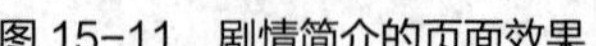

图 15-11　剧情简介的页面效果

将该版块的内容定义为一个单文件组件 Intro.vue，具体实现方法如下。

在<template>标签中定义一个 class 属性值为 intro 的<div>标签，在该标签中添加一个<span>标签和<div>标签，在<span>标签中定义剧情简介的标题，在<div>标签中定义剧情简介的内容。代码如下：

```
<template>
    <div class="intro">
        <span class="title">头号玩家的剧情简介 · · · · · ·</span>
        <div class="content">
                故事发生在2045年，虚拟现实技术已经渗透到了人类生活的每一个角落。詹姆斯哈利迪（马克·里朗斯 Mark Rylance 饰）一手建造了名为“绿洲”的虚拟现实游戏世界，临终前，他宣布自己在游戏中设置了一个彩蛋，找到这枚彩蛋的人即可成为绿洲的继承人。要找到这枚彩蛋，必须先获得三把钥匙，而寻找钥匙的线索就隐藏在詹姆斯的过往之中。
                                <br />
                韦德（泰尔·谢里丹 Tye Sheridan 饰）、艾奇（丽娜·维特 Lena Waithe 饰）、大东（森崎温 饰）和修（赵家正 饰）是游戏中的好友，和之后遇见的阿尔忒弥斯（奥利维亚·库克 Olivia Cooke 饰）一起，五人踏上了寻找彩蛋的征程。他们所要对抗的，是名为诺兰索伦托（本·门德尔森 Ben Mendelsohn 饰）的大资本家。
        </div>
    </div>
</template>
```

15.4.3 “类似电影推荐”版块的实现

“类似电影推荐”版块的实现

“类似电影推荐”版块主要用来展示与当前介绍的电影相似的电影列表。类似电影推荐的页面效果如图 15-12 所示。

图 15-12 类似电影推荐的页面效果

将该版块的内容定义为一个单文件组件 Also.vue，具体实现方法如下。

（1）在<template>标签中定义一个 class 属性值为 also-like 的<div>标签，在该标签中首先添加一个<span>标签，在<span>标签中定义“类似电影推荐”版块的标题，然后再添加一个<div>标签，在<div>标签中应用 v-for 指令定义与当前电影相似的电影列表。代码如下：

```
<template>
    <div class="also-like">
        <span class="title">喜欢这部电影的人也喜欢 · · · · · ·</span>
        <div class="like-film-list">
            <ul>
                <li v-for="item in data">
                    <a @click="show(item.shorthand)"><img :src="item.imgurl" :title=
"item.name"></a>
                    <p><a @click="show(item.shorthand)">{{item.name}}</a></p>
                </li>
```

```
            </ul>
        </div>
    </div>
</template>
```

（2）在<script>标签中定义与当前电影相似的电影列表数据，并应用路由实现页面跳转。代码如下：

```
<script>
    export default {
        data:function(){
            return {
                data : [{
                    shorthand : 'mnyys',
                    imgurl : require('@/assets/images/1.jpg'),
                    name : '美女与野兽'
                },{
                    shorthand : 'fwhyj',
                    imgurl : require('@/assets/images/3.jpg'),
                    name : '飞屋环游记'
                },{
                    shorthand : 'mtyj',
                    imgurl : require('@/assets/images/4.jpg'),
                    name : '摩天营救'
                },{
                    shorthand : 'yhhwd',
                    imgurl : require('@/assets/images/5.jpg'),
                    name : '银河护卫队'
                },{
                    shorthand : 'fczlm',
                    imgurl : require('@/assets/images/12.jpg'),
                    name : '复仇者联盟'
                }]
            }
        },
        methods: {
            show: function (value) {
                this.$router.push({name:value});//页面跳转
            }
        }
    }
</script>
```

15.5 电影评价功能的实现

在该网站中提供了电影评价的功能。电影评价功能主要用来记录用户想看或看过的电影，在记录想看的电影时可以为电影添加标签，在评价看过的电影时可以为电影提供星级打分的功能。

记录想看的电影

15.5.1 记录想看的电影

在查看电影信息页面，单击“想看”超链接可以弹出一个浮动层，页面效果如图

15-13 所示。在浮动层中，用户可以选择表示该电影类型和特点的标签，选中的标签会显示在文本框中。单击浮动层右下角的“保存”按钮，可以将选择的标签显示在页面中，页面效果如图 15-14 所示。

图 15-13　选择电影常用标签

我想看这部电影　2018-10-20　删除
标签:2018 VR 虚拟现实

图 15-14　记录选择的标签

将实现电影评价部分的内容定义为一个单文件组件 Evaluation.vue，具体实现方法如下。

（1）在<template>标签中编写实现电影评价功能的 HTML 代码。定义一个 class 属性值为 evaluation 的<div>标签，在该标签中再添加 3 个<div>标签，第 1 个<div>标签的 id 属性值为 first，在该标签中定义“想看”超链接和“看过”超链接，以及用于为电影作出评价的星星图标；第 2 个<div>标签的 id 属性值为 second，该标签用于记录用户想看的电影标签；第 3 个<div>标签的 id 属性值为 third，该标签用于记录用户为该电影作出的评价。代码如下：

```
<div class="evaluation">
        <div id="first">
            <a class="wantto" @click="wantPopup()">想看</a>
            <a class="seen" @click="seenPopup()">看过</a>
            <div>评价: 
                <span class="star" @mouseout="Darken('#first')">
                <span v-for="n in 5" @mouseover="Brighten('#first',n)" @click=
"starPopup(n)"><i class="bright"></i><i class="dark"></i></span>
            </span>
                <span class="evaluation-word"></span>
            </div>
        </div>

        <div id="second" style="display:none">
            我想看这部电影
            <span class="now-time"></span>
            <a class="del" @click="del">删除</a><br />
            <span class="show-tips"></span>
        </div>

        <div id="third" style="display:none">
            我看过这部电影
            <span class="now-time"></span>
            <a class="del" @click="del">删除</a>
            <div class="show-evaluation" style="display:none">我的评价: 
                <span class="star" @mouseout="Darken('.show-evaluation')">
                <span v-for="n in 5" @mouseover="Brighten('.show-evaluation',n)"
 @click="star_level=n"><i class="bright"></i><i class="dark"></i></span>
            </span>
                <span class="evaluation-word"></span>
            </div>
        </div>
```

```
        </div>
```

（2）在<template>标签中编写弹出浮动层的 HTML 代码。定义一个 id 属性值为 show-layer 的<div>标签，并设置其隐藏。该标签中的第 1 个<div>标签用于定义浮动层的背景，第 2 个<div>标签用于定义浮动层的显示内容，将为用户提供选择的电影标签和为电影做出评价的星星图标定义在不同的<div>标签中。代码如下：

```
<div id="show-layer" style="display:none">
            <div class="layer-bg"></div>
            <div class="layer-body">
                <div class="layer-top">
                    <span class="title">添加收藏:我想看这部电影</span>
                    <span class="x" @click="closeLayer">x</span>
                </div>
                <div class="layer-middle">
                    <div id="wantto">
                        <span>标签(多个标签用空格分隔):</span>
                        <input type="text" name="movietip" />
                        <div class="tip">
                            <span>常用标签:</span>
                            <ul>
                                <li v-for="(v,i) in tiplist" @click="getTips(i)">{{v}}</li>
                            </ul>
                        </div>
                    </div>
                    <div id="seen">
                        <span>给个评价吧? (可选): </span>
                        <span class="star" @mouseout="Darken('#seen')">
                            <span v-for="n in 5" @mouseover="Brighten('#seen',n)" @click
="star_level=n"><i class="bright"></i><i class="dark"></i></span>
                        </span>
                        <span class="evaluation-word"></span>
                    </div>
                </div>
                <div class="layer-bottom">
                    <input type="button" value="保存" @click="save" />
                </div>
            </div>
        </div>
```

（3）在<script>标签中编写 JavaScript 和 jQuery 代码。在 methods 选项中定义 getEvaluationWord()方法，在方法中通过传递的参数定义用户在为电影做出评价后显示在页面中的评价词；然后定义 setLayerCenter()方法，在方法中设置弹出层居中显示。代码如下：

```
getEvaluationWord: function(name,index){
            switch(index){
                case 1:
                    $(name).find(".evaluation-word").text("很差");//定义一星评价词
                    break;
                case 2:
                    $(name).find(".evaluation-word").text("较差");//定义二星评价词
                    break;
                case 3:
                    $(name).find(".evaluation-word").text("还行");//定义三星评价词
```

```
                break;
            case 4:
                $(name).find(".evaluation-word").text("推荐");//定义四星评价词
                break;
            case 5:
                $(name).find(".evaluation-word").text("力荐");//定义五星评价词
                break;
            default:
                $(name).find(".evaluation-word").text("");//评价词设置为空
                break;
        }
    },
    setLayerCenter: function(){
        var top = ($(window).height()-$(".layer-bg").height())/2;//设置元素距浏览器顶部距离
        var left = ($(window).width()-$(".layer-bg").width())/2;//设置元素距浏览器左侧距离
        var scrolltop = $(window).scrollTop();//获取垂直滚动条位置
        var scrollleft = $(window).scrollLeft();//获取水平滚动条位置
        //设置弹出层位置
        $("#show-layer").css({"top":top+scrolltop,"left":left+scrollleft}).show();
    }
```

（4）定义单击页面中的“想看”超链接执行的方法 wantPopup()，在方法中通过调用 setLayerCenter()方法设置弹出层居中显示，并在弹出层中显示电影的常用标签；然后定义单击弹出层中的关闭按钮执行的方法 closeLayer()，在方法中对弹出层进行隐藏；接下来定义单击电影的常用标签时执行的方法 getTips()，在方法中将用户选择的电影标签显示在文本框中。代码如下：

```
wantPopup: function(){
        var t = this;
        this.flag = 1;
        this.setLayerCenter();//设置弹出层居中
        $(window).on("scroll resize",function(){t.setLayerCenter();});//添加事件处理程序
        $("#seen").hide();//隐藏元素
        $("#show-layer .title").html("添加收藏:我想看这部电影");//设置弹出层标题
        $("#wantto").show();//显示元素
        $("input[name='movietip'] ").val("");//设置电影标签为空
        $(".tip li").removeClass("active");//移除标签样式
    },
    closeLayer: function(){
        $("#show-layer").hide();//隐藏弹出层
        $(window).off();//移除事件处理程序
    },
    getTips: function(i){
        var t = ".tip li";
        if(!$(t).eq(i).hasClass("active")){//如果当前标签不具有该样式
            $(t).eq(i).addClass("active");//为当前标签添加样式
            this.tips = $("input[name='movietip']").val();//获取文本框中的电影标签
            this.tips += $(t).eq(i).text()+" ";//当前标签后添加空格
            $("input[name='movietip']").focus();//文本框获得焦点
            $("input[name='movietip']").val(this.tips);//显示电影标签
        }else{
            $(t).eq(i).removeClass("active");//移除当前标签样式
            var ti = $(t).eq(i).text()+" ";//当前标签后添加空格
```

```
                this.tips = $("input[name='movietip']").val().replace(ti,"");//删除选择的标签
                $("input[name='movietip']").val(this.tips);//显示电影标签
                $("input[name='movietip']").focus();//文本框获得焦点
            }
        }
```

（5）定义单击弹出层右下角的“保存”按钮执行的方法 save()，在方法中根据不同的 flag 属性值执行不同的操作。代码如下：

```
    save: function(){
            if(this.flag == 1){
                $("#show-layer").hide();//隐藏弹出层
                $(window).off();//移除事件处理程序
                $("#first").hide();//隐藏元素
                $("#second").show();//显示元素
                if(this.tips != "")
                    $(".show-tips").text("标签:"+this.tips);//设置文本内容
            }else{
                $("#show-layer").hide();//隐藏弹出层
                $(window).off();//移除事件处理程序
                $("#first").hide();//隐藏元素
                $("#third").show();//显示元素
                $(".show-evaluation").show();//显示评价词
                //所有星星变暗
                $(".show-evaluation .star span").find(".bright").css("z-index",0);
                //根据星级数目使星星变亮
                $(".show-evaluation .star span:lt("+this.star_level+")").find(".bright").
css("z-index",1);
                this.getEvaluationWord(".show-evaluation",this.star_level);//输出评价词
            }
            var nowdate = new Date();//定义日期对象
            var year = nowdate.getFullYear();//获取当前年份
            var month = nowdate.getMonth()+1;//获取当前月份
            var date = nowdate.getDate();//获取当前日期
            $(".now-time").html(year+"-"+month+"-"+date);//输出年月日
        }
```

15.5.2 评价看过的电影

评价看过的电影

在查看电影信息页面，单击“看过”超链接或其右侧的星星图标，同样可以弹出一个浮动层，页面效果如图 15-15 所示。在浮动层中，用户可以通过单击星星图标为该电影做出评价。做出评价后，单击浮动层右下角的“保存”按钮，可以将用户评价显示在页面中，页面效果如图 15-16 所示。

图 15-15　为电影作出评价

我看过这部电影　2018-10-20　删除
我的评价:　力荐

图 15-16　记录用户的评价

具体实现方法如下。

（1）定义鼠标移入星星图标时执行的方法 Brighten()，以及鼠标移出星星图标时执行的方法 Darken()，然后定义单击星星图标时在页面中弹出层的方法 starPopup()。代码如下：

```
Brighten: function(id,n){
          var t = id+" .star span";
          $(t).eq(n-1).prevAll().find(".bright").css("z-index",1);//前面的星星变亮
          $(t).eq(n-1).find(".bright").css("z-index",1);//当前星星变亮
          $(t).eq(n-1).nextAll().find(".bright").css("z-index",0);//后面的星星变暗
          this.getEvaluationWord(id,n);//输出评价词
      },
      Darken: function(id){
          var t = id+" .star";
          $(t).find(".bright").css("z-index",0);//所有星星变暗
          $(t).next().text("");//评价词设置为空
          if(id != "#first"){
              //根据星级数目使星星变亮
              $(t+" span:lt("+this.star_level+")").find(".bright").css("z-index",1);
              this.getEvaluationWord(id,this.star_level);//输出评价词
          }
      },
      starPopup: function(n){
          var t = this;
          this.flag = 2;
          this.setLayerCenter();//设置弹出层居中
          $(window).on("scroll resize",function(){t.setLayerCenter();});//添加事件处理程序
          $("#wantto").hide();//隐藏元素
          $("#seen").show();//显示元素
          $("#show-layer .title").html("添加收藏:我看过这部电影");//设置弹出层标题
          $("#seen .star span").find(".bright").css("z-index",0);//所有星星变暗
          this.star_level = n;
          //根据星级数目使星星变亮
          $("#seen .star span:lt("+n+")").find(".bright").css("z-index",1);
          this.getEvaluationWord("#seen",n);//输出评价词
      }
```

（2）定义单击页面中的“看过”超链接执行的方法 seenPopup()，在方法中通过调用 setLayerCenter()方法设置弹出层居中显示。代码如下：

```
seenPopup: function(){
          var t = this;
          this.flag = 2;
          this.setLayerCenter();//设置弹出层居中
          $(window).on("scroll resize",function(){t.setLayerCenter();});//添加事件处理程序
          $("#wantto").hide();//隐藏元素
          $("#show-layer .title").html("添加收藏:我看过这部电影");//设置弹出层标题
          $("#seen").show();//显示元素
          this.star_level = 0;
          $("#seen .star span").find(".bright").css("z-index",0);//所有星星变暗
          $("#seen .evaluation-word").text("");//评价词设置为空
      }
```

15.5.3 删除记录

在记录用户想看的电影或用户对电影做出评价后，单击页面中的“删除”超链接可以弹出删除该收藏记录的确认对话框，页面效果如图 15-17 所示。单击对话框中的“确定”按钮即可删除用户添加的收藏记录。

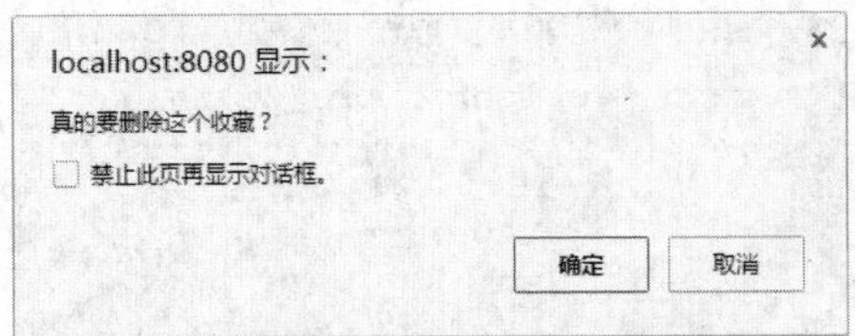

图 15-17 弹出删除记录对话框

具体实现方法如下。

定义单击页面中的“删除”超链接执行的方法 del()，在方法中应用 Window 对象中的 confirm()方法弹出确认对话框，当单击对话框中的“确定”按钮时，对页面中的指定元素进行显示或隐藏，实现删除记录的操作。代码如下：

```
del: function(){
        if(window.confirm("真的要删除这个收藏？")){
            this.tips = "";//变量设置为空
            $(".show-tips").text("");//电影标签设置为空
            $("#first").show();//显示元素
            $("#second").hide();//隐藏元素
            $("#third").hide();//隐藏元素
        }
    }
```

小 结

本课程设计使用了 Vue.js、@vue/cli 和 jQuery 技术，实现了一个比较简单的电影评分网站。为电影做出评价是该网站的核心功能。通过对该网站的设计，可以使开发人员对网站制作流程，以及在@vue/cli 工具中使用 jQuery 技术开发单页 Web 应用有一个更深的理解。